富嶽

幻の超大型米本土爆撃機

下巻

前間孝則

草思社文庫

富嶽【下巻】◉目次

第六章　Z機計画と『必勝戦策』

第九章　中島飛行機の終焉

【上巻目次】

第六章

Z機計画と『必勝戦策』

難航する軍首脳への説得

早期設計のためのカンヅメ作戦

エンジン、機体ともに基本構造の検討作業が行なわれ、大型爆撃機の概要がしだいに具体化してきたことを受けて、昭和十八年（一九四三）二月末、今度は小泉製作所に場所を移して「必勝防空研究会」が開かれた。出席者は前回とほぼ同様のメンバーだった。

このとき、三竹技師長の作業を手伝って六発の爆撃機の計画を検討した内藤も出席していた。その当時を思い起こしながら内藤は研究会の様子を次のように述べた。

「日本を中心に、中国、千島や太平洋の諸島などを描いた畳三枚もあるようなばかでかい地図を広げて、『中国奥地からB29やB36がやってきて日本本土を爆撃するぞ』という話をされた。たぶん、政界や軍部などで何度かしゃべられた後だったような感じを受けた。大きな地図もそのときの説明に使ったのだと思います。とにかく知久平さんがいわれたのは『爆撃機をつくらないとだめなんだ』と盛んに強調されていた」

このとき、中島が自ら作成して三竹に検討させ、内藤も手伝った二十六機種の案は特に口にすることはなく、六発の爆撃機を至急作ることを力説していたという。

内藤は想像した。「私も含めて検討した爆撃機、掃射機（襲撃機）、兵員輸送機の三機種に絞り込んで共通化する案が、三竹さんからすでに知久平さんの手に渡っていたのでしょう」

中島の演説は三鷹研究所で最初に話した内容よりももっと現実化し、具体化していた。

内藤は続けてこう解説する。

「知久平さんは、こと飛行機に関しては専門家です。すべてのことが気になるから、最初に話したときは『二十六機種を作らんといかん』とみんなに話したのでしょう。でも、聞いたほうは消化不良だったのだと思います。第一回目の『必勝防空研究会』に出席した中村さんは私に何もいわなかったし、出席していたという私と同年配の方々も、構造や脚が専門だったり、エンジン屋さんだ。だから、全体的な性能を検討して基本設計するというのではない。想像するには、承って帰ってきたのであって、それを検討して処理するところまではいかなかったのじゃないか。小山技師長がいるが、まあ、そういう細かい計算までご自分でやられるにはご年配だから」

中島は演説を終えたのち、出席者に対して問いかけるように言葉を発した。

「なんとかならんか」

この構想に関しては、「この計画を進めなければ日本は負ける」「これしか方法はない」というのが中島の大前提だったからだ。したがって、問題は、実現するためには「どのように進めればいいか」でしかなかった。

新山春雄が口火を切った。

「こういう短期間に立てなければならない計画は、業務をやりながらではとても気が散ってできない。選手を選んで、中島倶楽部にカンヅメにして、なるべくごちそうを食わせて集中させるべきです」

中島の意を汲んだ、いかにも新山的な発言だった。反論するものは誰もいなかった。続いて、小泉製作所所長の吉田がいった。

「設計さえできれば、ものを作ることはできます。新しい工場もできて、立派な機械がそろっていますから」

結局は、いかに早く基本設計を完成させるかだった。途方もない、当時の日本の航空技術の水準をはるかに超える六発の巨大爆撃機の開発計画は、こうしていとも簡単に決定されたのである。

カンヅメになるメンバーは、機体のとりまとめ責任者である陸軍機設計の小山、それに副部長の西村節朗、海軍機設計からは小泉製作所の設計部長・山本良造それに内藤の四人だった。この後、半月ほど遅れて、陸軍機の副部長・太田稔、百々義当、海軍機の加藤博美ら三人が加わった。

これまでの専門からして、西村は機体側のエンジン艤装関係の設計を担当することになった。太田は脚関係、百々は主に重量推算や機体全体の重心位置のコントロールを担当した。内藤はもちろん、空気力学の担当である。内藤を助ける形で、性能計算、詳細計算を加藤博美が引き受けることになった。そして山本は、主に小泉製作所の技師たちに分担する仕事の連絡調整的な役割を果たしていた。

このほかに、カンヅメのメンバーには含まれなかったが、各事業所の技師たちも七人から仕事を依頼されて、随時手伝わされることになった。

大型爆撃機の概案作成

必勝防空研究会でのメモを禁じたのは、極秘の計画が外部に洩れることを警戒したためであることはいうまでもないが、それだけでなく、陸・海軍にも情報が伝わらないようにするための配慮でもあった。中島はすでに大型爆撃機の構想を採り上げるようにと、陸・海軍の上層部へはたらきかけていた。もっとも、問題の性格上、高度に機密を要することであり、軍中枢のごく一部に対して伝えられただけだったといわれる。

この間、小山を中心に大型爆撃機の概案作成の作業が行なわれた。どんな航空機でもそうだが、初期の段階では、何種類もの概案が作成されるのが通例である。数々の条件を変えて性能計算し、どの案が妥当かを絞り込んでいく。

このころ作成された「極秘」の印を押した「報告番号１８０２９２」「第二次計画・六発爆撃機」と題する昭和十八年（一九四三）三月三日付けの計画案がある。「中島飛行機株式会社太田製作所第一設計課」と記載され、一枚の機体外観図面を含む五ページからなる手書きの仕様書である。

「目的
米本土攻略用遠距離超重爆撃機を得るにあり。
要求項目
航続距離一五〇〇〇粁、搭載爆弾一〇噸以上、自衛力強力なるを要す、乗員一三名、搭載発動機空冷四重星型（ＢＨ）五二〇〇馬力、亜成層圏飛行可能なること
成果
全備重量一二五噸爆弾搭載量一〇噸翼面積三五〇平方米六発中翼単葉機を得たり。
全航程一五〇〇〇粁を三二〇粁／時巡航にて高度四〇〇〇米を飛行し得、内五〇〇〇粁は亜成層圏九〇〇〇米乃至一〇〇〇〇米を概ね四六〇粁／時にて巡航し得るものとす」

このあと、(1)機体要目―寸度、発動機、重量、(2)性能要目―最高速力、航続距離、

上昇限度、爆弾と航続距離の関係などの各詳細な性能データが記されている。

　このときの第一次計画案は残存していないが、このあとの展開からすると、第二次計画案の機体より一まわり大きかったといえよう。

　このほかにもいくつかの概案が作成されたと伝えられているが、いずれの案も小山の周辺で検討されたもので、各専門分野の技師たちが集まって総合的に作成されたものではなかった。

　というのも、必勝防空研究会のあと、中島が軍部にはたらきかけ、説得活動をしていたのである。何人もの高官、軍中央の要人と接触したといわれるが、それが思うようには進んでいなかったのである。

　命運を分ける戦いに次々と日本軍が敗退を重ねている戦況からして、あまりにも現実からかけ離れた中島の計画に、軍中枢が全面的に耳を貸すはずもなかった。

　日米戦だけでなく、ヨーロッパ戦線でも枢軸国側の雲行きは怪しくなってきていた。ソビエトの奥深く侵攻し、快進撃を続け、一九四二年（昭和十七年）八月二十二日にはスターリングラードの猛攻撃を開始して、ソビエト軍を一方的に押しまくっていたドイツ軍も、季節が移り、冬将軍を味方につけたソビエト軍が勢いを盛り返し、十一月十九日に大反撃を開始してくると、ついに後退を余儀なくされ、翌年二月初めにはスターリングラードのドイツ軍が降伏した。

ヨーロッパ戦線でのドイツ軍の劣勢を契機として、連合国側、とくにアメリカは極東にまわす兵力にもゆとりが出てくる。当然、現状でさえ押され気味の日本軍にとっては、深刻な状況を迎えることになる。

だからこそ、中島知久平はこの大型爆撃機の製作に一日も早く取りかからなければならないと主張していたのである。

アメリカの大型爆撃機による日本本土爆撃は、昭和十九年秋ごろに開始されるだろうと予想していた軍部は、米軍のそうした攻勢をいかに食いとめるかということばかりに腐心し、攻勢に転ずるための方策はまったく考えてはいなかった。いわゆる守りの策ばかりで、「必勝法が示されてない」というのが中島の考え方だった。

中島の軍部への説得活動

ところで、中島知久平は軍中枢の誰と接触して、いかなる説得につとめたのだろうか。これについては、詳細な記録は残されていない。その原因の一つは、序章でも述べたように、この計画自体が中島個人の独断的な構想であったからである。中島飛行機の幹部は会社経営に専念し、政界、軍上層部への工作は、ほとんど中島一人が取り仕切っていた。中川は推測する。

「たぶん、エンジン部門の喜代一社長と機体部門の乙未平社長の力がおよぶのは、せいぜい航空本部どまりで、大社長がその上の参謀クラス、といった分担でしょう」

中島が政界入りしたのは、会社経営だけに力を注いでも新興の航空機メーカーにはおのずと限界があり、国政のレベルで航空機重視への政策転換を進展させなければならないとする考え方からである。

戦前、陸軍航空本部技術部長や陸軍航空技術研究所所長をつとめ、陸軍の航空エンジンでは第一人者としてその名を知られた絵野沢静一（元中将）は、手記『航空こぼれ話』の中の「航空機工業界の異才――中島知久平」の項に、次のように書いている。

「筆者が、直接、中島知久平氏に会ったのは、大正十五年も末の頃、筆者が、英国駐在を命ぜられ、其の準備でブラブラして居り、一日、中島飛行機の工場を見学に行った時である。（中略）

当時、陸軍で利用して居た飛行機工場には、三菱内燃機もあり、川崎造船もあって、夫々《それぞれ》、独自の特長を以て仕事をしていた。しかし三菱は、何といっても、三菱財閥の一環としての工場であり、川崎は、川崎造船からスタートしたもので、工業界に大きな土台を持った存在である。これに反して、中島飛行機は、飛行機を除いたら、何も残らない、そこには、一介の退役海軍機関大尉中島知久平が立っているだけだ。こんな所からスタートし、後には三菱と共に日本航空工業界の双璧と称せられるまでにのし上がったのだから、筆者が航空工業界の異才と称してこれを取り上げる所以である」

政界へ進出後は、弟などに会社経営をまかせていたとはいえ、経営方針の基本や重要案件は中島自身が取り仕切っていた。彼の基本的な経営方針に対し、幹部らが口を挟む余地はほとんどなかったといわれる。だから、二人の弟を上まわる権限を持つという意味で、従業員たちが彼を「大社長」と呼ぶようになったのは自然だった。

大型爆撃機の構想を軍の誰に、いつ、いかなるかたちではたらきかけるかといったことも、すべて中島一人の考えで行なわれていた。したがって、軍部に対する説得活動にかかわる記録がほとんど残らなかったのである。ただ、当時の中島の動きを推察できるいくつかの記録を紹介しよう。

まずは、昭和十八年（一九四三）一月十九日から陸軍航空本部の総務部員兼総監部総務部部員をつとめた岩宮満は『続陸軍航空の鎮魂』の中で、次のように述べている。「陸海軍協同試作機の変り種に米本土爆撃機『富嶽』がある。これは昭和十八・四中島知久平代議士から安田航空本部長と東条陸軍大臣に意見具申され」

また、先にも紹介した、『東条内閣総理大臣機密記録――東条英機大将言行録』の昭和十八年四月二十三日の記述をあげることができる。

「十六・二五、十八・一〇　中島知久平氏来訪要談（大型飛行機の用法及建造に付）」

この日、午後四時二十五分から六時十分までの一時間四十五分にわたって、中島は東条に大型飛行機についての説明を行なっているわけだが、ここにいう「大型飛行機」

は、中島飛行機で試作がすでに完成していた比較的大型の海軍の四発エンジン陸攻「深山」、または昭和十八年四月から計画を開始した四発の陸上攻撃機「連山」ではあるまい。もしそうであるなら、なにも中島自身が直接、東条のところに話を持っていく必要はない。

そのほかに大型機といえそうな計画が中島飛行機になかったことからすると、明らかに三ヵ月前に中島が社内発表した巨大爆撃機に間違いなかろう。

その、東条への説明の結果はどうだったのだろうか。

昭和二十年（一九四五）八月十七日に成立した敗戦処理内閣といわれた東久邇宮《ひがしくにのみやなる》稔彦《ひこ》内閣に、中島は商工大臣兼軍需大臣として入閣している。そのとき、厚生大臣兼文部大臣となった松村謙三（のちに自民党代議士）は、戦後、中島について次のように語っている。

「（中島が）『戦争の苛烈を防ぐには大飛行機を作る事が必要である。そうして大勢を挽回するのだ』という事を当時の東条大将に進言し力説した事を聞いたことがある。

そのときの挿話に

『中島さん、それではその大飛行機の設計があるか』と問われた処

『私の処でやれる』といい切った。この様に総て計画をし、実行出来る態勢を持っていたので後日それが実現し、びっくりし今でも驚いている」（『偉人中島知久平』）

防衛庁防衛研修所戦史室編『戦史叢書・陸軍航空兵器の開発・生産・補給』に、陸軍航空本部技術部で新しい航空技術の研究調査を担当していた木村昇少佐の「メモ」からの転載、「この構想が中島から航空本部へ紹介されたのは昭和十八年四月二十六日であった」との記録がある。

この二つの資料から判断するならば、中島は東条に大型爆撃機試作の話を持ち込んだ五日後に、今度は実質的な技術検討あるいは計画実行する陸軍の航空本部に持ち込んだということになる。まず、最高責任者の東条を説き伏せて賛成を取りつけ、その後、専門家である航空本部に説明していた——どうやらトップダウンの戦術で臨んだようである。

このころすでに中島倶楽部に技師たちがカンヅメにされ、巨大爆撃機の基本設計が進められていた。東条から逆に、「その大飛行機の設計図はあるのか」と問われた場合に備えるためにも、概案ではなく、詳細な基礎設計作業が必要だったのである。

この四月ごろ、中島は東条以外の軍首脳にも接触し、大型爆撃機の一件をはたらきかけている。その一端が、昭和十八年四月十五日に陸軍省大講堂で開かれた「第二回陸軍技術有功章授与者表彰式」に見られる。軍事技術の発明、改良あるいは生産能率の向上に貢献した八十人を表彰し、士気を高めようとした催しである。この席上、陸軍軍務局長の佐藤賢了《けんりょう》少将が、「戦争遂行上負担すべき任務について」と題する講演を行なった。その最後のところで、出席者の意識を発揚するため、次のような勇ましい見通しを述べている。

「最後は米国本土に鉄槌を加えなければその戦争意志を破摧《はさい》することは困難であろう。米本土に鉄槌を加うることの困難は、只太平洋の幅という距離の問題だけである。而してこの距離の問題も今や偉大なる飛行機の進歩の前には最早問題ではなくなった。我国に於ては既にこの問題は技術的に解決し、独・伊亦《また》米本土空襲の準備を整えつつあり、日・独・伊相呼応して米本土を空襲する日は必ずしもそう遠くはない」（前掲書）

　この演説がアメリカの新聞に掲載され、戦後の東京裁判のときに問題になった。佐藤の弁護人フリーマンは、そのコピーを見せながら佐藤に尋ねた。

「こんな演説をしたか。それはどこでなされたのか」

　それに対し、佐藤は、

「それは真実であり、その場所はこの法廷だ」

と答え、大声で笑ったという。実は戦前の陸軍省の大講堂が、のちに東京裁判の法廷として利用されたのである。

　それはともかく、この講演の少し前、中島は佐藤に対し、大型爆撃機の説明を行なっていたのである。戦後になって佐藤が執筆した『大東亜戦争回顧録』に、次のように書かれている。

中島倶楽部玄関前にて　前列右より百々義当、山本良造、
中島知久平、小山悌　後列左より西村節朗、加藤博美

「米本土爆撃機の構図がえがかれた。それは十八年の末ごろであった。そこで当時、中島飛行機製作所の創設者中島知久平氏を委員長として、陸海軍および民間の技術陣を動員して製作にかかろうとした」

佐藤が局長をしていた軍務局とは、陸軍の最高機関として陸軍軍政の中枢を担い、軍務局長はその総元締めとしてあった。佐藤は武藤章に続いて登場した東条内閣最後の軍務局長であり、東条の懐刀《ふところがたな》ともいわれ、もっとも活躍したブレーンとして知られている。

大正十四年（一九二五）、陸軍大学を卒業したのち、昭和四年（一九二九）十一月から七年八月までアメリカに駐在したこともあり、日中戦争では南中国方面で指揮をとり、昭和十七年（一九四二）四月に軍務局長に就任した。陸軍の日米開戦論者の中でも急先鋒《きゅうせんぽう》として、終始、対米強硬路線を主張し、南部仏印（ベトナム）進駐にもきわめて積極的だった。戦後、A級戦犯として極東裁判で裁かれることになる人物である。

その佐藤が米本土爆撃機の計画に熱心であったことは、中島にとって心強いことだったが、軍首脳や航空本部などの反応は冷ややかだった。

しかし、あまりにも遠大な計画で、対米戦策の根幹にかかわる問題である。軍務局長一人程度の賛同を得たくらいで実現に動きだすほど、ことは簡単ではなかった。

毎日、夜遅くまでカンヅメになって作業する技師たちを励ますため、中島は何度か中島倶楽部に足を運んでいる。そのとき、軍が大型爆撃機の計画に賛同したとは一言も語っていない。もし軍部が賛同していたなら、真っ先にカンヅメになっていた技師たちに伝えたに違いない。つまり、軍部への説得活動は明らかに難航していたのである。

Z機基本設計作業

地球儀を見る癖がつく

徐々にではあれ大型爆撃機の準備作業を各自ではじめていた担当者は、昭和十八年

(一九四三)三月に入ってから、中島倶楽部にカンヅメになった。いずれも中島飛行機の中軸を担っている技術者たちである。それぞれに重要な、急を要する仕事をいくつも抱えていた。それらの仕事の処理や引き継ぎに忙しかった。

ある者はそれまでの仕事を抱えたまま、あるいは部下に一部を代行させてなんとかやりくりした。ことに部長クラスは、すべての業務を部下任せにするわけにもいかず、小山、太田、西村などは自分の設計室と中島倶楽部の間を往復することにした。

彼らがカンヅメになった中島倶楽部は、昭和十三年(一九三八)に着工し、三十数万円の巨額をかけて翌十四年(一九三九)九月、太田町熊野の小高い桃畑の上に完成した。「社員の教養の向上と、芸術の鑑賞、高級食事、慰安の場所を提供する」ための厚生施設で、家族も含めてくつろげる場所となっていた。豪華で、しかも超近代的な建物の正面には、当時としては珍しく二十五メートルのプールも備わっていた。

カンヅメになった部屋は少し奥まった位置にあり、重要な客がきたとき、あるいは年に一回程度開かれる技術者たちの集まりである「技術委員会」が開かれるときなどに使われる程度で、普段はあまり使われない、倶楽部の中でももっとも豪華な部屋だった。

まず最初に内藤ら四人が部屋に入ったとき、すでに机や製図版など一式が持ち込まれていた。

続いて、半月ほど遅れて百々ら三人もカンヅメになった。彼らが行なう作業は、大型爆撃機およびそれを改造する掃射機の基本設計だった。各担当者は、すでに割り当てられている持ち分をそれぞれ進めていくが、基本的なこと、互いに関係してくることについては、そのつど七人でディスカッションして決めていく。小山は要所要所でそれぞれの担当者が決めていく設計内容に目を通した。

作業を始めたときタタキ台になったのは、内藤と三竹が作成した案だった。前代未聞の大型機とはいえ、彼らはこれまでにいくつもの設計を経験しているため、設計計算の手順は手慣れたものである。

カンヅメ作業が開始されてまもなく、エンジン部門の社長・中島喜代一が中島倶楽部を訪れ、彼らを激励した。部屋にあった地球儀を前に出し、日本を発してアメリカ本土に飛び、爆撃したのち、同盟国のドイツへ着陸するというコースを指で示し、この計画の意義を改めて強調した。

「君たちが設計しようとしているこの飛行機は歴史的なものだ。一つ記念に撮っておこう」

といって写真を撮り、さらには十六ミリ・カメラにもおさめた。

「おかげで、あれ以降、地球儀を見る癖がついちゃいましたよ」

内藤もそういうように、それまで作ってきた航続距離がそれほど長くない飛行機から、地球全体を見つめながら飛行機を設計していく時代に入っていったのである。

大社長・中島知久平も忙しい時間を割いて、陣中見舞いに中島倶楽部にやってきた。それまでは、上層の技師たちでさえ、大社長の姿を工場で見かけることなどほとんどなかった。ところが、大型爆撃機の検討がはじまってからというもの、中島は頻繁に工場に足を運ぶようになったのである。

「自分が住んでいる市ヶ谷の高台から東京を見渡していると、今の状況じゃ、東京が焼け野原になってしまうかと思うと、居ても立ってもいられなくなるんだ。だから、この飛行機を早く完成させて、敵の本土なり、敵の基地を叩く。戦闘機ではとてもやれるもんじゃない」

部屋の真ん中に敷いた分厚い座布団に大社長が座し、技師たちが囲むように向かい合わせに並んで、大社長が大好物の地元名産のうどんをみんなで食するのが恒例だった。その席でも、熱を込めながらも、大社長じきじきのお出ましにやや固くなっているみんなの気持ちを察してか、中島はつとめて穏やかな調子で語った。

「人は何をやるかを決めるまでの苦労というのは非常に大変だが、一旦こうやると決めて実行段階に移ってからの苦労は大したことはない」

さらにまた、続けてこうもいっている。

「なんとしてもピッツバーグを爆撃しなきゃならん。そうするとアメリカ大陸横断は大変だから、ドイツを回って帰ってくる。戻ってくるルートはそのほうがいい」

このとき、たまたま内藤は外出していてその場にはいなかったが、あとになって中島の意図が理解できたという。

「少しあと、本格的に検討するようになって、一万メートルくらいの上空には強い偏西風が吹いていることを知りました。日本からアメリカの方に向かって吹いているのですから、逆風をついて帰ってくるなんてとんでもないことだということがわかりました」

あるときは、中島が自分で航続距離の計算した書類をもってきて差し出し、「わしがやるとこうなるのだが、みんながやった結果と違う、訳を説明してくれ」ともちかけた。

担当である内藤は中島と向き合って計算方式を説明したが、「知久平さんはきれいな字で書いてこられて、こっちが恐縮しちゃったよ」とそのときのことを振り返る。

中島はまた、超大型爆撃機の設計作業を逐次記録するようにと指示していた。このときも、内藤を除く全員が中島倶楽部の玄関前で記念写真を撮った。さらに、

「この爆撃機が完成して、日本が勝てば、大神宮様と同じ神棚に奉られる。そんな重要なことを君たちはいまやっているのだ。だから全力を尽くしてがんばってほしい」

と励まし、歴史的なこの設計作業をあとあとのために記録しておくことの重要性を

強調した。先の十六ミリにおさめたのもその一環であった。

内藤を助け、空力を担当した加藤博美は、いまでもそのときの中島の言葉がはっきりと耳に残っているという。

その加藤は、最初この大型爆撃機の担当を命じられたとき、自分でも「この爆撃機がなければ日本はだめかなと思った」。その理由として、中島の説明以外に、もう一つ思い当たることがあった。

日米開戦の少しあとのことだった。アメリカの航空事情に詳しく、開戦直前までアメリカに長くいた三菱の技術者が、中島飛行機太田製作所にやってきて報告会のようなものを開いた。監督官も含め、小泉製作所からも主だった人間が集まり、約百人ぐらいの出席者を前に、アメリカの航空機生産について話した。

「米国では、従来からの航空機工場だけでは足りないため、すでに巨大な自動車工場を全面転換させて、航空機の量産をはじめている」

さらに大型爆撃機の量産の立ち上がり時期について言及し、アメリカの航空機生産規模が巨大で、日本をはるかに上まわっており、今後はそれ以上に増産体制を採ろうとしている、と報告した。

この話を聞いて、加藤は「これは大変だな」と思った。そのときのことが彼の頭の中にあったからである。

「無理だとは思わなかった」

設計に当たって、技師たちに与えられた計画仕様は、おおむね次のようなものだった。

(1)　攻撃半径――最小限度八千五百キロメートル（航続距離一万七千キロメートル）を下らないこと。
(2)　爆弾積載量――一トン爆弾二十個以上積載できること。
(3)　防御力――有力なる銃砲火器を搭載し、厚板の装甲板を座席に施し、しかも敵の戦闘機と同等以上の速力を発揮し得ること。
(4)　高高度飛行能力――一万メートル以上の高高度飛行性能を備えていること。
(5)　生産条件――所要爆撃効力に対し生産資材が僅少であること。

素人が常識的に考えても、相矛盾する要求が並べられていることに気づくだろう。爆弾を二十トンも積み、銃砲火器も十分備え、しかもパイロットの身を守る意味から防弾用の厚板を使うとなれば、当然ながら機体はかなり重くなる。その上、航続距離が一万七千キロも要求されるのだから、積み込む燃料の量は膨大になって、翼の中も含め燃料タンクだらけの機体になり、さらに重くなる。それにもかかわらず、飛行速度は軽量の戦闘機と同じかまたはそれ以上が要求されている。しかも、日本では、一万メートル以上の高高度飛行の実績は皆無といってよい。

設計初期の段階では、全体のコンセプトを決めるための概略的な空力計算の作業が多くなる。航続距離、速度、重量、機体の大きさ、積み込む燃料の量（重さ）、エンジン出力などの関係から、飛行できる条件をまず割り出しておく必要があるからだ。さらに、機体の大きさ、翼面積、プロペラの大きさなど大まかなことを計算して決めてやる必要もある。

そうしないと、西村節朗が担当する構造・艤装設計、百々義当が担当する重量の見積計算も、手のつけようがない。

空力を中心的に担当した内藤子生は、計画当初のころを次のように話す。

「ウィングローディング（翼面荷重）の値は六百ぐらいになりました。ちょうどいまのジャンボジェット機と同じ値ですから、本当は大変なことなんでしょうが、あのころは若かったせいか、なんとも思わなかった」

戦前、それも当時の日本の技術水準で、三十年後に登場してくるジャンボ機なみの巨大航空機を設計し、作ろうとしていたのである。内藤はもっとも基本となる空力を担当したのだが、それでもあっさりといってのける。

「できないとは思わなかったし、それほど違和感もなかった」

計画仕様を見た海軍の年配の将官が、「うまく飛ぶのかな」と疑問を洩らしたとき、内藤は内心、「なにいってんだ、こいつは。揚力係数は速度が出ているから同じなんだ。

ピッチングなんか、しっぽの長さを適当に加減すればなんとでもなるんだ」と思いつも、筋立てて説明した。

「彼ら（年配の将官たち）はライト兄弟やファルマンの時代の凧《たこ》みたいな飛行機がベースになっているんです。われわれはウィングローディングの値が百くらいから出発しているから、無理だなんて思わなかった」

責任者の小山も、次のように述べている。

「当時、海軍設計部では『深山』で四発大型機の経験をもっていたが、われわれ陸軍機設計部は双発の『呑竜』爆撃機がやっと。しかし、総重量十トンそこそこの『呑竜』から『Z機』のような百何十トンという大型機にうつることには、少しも抵抗を感じなかった。必要なスペック（仕様）さえ与えられれば、自動的に設計ができるよう設計室が組織されていたし、それがわれわれ設計室の特徴だった」（『さらば空中戦艦・富嶽』）

とは述べているものの、中島から初めて計画を聞かされたときの小山の率直な思いは、「日本はまだアメリカのB17の段階までも到達していないのに、こんな夢みたいなものができるか」というものだったと部下の西村に明かした。そして、同じく否定的だった西村に対し、たしなめた。

「お前は結論を出すのが早すぎる。やらない前から『これはできない』と否定的なことを技術屋はいえないはずだ。いまもっている条件の中で最善を尽くし、どんなことがあってもまとめ上げなければならない。どういった程度のものが作れるか、とにかくやってみなければわからん」

これは小山自身が新しい飛行機を設計するときの基本的考え方であり、いつも、軍から無理と思えるほど高い要求を突きつけられたときの基本姿勢でもあった、と西村は説明する。そして小山は飛行機設計の技術者について次のような考えも強調していた。

「技術屋に天才はいらない。与えられた条件の中でコツコツとまとめ上げて、ここまでしか達成できないとしても、とにかくやれるところまでやることがわれわれには必要であって、それが任務だ」

西村はそんな姿勢を体現した典型例として、ダグラスＤＣ２をモデルに設計した「ＡＴ」機では、作っては試験飛行を繰り返し、尾翼を十七回も設計変更して、なんとかまとめ上げたこともあると強調する。

西村が担当した機体側の艤装とは、機体におけるエンジンの配置と、各エンジン同士を結ぶ装置機器の適正な配置などを決める仕事で、このほかに構造計算なども担当した。内藤や渋谷などより五歳ほど年上で、陸軍機を担当してきた次長職の西村であるが、それまで四発機の経験さえない。それなのに小山から五千馬力のエンジンを六基搭載する爆撃機を担当するようにいわれたとき、「かなりの飛躍が必要だな」と思うと同時に、彼の頭の中を大社長・中島の言葉が去来した。

「やるとなったら、よけいなことは考えずに、目的とすること一筋に打ち込め。やれるかやれないかではない。どうしてもやらなければならないのだ、との意気込みで突き進んでいけ」

　西村のそのときの正直な気持ちは、こうだったという。

「技術的に可能な限界ぎりぎりまでやってみよう。外国と比べて自分たちの技術がとくに優れているとは思わないが、やればなんとかなるはずだ」

　そして、当時をふり返りながら、次のようにも語った。

「それまでの実績からして、機体重量がせいぜい二十トンくらいまでの飛行機ならやれるが、その一桁も大きいものに取り組む……。あのころは若かった。当時の状況ですから、非常に張りつめた気持ちで取り組みました」

　さらには、当初から、最大の技術課題の一つと見られている脚・車輪を担当した太田稔も、小山から命じられたとき、「百数十トンの機体重量を支えなければならないことから大変だが、それはあくまで燃料を満載した離陸時のことであって、燃料を使い果たした着陸時には六十数トンになっている。いろんな工夫はある」と、気後れすることなく検討をはじめた。

当時、陸軍設計部には五百人ほどが所属していた。第一課は全体的な基本設計を担当しており、課長は三十歳になったばかりの渋谷で、二百五十人ほどいた課員の多くは二十代だった。強度試験や模型作りを担当する技手が百人くらいを占めており、残りが純然たる設計担当だった。課の中は専門ごと、空気力学、重量、艤装、脚・油圧、動力、電気などの各班に分かれていた。

飯野が課長だった第二課の任務は、一課が行なった基本設計に基づいて実機の試作設計を行ない、具体化することだった。機種別に分かれており、詳細設計も担当した。第三課は、実際の生産に向けた量産設計、改良設計を担当した。そのほか、図面の標準化や設計基準などを作成する統制課の合計四つの課があった。

一方、海軍機の設計部は機種別のチームに分かれており、さらにその中で専門分化し、原則として一つの機体のすべてを設計する仕組みになっていた。

全体的あるいは最も基本的な設計を担当する内藤、渋谷、太田、西村といった技師はごく少数だったが、その下には彼らを補佐する専門化、分業化した組織があり、効率よく設計を進めていけるような体制になっていた。欧米の航空先進国と比べれば少ないとはいえ、基礎的な実験データの蓄積は少なかったが、設計データなどは確実に蓄積されてきていたし、さまざまな機種の設計をこなしてきたことで、設計の標準化も進みつつあった。

だから、新しい機種の設計が要求されても、ゼロから出発するというわけではない。こうした標準化した設計データを利用または応用することによって、手早くできるようなシステムにはなっていた。また、設計とは別に、構造力学、航空力学、風洞実験場、強度試験場など各分野ごとの専門研究班もあって、高度化する将来の要求に対処した独自の研究を進めてもいた。

内藤は説明する。

「たとえ今回のように要求条件は厳しく、巨大で、経験のないような飛行機でも、設計の手順、手法そのものは原則として変わりませんから」

当時、軍から新しく要求される飛行機の開発は、いつも現状の技術では到達不可能と思えそうな仕様が多々あった。そのたびごとにいくつものハードルをなんとか越えてきていた。飛躍の度合が大きいとはいえ、大型爆撃機もその延長線上に位置していたことは間違いない。だから、技師たちにもそれほど違和感はなかったのである。

「皇国の興廃このZ機にあり」

責任者の小山は、内藤が作り上げた総合案をいろいろとチェックし、また批判し、長年の経験からアドバイスした。

「多少ゆったりと設計し、余裕をもたせないと、全体がまとまらんぞ」

といいつつも、要求仕様からして、これまでの常識にはとらわれない。

「ウィングローディングが五百五十を越えちゃったが、やむを得ないだろう」

と納得し、承認することもあった。基本設計作業のときの小山の口癖は、「すべてにおいてクリエイティブでなきゃいかん」だった。基本的あるいは重要な個所についてはチェックし、口をはさむが、各部分についてはそれぞれの担当者に任せていた。

そうはいっても、それまでに経験したことのない高度な航空機を設計するのである。困難な問題はいくつもあった。加藤は強調する。

「一番の問題は航続性能です。積み込む燃料の重量と搭載する爆弾の総重量との二つで決まってきますから」

なにしろ、目標とする航続距離は一万七千キロメートルである。当時、軽量化設計された実用機の中でもっとも航続距離の長い九六陸上攻撃機でも、六千二百キロメートル程度であった。

次の問題は、離陸時の機体総重量と滑走距離だった。アメリカ本土の基地を叩くための爆弾はできるだけ多く積みたい。たくさん積もうとすると、機体も頑丈にしなければならない。当然のことだが、航続距離が長いので、より多くの燃料も積む必要がある。だから、燃料を満載状態にした離陸時の重量が最大になる。重量推算を担当した百々は、この点について次のように述べている。

「百六十トンもあるので、重量はいつもきびしく抑えてないと五トンや十トンはすぐ増えちゃうんです。また、長距離を飛ぶので、燃料が減ってくると重心の位置が離陸当初と違ってくる。それでも安定して飛べるように、設計段階で全体をコントロールしておかなければならない。アメリカを爆撃してドイツまで飛んでいくときの燃料は、およそ中島倶楽部の二十五メートル・プール一杯分だったと覚えています」

このように、桁はずれに重い飛行機を飛ばすためには、その分をカバーするため、エンジン出力を大きくしなければならない。とはいっても、おのずから技術的な限界もある。事実、計画の五千馬力が達成できるかどうか、技術的保証はなく、エンジン部門では、小谷や田中らが、いかにして五千馬力を達成しようかと、日夜苦闘していた。

内藤らの基本設計でもっともきびしかったのは、離陸時のエンジン出力と、プロペラの推力だった。そんなときに山本良造が、日本からアメリカ方向に向かって吹く偏西風、いわゆるジェット気流の利用価値を見つけ出してきたのである。

「偏西風を利用すれば、苦しい航続距離が少しは稼げる。二、三十パーセントは楽になるかもしれない」

あれもこれも苦しい条件ばかりの中で、わずかな明るい材料だった。

山本は続いて「千島の一番東の端にある占守島に飛行場を作って、そこから飛ばせば航続距離が稼げる」と提案した。

内藤は当時を振り返りながら次のようにも語った。

「こうした検討を進めているうちに、日本へ帰ってくるよりも、そのまま飛んでドイツに向かったほうがいいことがだんだんわかってきた。でも、今から思うと、アメリカが戦略爆撃機などでやっている空中給油の方式をどうしてやらなかったのかなあと思うよ、なかなか難しいらしいが、そのくらいのことは考えついてもいいのだが、私の信条は『エンジニアは（コロンブスの）卵を逃がしちゃいかん』なんだが」と冗談混じりに話す。

「こうした基本計画を進めるときは、いろんなこと、いろんな条件が考えられるので、焦ってもできるものではないのです。忙しくしてできるものでもない。頭の切り換えが重要なのですが、それが意外とむずかしいんですよ」

さまざまな条件が考えられる中で、最適なものを選び出し、形を作り上げて行かなければならない。一つ条件を変えると、すべてが変わってしまう場合もある。いろいろな条件の組み合わせの中で、同じような計算を何度も繰り返していくしかない。一つのことにこだわりすぎると、袋小路からいつまでたっても抜け出せなくなり、堂々めぐりにおちいってしまうおそれがあるからだ。

内藤は、加藤にいろいろな性能計算を手伝ってもらい、その間は手を休めて、「頭の切りかえを」と自分に言い聞かせながら、考えにふけっていた。

「加藤君ばかりに計算を押しつけて、あいつはサボってばかりいると思われたかもしれませんが、その間に、頭を切りかえてたんです」

平均すると、毎日七時から八時くらいまで仕事をしていたが、もちろんそれよりずっと遅くなることもあった。独身だった加藤は、中島倶楽部から歩いて五分ほどのところに「合宿」していた。同じ中島飛行機の従業員と二人で一軒の家を借り、賄《まかな》いのおばさんを雇って、食事や洗濯をしてもらっていた。家賃は会社持ちだったが、そのおばさんの給料や食費などは二人で折半した。帰りの足の心配がなかったので、加藤は毎日遅くまで倶楽部に居残って仕事した。

内藤は当時、結婚してまもなく、足利に一軒家を借りて住んでいた。部課長や幹部クラスは、比較的にぎやかで便利な足利に住んだ。彼らは行き帰りとも、会社の車で送り迎えしてもらっていた。爆撃機の基本的な設計作業が一段落したころのことだ。出勤する車の中で、内藤は同じ設計のメンバーとなに気ない話をしていた。

「いま設計している爆撃機の名をなんとつけようか」

誰ともなく、そんな話になった。ちょうどその日は五月二十七日、海軍記念日だった。

「Z機がいいじゃないか。皇国の興廃このZ機にありだ」

「それはいい」

Z機が日露戦争時の日本海海戦で旗艦に掲げられたZ旗からとったものであることはすでに述べたとおりである。以後、設計中の大型爆撃機は、社内ではZ機と呼ばれるようになった。まさに中島知久平の思いそのものであり、設計にあたる技師たちもそう思いつつあった。

そのころ小泉製作所で開かれた重役会の席上、ある重役から、「軍部がZ機について反対しているのに無理に進めることはどうか」といった趣旨の発言があったという。社内では大社長の方針は絶対であり、疑問を差し挟むことなどほとんど考えられなかっただけに、言い出した重役も思いあまってのことだったに違いない。

「バカなことをいうな！」

ふだんは部下に対しめったに感情を露わにしない中島も、このときばかりは激怒した。一同に対し、中島が改めてZ機の必要性について説いた。そのときのことを、列席していた佐久間は次のように語っている。

「中島飛行機は、金儲けのために在るのではない。国家のために立っているのだ。軍のワカラズ屋共が何と言おうとも、国が危機に直面している時、安閑としてその国難を傍観していることができるか。この中島飛行機会社は、創立の趣旨を顧みて、刻々に迫りつつある国家の危機を打開するために最も役に立つ飛行機を造って奉公しなければならないのだ。こうするのがわが社の使命であると心得なければいけない。そのために会社が大損をしてもかまわぬ。今後軍部のものが何と言っても問題にせず、ドシドシ仕事を進めてもらいたい」（『巨人中島知久平』）

Z機基本設計完了

こうして中島飛行機の内外でさまざまな受けとめ方がなされ、論議されながらも、技術者たちの作業は着々と進み、六月に入ったころ、基本設計作業はほぼひととおり終わった。全貌が明らかになったZ機は、明治末からはじまる日本の航空史上に前例のない、飛び抜けて巨大な飛行機であった。

(1) 機体主要寸法——全幅六十五メートル、全長四十五メートル、全高十二メートル、三点静止角九度
(2) 主翼形状——主翼面積三百五十平方メートル、最大翼弦九メートル、上反角三・五度、縦横比十二、先細比一対五、取付角六度
(3) 尾翼——水平尾翼面積六十平方メートル、垂直尾翼面積四十平方メートル
(4) 車輪——車輪間隔九メートル
(5) 燃料タンク容量——胴体内タンク容量四万二千七百二十リットル、翼内タンク五万七千二百リットル

(6) 荷重――翼面荷重四百五十七キロ／平方メートル、馬力荷重五・三キロ／馬力

(7) 重量――自重六十七・三トン（固定装備を含む）、搭載量九十二・七トン、正規全備重量百六十トン（当初、内藤は百九十トンの案を提出していた）

(8) エンジン六基（「BH」ダブル四列空冷星型三十六気筒）、一基の離昇最大馬力五千馬力、上空七千メートルで公称馬力四千六百馬力

(9) プロペラ――型式全旋転式二重反転定速、羽数三×二、直径四・八メートル

(10) 性能――七千メートル上空で速力六百八十キロメートル／時（軽荷）、実用上昇限度一万二千四百八十メートル（軽荷）、離昇滑走距離（無風時）千二百メートル（正規）、航続力一万七千キロメートル（爆弾二十トンを搭載時）

技師たちは、三ヵ月近く続いたカンヅメ状態からようやく解放されることになった。自宅と中島倶楽部の往復に終始した日々は、単に物理的にカンヅメになっていただけではなかった。それ以上に、この仕事に国の存亡がかかっているとする中島の言葉のほうが、無意識のうちにも重くのしかかっていた。

内藤、加藤、百々、小山の四人で、「ストレス解消に」と、尾瀬へハイキングに行くことになった。小山は別に寄るところがあって途中から別行動となったが、Z機の重圧から解放されたこともあって、気心の知れたメンバーだけでの尾瀬ハイキングは、気分も足取りも軽かった。

山ノ鼻の小屋、長蔵小屋にそれぞれ一泊し、余裕のある日程で尾瀬沼、尾瀬ケ原を歩いた。尾瀬に群生する水芭蕉の花が顔をのぞかせ、あわただしく送った三ヵ月近くの間に、春が過ぎ、すでに夏を迎えようとしていることを彼らは改めて感じていた。

対米『必勝戦策』

『必勝戦策』の執筆

Ｚ機の基本設計がほぼ完了し、概略仕様、図面等ができ上がったことにより、軍部上層部への具体的な根拠に基づいた説明が可能になった。中島知久平はまずＺ機計画に賛同もしくは理解を示してくれる数少ない軍の関係者に報告するため、小山を伴って軍務局長の佐藤賢了を訪ねた。

また、七月十五、十六の両日、陸軍航空本部で陸軍機の試作計画を担当していた木村昇少佐らが、でき上がったＺ機計画を調査するために中島飛行機を訪れ、説明を受けた。

次に中島が取りかかったのは、軍当局者らを説得するための説明書『必勝戦策』の執筆である。

昭和八年（一九三三）に著した『昭和維新の指導原理と政策』もそうだったが、中島はなにか重要な行動を起こすときは、自らの考えを小冊子にまとめて周囲に配布するのを常套《じょうとう》手段としていた。

四月段階での東条ら軍首脳への説明は、具体的な設計がまだなされていなかったこともあって、説得力に欠けていた。

「中島さん、それではその大飛行機の設計があるのか」

東条から問われても、手の内には詳細な図面はなく、熱い思いだけが空回りするばかりだった。だから、相手にも空理空論と受け取られがちだった。ところが今度は違う。基本設計ができ、Z機が理論的に製作可能であることを技術者たちが実証したのである。目の前に概要図面、計算書、要目もある。中島知久平は六、七月を、『必勝戦策』の執筆に没頭した。

序言および結語と六つの章立てからなる九十八ページにおよぶ大論文『必勝戦策』には、中島知久平が一年近くかけて練り上げてきた思いのたけがすべて込められている。目次は次のとおりである。

第一章　日本の国防態勢
第二章　皇国保全の（妄）方策
第三章　必勝戦策に関する新構想

第四章　必勝戦策遂行に必要なる兵器の構想
第五章　Z飛行機を以てする必勝三戦策実施案
第六章　Z飛行機製産計画

昭和十八年（一九四三）八月八日付となっている序言は、次のような書き出しではじまっている。

「今次の大東亜戦争は、初め、日本は飛行機戦策を基調とし、米、英は大艦巨砲戦策を基調とせる対戦であって、僅小なる生産力を以て厖大なる生産力に対抗し、克《よ》く之を撃破し得る戦勢にありましたから、戦えば必ず勝つと云う確信を持ち得たのであります。

果して、開戦するや忽《たちま》ちにして、敵の海上勢力を撃砕し、赫々《かくかく》たる戦果を挙げ、広範なる戦略要域を確保したのであります。

斯《か》くして、一応前進を停止し、防衛態勢に転位するや、米、英は敗戦に鑑み、昨年六月、遂に彼等の伝統とする大艦巨

中島知久平が執筆した『必勝戦策』

砲戦策を放擲《ほうてき》し、飛行機戦策に転換するに至ったのであります。

茲《ここ》に於《おい》て、戦争の様相は全く一変し、将来に於ける勝敗の鍵は、飛行機の質と量とに存することとなり、事態は極めて重大化するに至り、現状の儘《まま》推移するに於ては、国家の前途は誠に憂慮に堪えざるものがあるのであります。

故に、現戦勢を打開し、必勝態勢を確立するためには、現行戦策を転換すべき飛躍的新構想の必要を痛感するのであります。

そこで、研究の結果、二、三の構想を得ましたのでご参考の資に供する次第であります。

昭和十八年八月八日」

まず冒頭では、中島知久平の持論である飛行機戦策に、日本より先に米英が転換していることを強調している。

生産能力の違いによる危機

第一章では、北はアリューシャンから南方地域にまで伸びた日本の戦域を、「世界情勢の推移より之を大観するに、現国防態勢を以てしては、決して楽観を許さざるばかりでなく、寧《むし》ろ、将来危険なる情勢さえも予見せられるのであります」と指摘、その中で予想されるもっとも重大な事態は、生産能力における両国の格差だと指摘している。
「今や、国を挙げて、戦争は生産戦である、生産決戦であると叫ばれて居りますが、第一線に於ける戦力は、国内の生産が其の根源をなすものでありますから、従来の戦策を踏襲する限りにおいては、正に戦争は生産力の戦争であると言い得るのでありま す。（中略）軍需品の補給に或《あ》る程度以上の差が生じたる場合には、如何《いか》に大和魂、独逸《ドイツ》魂を以てしても如何ともすることは出来ない」

日米戦の根底にあるものが、当時の日本軍の指導者層が盛んに力説していた精神論などではなく、工業生産力であることを強調しているが、現在から見ればごく当然の指摘である。

「一国の軍需生産力は、軍需生産の根源をなす製鉄能力に比例すると共に、工作機械の生産能力に比例する」として、戦術や兵士の士気をことさら強調しがちな軍人の出身ではあるが、ここではきわめて物質主義的、工業生産力至上主義的考えに徹している。そして、そのような認識のもとに日米を比較し、「製鉄能力に於て約一対二十であり、工作機械生産能力は約一対五十程になっていると思われます」としている。

日米開戦の決断をするにあたっての決断材料として、昭和十六年（一九四一）秋、企画院の戦争経済研究班は日米両国の国力比較を行なった。その結果、製鉄能力が「二十対一」であるとするこの数字がはじき出された。なんとしても開戦に持ち込もうとする陸軍は、この数字にあまりの開きがありすぎるとして、表現の修整を行なわせた上で、御前会議に提出させた経緯があった。中島はあえて修整前の数字をもち出してきている。

参考までに、中島が残した文書類の中に、日本の国力（工業力）、戦争遂行能力が一目でわかってしまうような、きわめて機密性の高い重要文書が残されている。「総動員機密取扱」「極秘」との印が押された、企画院が発行している各年度ごとの「重要物資需給対照及補填対策一覧表・本邦輸入力予測表」のファイルである。それは軍需生産に絶対不可欠な鉄、アルミ、石油、農産品、工作機械その他あらゆる重要物資に関する日本の需給力、不足がどの程度なのかがすべてがわかる一覧表であった。

「（これほどの差があるのなら）一、二年の間に於て、日本の生産力が、米国に拮抗《きっこう》し得るに至ることは思いもよらざる所である、輸送力其の他の関係より、生産絶対量の差は、寧ろ更に拡大するの憂さえあるのであります。

故に、他に画期的打開策を講ぜず、只単《ただ》に生産増強のみに依って勝敗を決せんとするならば、勝敗の帰結は既に明瞭であって、日本の運命は極めて憂慮すべきものであると断ぜざるを得ないのであります」

これまでの延長でどんなにがんばってみても、日本にはまったく望みはない――微妙な言い回しも、言葉上の配慮もなく、単純明快に断言している。言論統制がきびしかった戦時中に、たとえ代議士といえども、ここまではっきりといいきって身に危険がおよばなかったのだろうかと、のちの時代のわれわれが心配になってくるほどである。

ヒステリックな増産要求と劣悪な労働環境

それはともかく、中島は、生産力の問題に関連して伸びきった日本の防衛圏の問題を指摘する。

「（北は千島、南は激戦を続けているソロモン群島まで、どこでも）敵は日本本土空襲を大規模に準備中であって、何時《いつ》来るか判らない。（中略）また、支那本土に於ては、盛《さかん》に米国流の大規模を以て多数の飛行場を建設中であって、之が整備を了《おえ》れば一夜にして多数の飛行機を結集し、日本攻撃の挙に出ずべきことは明かであります」

だが、この広範囲に及ぶ地域に、あまねく優秀な日本の航空機を配置することも、守ることも実際的には不可能である。しかし米、英はその圧倒的な生産力でもって、航空機を生産し、配備し、大挙攻勢を採り得る態勢にあるのであります。（中略）

日本の飛行機生産能力を、急速に増強し、二、三倍に達したとしても、之を広袤《こうぼう》三万キロの戦線に配備したのでは胡麻塩《ごましお》同然たることは免れない」

要するに、日本が目いっぱいがんばって、たとえ生産を増強しても、所詮は焼け石に水、どうあがいても、日本は米英の攻勢から身を守ることはできず、破滅は時間の問題であると断言しているのである。

「敢然として飛躍的戦策転換を策せず、只単に、生産力増強のみに依って、勝敗を決せんとするは旧式戦法を漫然継続する限りに於ては、現国防態勢は決して楽観を許さざるばかりでなく、極めて危険なる態勢であると断ぜざるを得ないのであります」

そのころ、陸・海軍を合同統一して航空機生産のいっそうの増産体制を強化しようと、軍需省の設立がほぼ決定していた。目標は、昭和十八年の生産量一万六千六百九十三機のちょうど三倍に当たる五万機（実生産数は二万八千百八十機であった）だった。昭和十八年十二月、軍需省航空兵器総局長官に遠藤三郎中将が就任するが、その彼が『飛行機増産の道ここにあり』と題する一般国民に向けた宣伝パンフレットの冒頭に、次のような談話を載せている。

「『一機でも多くの飛行機を前線へ送れ、しかも前線では直ぐ欲しがっているのだ』かうした叫びはラジオに、講演に、または街頭のポスターにと、耳から眼から、それこそ厭という程知らされている。然しこの叫びも、ともすれば聴き流し、見逃《みのが》されているのではないだろうか。前線の土を踏み、日夜熾烈《しれつ》な敵襲を味ったものならこの言葉の切実さがそのまま感ぜられるであろうが、内地にあって生活を送っている人達にはそれ程の緊迫感を与へないかも知れない。われわれの如く前線を駆巡って来たものは、南溟《なんめい》の小島に守備する将兵の労苦、一機でも多くの、いなたった一機の飛行機でもいいから全守備地を飛んで欲しいと希求している前線将士の真情を痛切に感ずると共に、最前線における航空決戦の筆舌に現はし難い壮絶な実相を、全国民に知って貰《もら》うためにはどうしたらいいかと、非常なもどかしさを感ずるのである。絶海の孤島を護るわが将兵の、明け暮れの無聊《ぶりょう》な監視を慰め、励まして呉《く》れるもの、それはたった一機の日の丸をつけた飛行機なのである」

昭和十六年（一九四一）十二月に国民徴用令が公布され、強制的に労働者の配置が行なわれるようになった。同年八月からはじまった徴用は、昭和十九年（一九四四）二月の第二十次にいたるまで、全国で合計百九十七万三千百二十九人にのぼり、中島飛行機にも徴用工、勤労動員、学徒動員、女子挺身隊などが大量に投入された。

しかし、ヒステリックなまでの増産要求は、慣れない未熟練労働者にも過酷な労働を強い、工場内の労働環境の劣悪さとあいまって、長期欠勤、無断欠勤が増え、工場内のモラル、士気の低下が目立つようになっていた。精密さ、熟練を要する航空機の生産は、単に人間の数だけで増産態勢を確立できるほど甘いものではなかった。むしろ、混乱を助長し、見かけ上の生産量は増えても、不良品や「飛ばない戦闘機」を生み出す結果にもつながった。

もちろん、中島飛行機の実情も同様だった。中島飛行機太田製作所の浜田昇は『日本能率』昭和十七年六月号の「飛行機工場に於ける工程管理改善」の中で、次のように実情を述べている。

「支那事変以来拡充に拡充を重ねて参ったのでありますが、最初のうちは新しい工員を採用する場合でも相当吟味しまして、優秀な者ばかりを採用しておったのでありま す。ところがこの頃からそんなことは言っておられなくなったのであります。五体さえ満足ならば、手足が付いておれば皆これを採用する、それでも足りないというような状態になりまして、工員の質の低下は断然下ったのであります」

こうした状況に対応して、熟練工でなくても、作業を細分化して分業化、専門化を図り、単純労働でも作業が可能なように工夫も試みられ、一定の成果もあげつつあった。エンジン生産を行なっている東京工場総務部長の富沢喜一は『統制経済』昭和十九年二月号の「航空機工業の勤労事情管見」の中で、次のような方策を記している。

「(飛行機の中でももっとも生産がむずかしいエンジンは『一種の芸術品』といわれたが)そこでは若干の優秀なる熟練工がその高い技能を誇り、熟練者に非ざれば発動機の生産は期待し得ないという常識に支配されていたのである。(中略)

技術的濃度の希薄化により、製品の品質低下が懸念されるであろう現状でもある。而《しか》も工員の素質は、独り技能に於けるのみならず、その体位に於いて、その心構えに於いて低劣化したにも拘らず、工作方式の単純化に伴い、多能工の必要は漸次稀薄化し、若干の優秀指導者あらば、単能工を以て生産増強を期待し得るに至ったのである」

エンジン部門の佐久間一郎もこのころ産業能率増進委員会委員として、中島飛行機エンジン工場における「生産力と半流れ作業」の経験などを講演で語り、飛行機生産増進の啓蒙活動を行なっている。こうした既存航空機の大増産が立案され、体制強化が図られようとしていた時期に、中島知久平は『必勝戦策』を書き綴っていたのである。

二年足らずで十倍――脅威の潜在能力

第一章の「大型飛行機出現に依る国防の危機」の項で、中島はかねてからの持論を展開し、アメリカですでに開発されつつある大型爆撃機B17、B29、B36の脅威について言及している。この内容については先の必勝防空研究会で明らかにしているが、そのときと違う点は、ルーズベルト米大統領の航空戦力増強計画、生産設備規模の大幅拡大を具体的な数字をあげて説明している点である。

この指摘の中で驚くべきことは、各機種の開発状況だけでなく、後に日本が空襲にさらされる予想時期が、実際とぴったり一致していることである。中島の情報、分析力がいかに正確であったかを物語っている。

「近時、飛行機の進歩の趨勢《すうせい》は、大馬力、大型機に向って急速なる進展をなしつつあ

ります が、特に米国に於て此傾向が著しいのであります」

日米開戦以前と同じような認識でアメリカの航空機生産力、米空軍力をとらえていたのではとんでもない誤りを犯すことになるとも指摘し、アメリカが現在進めつつある航空機増産計画の具体的数字にまで立ち入って、今後のアメリカの出方、戦策を分析している。

「ルーズベルト大統領が、本年は飛行機の年産額を十二万五千台に引揚げると揚言して居りますから、大体其の輪郭を察知することが出来るのであります」

これは、真珠湾攻撃を受け、総動員体制を敷いた米大統領ルーズベルトが、一九四二年（昭和十七年）一月七日に発表した航空機大増産計画の声明を踏まえたものである。ルーズベルトの要請を受けたアメリカの「航空機製作業者は、真珠湾以後、民主主義の空軍の兵器廠になることを誓い、その誓いは申し分なくはたされつつある」（『アメリカにおける現代の航空機製作』）。アメリカの航空機産業の戦時体制に向けた拡張政策は凄じいものがあった。

「航空機労働者は、戦闘部隊のように勤務し、常に困難なことを即座に遂行し、不可能なことを遂行するのにほんの少し長い期間を求めただけである。彼らの場合、『不可能なこと』とは、航空機産業の生産を十倍に増加することであり、この達成に要した『少し長い期間』とは、二カ年未満であった」

アメリカの航空機生産機数は、開戦の一九四一年が一万九千四百三十三機、翌年には早くも二・五倍の四万九千四百四十五機、一九四三年にはさらにその倍近くの九万二千百九十六機、さらに一九四四年には十万七百五十二機の大台を記録していた。こここそというときのアメリカの動員力、機動力のすごさ、潜在能力を遺憾なく発揮した数字である。

これに対し、日本は、一九四一年が五千八十八機、翌年が八千八百六十一機、一九四三年が一万六千六百九十三機、一九四四年は二万八千百八十機となっている。伸び率においてはアメリカに匹敵するほどの高い数字を示しているが、出発点の数字に四倍ほどの開きがあり、周辺工業および技術水準も含め基盤が浅く、裾野も狭かった。

それだけでなく、日米対決の観点から見れば、絶対量において、三倍から六倍の差がある。そのうえ、日本の軍用機の故障率は米国機をかなり上回っていたことにも着目しておく必要がある。連合国支援のため、アメリカはヨーロッパ戦線にも航空機を送り込まなければならず、ある程度割かなければならないとしても、ドイツの勢いが衰退し、日本に戦力を集中させてきたとき、この絶対量の違いが決定的となってくることは明らかである。中島は、その点についても「欧州戦局より波及する国防の危機」の項の中で指摘している。

アメリカが年を追うごとに航空機の性能を上げ、より高度化したのに対し、日本はむしろ逆であった。高性能化した航空機の開発は進められていたが、肝心のアルミニウム（ジュラルミン）の原料であるボーキサイトが入ってこなくなっていた。南方作戦の敗退によって石油も入ってこなくなり、燃料の節約の意味から、劣悪な松根油を混ぜたオクタン価の低い燃料などを使わざるをえなかった。このほか、エンジン部品の材料である特殊鋼に使われるニッケルやモリブデンも逼迫しつつあった。事実、世界にもひけを取らないエンジン「誉」を開発した中川らも、このころはオクタン価の低い燃料によってトラブルが続出し、対策に大わらわの状態だった。

中島飛行機研究部の戸田康明は、そのころのことを次のように語っている。

「昭和十七年に入ると、これまでさかんに手がけていたエンジンの吸入や性能に関する本来の実験より、とにかく燃料が低質化してもエンジンを正常に働かせるのにはどうしたらいいかといった対策ばかりに専念するようになりました。オクタン価が九十六、九十四、九十二としだいに低下していき、八十四になるともうだめです。ノッキングが出てしまうのです。『誉』もそのままじゃ回らない。メタノール噴射や水噴射をやって、出力を増加させる工夫を重ね、ガソリンとメタノールの割合をどのくらいに採ればよいかなどをさかんに実験したものです」

エンジンが高性能になればなるほど、デリケートになるという一面がある。当然、部品の精度もより高いものが要求される。ところが、未熟練労働者の大量投入で部品の寸法にばらつきが目立つようになり、品質が低下してきた。その上に低質の燃料では、せっかく開発した高性能エンジンも、その能力を低下させたばかりか、かえってより多くのトラブルを発生させることになる。

航空工業を支える裾野の広がり

ところで、一九四四年のアメリカの航空機製造機数は十万七百五十二機で、一九四二年一月にルーズベルト大統領が要請した十二万五千機を達成してはいない。しかし、実態は、

「一九四三年に、航空機産業は、このような多数の航空機を生産していなかったが、機体重量に換算すると、一九四三年には、もっと大型で、もっと重量のある航空機の生産により一層集中していたので、これに等しいものよりも多くを生産したことになる。（中略）一九四四年に生産されている飛行機数は、一九四三年の生産機数を僅かに上まわっているだけだ――月産七千百七十二機にくらべて九千機の割合――が、その総重量は、五十パーセント大きくなっている」（『アメリカにおける現代の航空機製作』）

つまり、アメリカは開戦直後の方針と違って、小型機をたくさん作るより、大型爆撃機を優先させるべく航空戦策への転換を図っていたのである。まさに『必勝戦策』の狙いとするところだった。

アメリカの航空機生産で最大のネックとなっていた航空用エンジンでは、二大メーカーのプラット・アンド・ホイットニーおよびカーチス・ライトが開発した機種を、主に大手自動車メーカーが生産することで切り抜けようとしていた。自動車工業の大々的な転換が図られたのである。その代表例として、B24、B29のエンジン、「ワイルドキャット」戦闘機、機関銃、戦車その他の軍需品を生産した巨大企業のゼネラル・モーターズ（GM）をあげることができる。米自動車生産の王座を占めていたフォードを抜き、世界一に引き上げたGMの名会長A・P・スローンは、自伝『GMとともに』の中で次のように回想している。

「GMは百二十億ドルという信じがたいほどの軍需品を生産した。この軍需品の大半は、GMが全面的な戦時動員体制に置かれた二、三年間に、集中生産されたものである。一九四二年二月から一九四五年九月まで、われわれはアメリカ国内ではただ一台の乗用車もつくらなかった。（中略）しかし、GMの製品では軍需に転換できる割合が非常に少ない。第二次世界大戦にGMが動員されたとき、われわれは生産活動の大半を完全に変更しなければならなかった。また、まったく経験をもっていなかった戦車、航空機プロペラ、その他多くの装置の製造方法を、強力な要請の下ですみやかに学ばなければならなかった。GMは多くの大工場を軍需生産に適するように改造し、幾十万の従業員を再訓練しなければならなかった。例証として一つの統計を引用すると、第二次世界大戦中にＧＭが生産した百二十億ドルの軍需品のうち、八十億ドル以上がＧＭにとってはまったく新しい製品で占められた」

このような徹底した転換が、なぜ可能だったのか。その理由としてスローンは、分権管理の体制をあげ、さらに技術的には自動車の「毎年のモデル・チェンジでこうした技術と弾力性を身につけていたからである」としている。それだけではない。

「ＧＭのこうした性格転換は、まったく突如として起こった。転換の大半は主として一九四二年の二、三ヵ月に集中して起こった」

一九四二年、ＧＭの中に、十二人で構成される「戦時管理委員会」を公式に設置し、戦時生産のすべてを管理させた。

「われわれはまた、外部の下請業者に強く依存する方針を続けることを決定した。われわれは平時には約一万三千五百の下請業者と取引関係をもっていた。戦時中に、この数字は次第に増加し、戦時生産のピークであった一九四四年には、われわれは約一万九千の下請け業者の設備を利用していた」

ＧＭが一気に転換できた秘密は、こうした膨大な数にのぼる下請企業を擁していたからである。とりもなおさず、当時、アメリカにはそれだけ層の厚い機械工業が存在したことを意味している。

ちなみに中島飛行機の下請業者数は機体部門が約六百、エンジン部門が約三百だったといわれている。それも町工場的な下請協力工場が多かったことからすると、いかに日米の航空工業を取り巻く製造業の裾野の広がりに違いがあったかを知ることができよう。

一九四四年、米軍需省は次のように報告している。

「真珠湾以前と同じ型もしくは同じ設計の兵器は現在ではただ一つも使用していない」

昭和十五年（一九四〇）七月、日本の「零戦」が初めて実戦に参加し、中国の重慶を爆撃した。それ以来、終戦までの五年間、第一線の戦闘機として、あるいは兵器として使われた。日本とアメリカの機動力の差は歴然としていたといえよう。

スローンは更に述べている。

「戦時中に採用した新規従業員は、七十五万人を上回った。この採用人数は少ないものであった。しかもそのうえ、技能水準はきわめて低いものであった。その多くは身体的にも仕事に適していなかった。とくに婦人労働者は、全くの未経験者が多かった。一九四一年末から一九四二年末までに、GMの全時間給従業員に占める時間給婦人従業員の比率は、約十パーセントから約三十パーセントに高まった。

この腰の落ち着かない未熟練労働力を活用するため、われわれはできるかぎり生産技術を合理化しなければならなかった」

やはりアメリカでも日本と同じように、戦時になって大量の非熟練労働者を活用せざるをえなかった。それでも、自動車で蓄積してきた量産技術、すなわち作業の細分化、単純作業化、マニュアル化、規格化し、治工具や標準ゲージの活用などによって製品品質の低下を極力防いだのである。

やや時代は下るが、GMの驚くべき大転換に向けた機動力は、第二次大戦終了時にも遺憾《いかん》なく発揮されている。

「全米に散在するGM工場の再建という膨大な仕事に直面した。軍需品在庫を一掃するのに九千台分の貨車が必要であり、政府所有の機械設備を処分するのに、さらに八千台分の貨車が必要であった。他方では、われわれは、民需生産のため、工場設備の再建に突入していた。全体としてみた場合、雑然とはしていたが混乱は生じなかった。すでに立てられていた計画と軍の協力により、工場の整備や再転換の期間はきわめて短縮され、日本降伏の日から数えて四十五日目には、GM最初の自動車が生産され、出荷された」

巨大な組織でありながらも、日本では信じられないような素早い転換である。こうした企業をもつ国に、日本は戦争を仕掛けたのである。無謀としかいいようがない。

まさしく、戦争を遂行する上での国全体としての総力戦体制構築についてのあまりにも大きな格差であった。

恐れていたのはB36の出現

それはともかく、話を再び『必勝戦策』に戻すと、中島は続いて「空の要塞」B17、B29、六発の「空の要塞」B36の年度ごとの生産機数、生産工場の増設がどのように推移していくかを分析している。ちなみに、B29は昭和十九年から日本本土空襲を行ない、約二千機が配備されるだろうと予測している。昭和二十年には、B29が二千機、六発の空の要塞が三千機となっている。

「十七年の初めに米国では、二千馬力の発動機が完成し、現在では、二千馬力四発装備のボーイングB二十九型の設計試作が完成致しましたから、此等の新工場は目下B二十九の生産中であり、明年即ち十九年には此B二十九型が相当活躍するであろうと思われます」

さらに中島は、この年の一月にルーズベルト大統領が「日本本土攻撃可能の大型爆撃機をできるだけ無制限に多く作れと云う指令を発し、大型飛行機工場建設のために莫大なる政府資金を放出したと言われて居るのであります」とも指摘している。このほか、六発の「空の要塞」、航空母艦、艦載機の生産予測も述べている。

これらの米大型爆撃機が目指す日本本土爆撃をめぐる攻防戦はどうなるのかを、中島は年度を追って、わかりやすく図解している。

まず十八年は、「日本の飛行機は現在双発爆撃機が最大でありまして、攻撃半径は

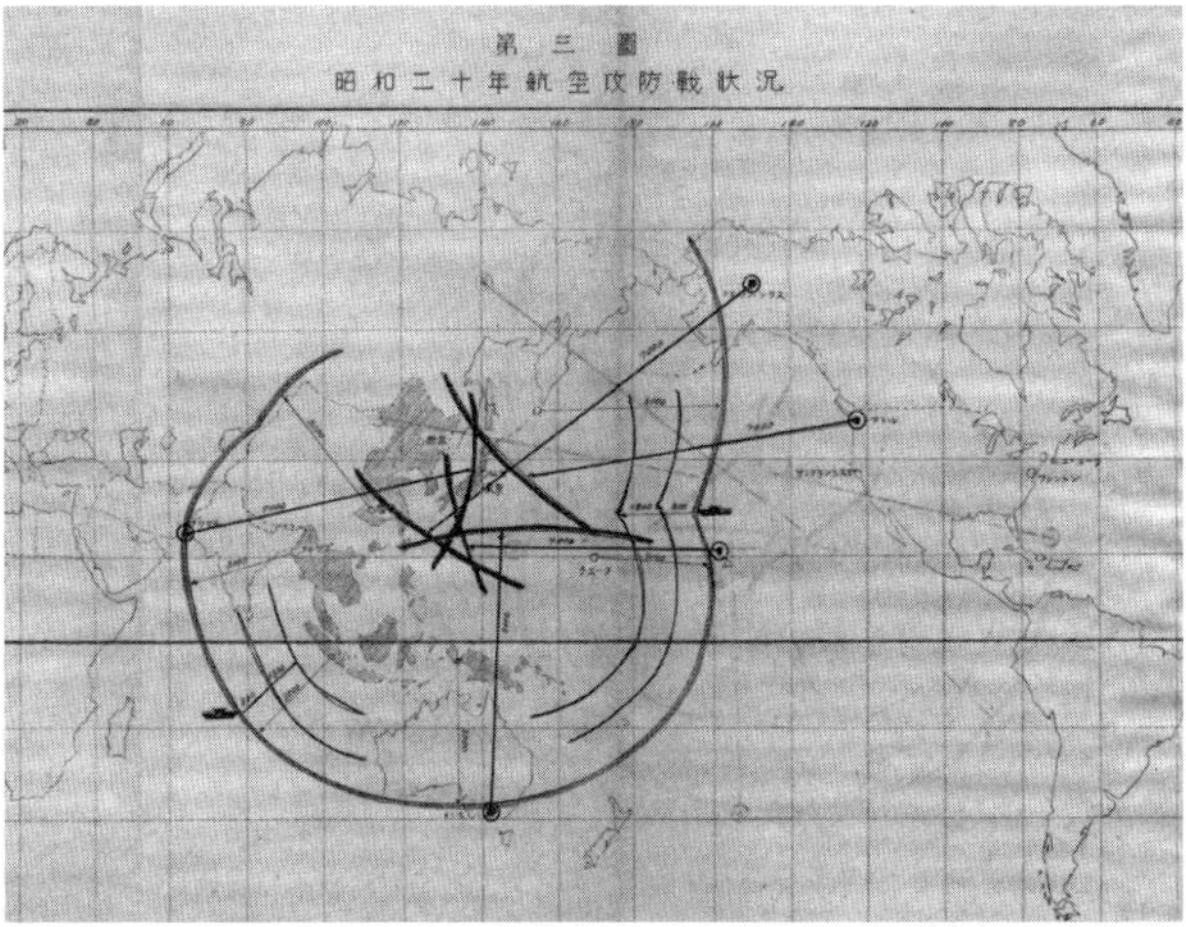

昭和19年における航空攻防戦状況（『必勝戦策』より）

一千八百粁」であるから、日本本土および日本の占領地域から発進して到達できる行動半径は、〔上図〕のとおりである。アメリカが現有しているB17は「攻撃半径は大体二千七百粁」と見られていた。日本に向かって飛び立てるもっとも近い飛行場、アリューシャン列島のダッチハーバー、中国奥地の科布多およびミッドウェーなどから発進しても、日本本土には届かない。このため、本年は安心である。

　ところが「昭和十九年になると、様相は一変する」。「B二十九型は二千馬力四発総馬力八千馬力、航続距離は八千粁乃至九千粁、速力五百五十、爆弾積載量は二瓲《トン》と推定せられます。従って、攻撃半径は大体四千粁に達するものと思われます」

先の基地から、四千キロメートルを半径として攻撃可能な領域圏を描くと、「アリューシャン、ミッドウェー、支那大陸から日本本土を爆撃し得るのであります。従って、漫然現状の儘で行きますと、十九年には相当の危険が予想されます」。

そこで、本土爆撃を逃れるためには、「ミッドウェーを常に叩き、その基地を使用不能ならしめ、又支那に於ける敵の重要基地を占領し、我が基地を前進せしめ、敵の基地を使用不能ならしむるの策を採れば、B二十九型の攻撃は阻止出来ると思います」。

だが、現実には、ミッドウェーの海戦に敗れ、ガダルカナルは撤退し、建設中の飛行場があったサイパンは昭和十九年(一九四四)六月に米軍の手に落ちる。

ところで、この検討は、B29が基地から発進して再び同じ基地に戻る場合を前提にしている。もし、昨年四月のドゥーリトル隊のB25のように日本を横切るかたち、たとえばミッドウェーを発進して中国に着陸するコースを取る場合は、これまた「相当な被害を覚悟しなければなりません」としている。

ただ、中島は「只《ただ》爆弾搭載量がないから、我が国防の根本を動かす迄には至らないと思われるのであります」と予測しているが、実際は、それよりはるかにB29による被害は深刻で、事実上、軍需工場は壊滅的被害をこうむることになる。

中島がもっとも恐れていたのは、六発の「空の要塞」B36である。先の一月に述べた予想と違って、彼は昭和二十年の後半期には実戦に登場して大規模に日本にやってくるだろうと予測している。だから、昭和二十年は「実に容易ならざる年であります」と述べているわけだが、B36はB29と比べて航続距離、速力、そして「爆弾積載量は距離によって異なりますが、六瓲《トン》乃至二十瓲と云う偉大なる性能を有するものであります」。

航続距離からして、米本土、中国、オーストラリア、ハワイなど、どこからでも発進して、日本本土を自由自在に爆撃し、余裕をもって飛び去ってしまうのである。もうこうなったら「日本の防衛圏は半径三千キロメートルに拡大せられますが、六発爆撃機に対する防衛圏には何ら効力も予期できません。（中略）此の大編隊が日本の製鉄工場、アルミ工場等を爆撃する場合には、徹底的に爆破せられて仕舞うことは確でありますそうなると、日本の軍需生産は全面的に停止し、飛行機も、戦車も、艦船も作ることは出来なくなる」。

遅れていた軍部のB29対策

お粗末だった米兵力に関する情報収集

その当時、B17やB29など大型爆撃機に関する軍中央の情報の入手状況および対策は、どうだったのだろうか。これについては、防衛庁防衛研修所戦史室が作成した『戦史叢書・本土防空作戦』に、当時このB29の情報収集にあたった主担当者らの回想や日記などがある。それによると、次のとおりである。

陸軍はB29の前に登場してきたB17に対しては、「相当の関心を持っていた」が、開戦直後、その威力については注目していなかった。捕獲したB17を日本に空輸し、詳しく性能試験を行なって調べ上げ、技術研究や戦技教育に利用することが企図された。ところが、実際に興味を示したのは技術者だけで、それ以外の軍人などはあまり関心を示さなかった。

昭和十七年（一九四二）一月末、ラバウル方面に進出したとき、日本軍はB17と交戦した。その撃墜が容易ではないことを思い知らされ、交戦したパイロットからも報告されたが、軍中央は今後重大な問題となってくることを予想しえなかったため、とくに戦術的な検討も加えられなかった。

この時点では、世界最大級の大型機といえるB17に対しても、陸軍はこの程度の認識でしかなく、むろん、大型爆撃機がもつ戦略的重要性にも気づいてはいなかった。

この年十二月二十二日朝、第十二飛行団の一式戦闘機（1型）の三機編隊が、ラバウル方面に飛来してきたB17一機を高度七千メートルで捕捉し、攻撃した。多数の命中弾を浴びせたのは確実だったにもかかわらず、撃墜できなかった。

翌十八年（一九四三）一月五日、B17、B24の合計十二機がラバウルに来襲してきたときは、高度三千メートルでB17二機（うち一機不確実）、B24二機（不確実）を撃墜したと報じた。このとき、日本側は有利な態勢で迎え撃ったにもかかわらず、やっと数機を撃墜したにとどまった。こうした苦い体験をして初めて重大視し、陸軍中央部はようやくB17の緊急対策に着手したのである。

陸軍省軍事課が中心となって、航空本部、兵器行政本部その他陸軍内の力を結集して対策に当たることになった。昭和十八年初頭、参謀本部はB17の性能を次のように判断した。

最大速度——五百二十キロメートル（八千メートル上空で）

上昇限度——一万三千メートル
武装——七・七ミリおよび十三ミリ機関砲計十四

要部装甲——十六ミリ鋼板

中でも着目されたのが、高空性能の優秀さであり、爆撃機Ｂ17が日本の一式戦闘機のスピードを上まわっていたことだった。さらには、軽量化を最優先にする日本の飛行機では考えられないような防弾鋼板の厚さ、防備の堅固さで、一式戦の十二ミリ機関砲ではＢ17の機体を貫徹することができない。ということは、通常の攻撃では決定的ダメージを与えることができず、よほど有利な形で、数機が連続肉薄攻撃する必要がある。

元来、格闘戦を最重要視してきた日本の陸軍戦闘機の設計思想は、軽量化するため、搭載した機関砲などは七・七ミリの口径がほとんどで、十二・七ミリを採用しはじめたのは、日米戦の直前に一式戦闘機に装備してからである。昭和十七年に入り、戦闘機に二十ミリ機関砲を主体にすることを決定したものの、実戦配備されている機体は従来のものが多かった。

アメリカの大型機出現を予想して、至急、火砲の強力化が検討された。だが、高速化については、一朝一夕にことが運ぶはずもなく、長い時間を必要とした。

陸軍は開戦以前から、Ｂ17とは別に、さらに大型のＢ19やマース飛行艇などがアメリカで製作中であり、さらにはＢ17の二倍の大きさで、全備重量四十トン級のＢ29、Ｂ32を設計中との情報は入手していた。しかし、その後、新しい情報が入手できなかったことや、昭和十七年末ころからはB17対策に忙殺されていた。アメリカの兵力に関する日本の情報収集能力は、きわめてお粗末な状態だった。

ところが、昭和十八年二月から四月にかけて、外電はさかんに、米軍首脳の日本本土爆撃の発言が相次いだことを伝えた。まず、二月二十一日、ブエノスアイレス発、同盟通信（昭和十八年二月二十三日の記事）。

「米国海軍次官補ラルフ・パール氏は二十日バルチモアにおける演説で、日本空襲を豪語し下記のごとく述べた。『日本本土に対しては規則的大規模な空襲を行ない、その軍需工場を徹底的に破壊し、国民の戦意に対しても致命的な打撃を与えなければならぬ』と」

二月二十一日、リスボン発、同盟通信。

「ワシントン来電によれば、アーノルド米陸軍航空軍総司令官は二十日支那より帰還したが、同日新聞記者に対し、重慶においては同行の英空軍元帥テル及び蔣介石と、支那を基地とする対日攻撃に関し協議した旨を述べた」

三月一日、ブエノスアイレス発、同盟通信（同年四月四日の記事）。

「米太平洋艦隊司令長官ニミッツは赤十字大会において『日本の工業中心地を撃破する準備を完了した』と、また、同日米空軍司令官アーノルドは、ニューヨーク市主催の宋美齢歓迎会の席上『日本の心臓部を直ちに爆撃する基地を獲得しその準備を終らんとしている』と演説した」

陸軍は、こうした相次ぐ米英の軍首脳の発言により、大型爆撃機の試作が進んでいるものとの推測はしていたものの、正直なところ切迫感はなかった。だが、それと加えて、春から夏にかけて外国のいろいろな航空雑誌に相次いで、「二月二十八日、シアトル近郊でボーイングの新型爆撃機が試験飛行中に墜落」という記事が掲載された。この情報は陸軍中央に衝撃を与えた。墜落したとはいえ、試作機が飛行したということは、相当に開発が進展しており、近い将来、量産化され、戦線に投入されることを意味していたからだ。

B29の試験飛行はその墜落事故以前にも米西海岸で何回となく行なわれていたにもかかわらず、大本営はその墜落のニュースによって初めて試作機の進捗状況を知るにいたったわけである。いわゆる大型爆撃機に対する情報収集には力を入れておらず、大型爆撃機の役割についての認識も希薄だったことを物語っている。

陸軍のB29対策

それまで航空本部で航空情報の収集にあたっていた総務部第二課調査班が、昭和十八年二月から総務部部長の直轄《ちょっかつ》となった。飯島正義大佐が班長に就任して、同年夏ごろには航空技術関係の将校が多数配属され、陣容は計十九人に拡充された。しかし、

B29に関する情報はまだほんの少ししか入手されておらず、内容は次のようなおおざっぱなものでしかなかった。

形式——中翼単葉四発、全備重量約四十トン

装備——機関銃数不明、二十ミリ機関砲四（または六）

爆弾——正規四千五百キロ

最大馬力——二千五百馬力　四個

日本を爆撃するときに問題となる航続距離について、参謀本部作戦課長の真田穣一郎（元大佐）の日誌には、源田実《げんだみのる》海軍軍令部部員の説明として、「米のB－29の性能不明なるも『ミッドウェー』から本土を空襲することあるべし」と記述されている。

ちなみに東京・ミッドウェー間は四千キロの距離である。

一方、大本営でも、B29対策のため、まずなによりも正確な性能を把握することが第一とされた。航空本部調査班はB29の性能、量産開始時期、量産機数、第一線進出の時期及び方面などに関する判断予測を至急検討することになった。その場合、もちろん、外国駐在武官、大公使館からのB29に関する情報は伝えられていたが、意図的にアメリカなどが誤情報を流している場合もあるため、信頼はできないとしてあまり重要視されなかった。量産開始時期及び生産機数に関しては、飯島大佐が自ら主任者となり、林知己夫航空本部技術少尉、真塩慶一郎少尉を補佐として検討を開始した。

試作機が飛行した事実から、量産開始時期を比較的正確に予想することが可能だと判断した。一方、生産機数は、米飛行機工場の床面積に関する比較的詳細な情報を入手していたため、ドイツの四発機生産の実績値を参考にしながら、これにアメリカで毎年発表されている機種別の生産機数や工場拡張の情報などを加味し、修正係数を掛けて推算した。その結果、航空本部が算出した数字は次のとおりだった。

B29の量産開始時期については、二月十八日の試作機の事故からして、それから半年ほど遅れた九月ないし十月ごろであろうと予想した。生産予想数量については、「B－29の量産は昭和十八年十月に開始されるとして、当初は月産四十機程度であるが、五か月目ごろから生産数量が漸次増大して月産百機近くなり、その後間もなく月産百数十機になるであろう。従って、B－29の生産累計は昭和十九年三月末約二百機、六月末約四百八十機、同年末には千数百機となろう」

昭和十八年十二月二十六日付けの真田の日記には、「B29の量産は十月に開始され、月産七十五機であり、昭和十九年末には生産累計千百機と予想される」と記されている。

陸軍中央では、やがてアメリカのB29が日本本土を爆撃することが当然考えられるとして、昭和十八年の春から夏にかけて、ようやくB29対策委員会を設置した。検討内容は、①B29の基地を使用不可能にする戦略的対策、②B29を撃墜する新しい兵器開発などの技術的な対策だった。

委員会は陸軍次官を委員長とし、陸軍省、参謀本部、航空本部、兵器行政本部など関係主要課長を委員として構成された。このほかに、技術研究所、航空審査部および防衛総司令部などからも委員が加わったともいわれている。

委員会では、B29に関する情報の収集および判断、飛行機に関する事項、電波兵器に関する事項、高射砲に関する事項などの項目が主に検討された。さらに、今後予測すべき重要な問題は、B29がいつごろ、どの方面から、何機編成で飛来するかであった。

昭和十九年初頭、参謀本部第二部長・有末精三少将の質問に、航空本部調査課部員の足原武一中佐は次のように答えている。

「米軍はB－29を二百機保有するに至ったならば、その第一線使用を開始するであろう」（『戦史叢書・本土防空作戦』）

二百機に達するのは昭和十九年三月ごろで、空襲は四月ごろに開始される可能性もあると予測した。一方、陸軍中央部では、保有機数が四百機を上まわった時点で、空襲は五、六月ごろだろうと、予測をやや異にしていた。

進出方面については、参謀本部第六課（欧米課）が太平洋方面（ウェーク島）から、第七課（支那課）は中国本土（重慶、成都地区および桂林、柳州地区）と、それぞれ自分の情報収集担当地域をあげる予想をしている。両地域とも発進基地として空港整備がなされつつあったからである。

これらを踏まえ、B29対策の検討を中心的に行なった航空本部調査部の真田と足原の戦後になってからの回想や日記などからして、次のように判断できる。

陸軍中央や大本営のB29に対する情報と中島知久平の『必勝戦策』とを比較すると、少なくとも中島が執筆した昭和十八年八月の時点では、後者のほうが詳細である。しかも、中島がもっとも恐れていた六発のB36については、陸軍側の資料には明記もされていない。ましてや中島が最初に社内で大型爆撃機の構想を発表した昭和十七年秋の時点では、B29について、軍中央ではほとんど真剣に受けとめられていないばかりか、正確な情報すらも入手していない。それ以前のB17対策だけしか念頭になく、B29の試作機が墜落事故を起こしたというニュースが入ってきた昭和十八年の春から夏にかけて、やっとそれを重大視しだしたというのが実情である。

これでは、中島がいても立ってもいられず、技師たちがカンヅメになっている中島倶楽部に足繁く通ったのも無理あるまい。

第七章

B29 vs Z機＝「富嶽」

急進展するB29の開発

大型機時代の到来

一九三五年（昭和十年）七月二十八日、アメリカ・シアトルのボーイング・フィールドは興奮に包まれていた。格納庫から引き出された巨大爆撃機モデル２９９は、初飛行を前に、朝日を受けてギラギラと輝いていた。「空の要塞」という言葉がこの日の夕刊を飾った。以後、モデル２９９すなわちB17は、「空の要塞」の異名で呼ばれるようになった。

高度三千メートル、最高時速三百八十キロ、爆弾二千百六十キログラムを搭載した場合での航続距離は三千二百八十五キロだった。十二・七、および七・七ミリの機銃を合わせて五挺装備し、乗員八名も載せることができる。「空の要塞」は、それまでの双発ないし三発であった爆撃機の定説を塗りかえ、新しい四発の巨人機時代の到来を告げていた。

米陸軍航空参謀たちは、あまりにも画期的なこの爆撃機をどのような使い方をしていいかわからずとまどったと伝えられている。

三年後の一九三八年（昭和十三年）四月二十九日、排気タービン過給器（ターボ・スーパーチャージャー）を装備したカーチス・ライト製R１８２０－51千馬力のエンジンを搭載した試作機Y１B17－Aは、高度七千六百メートルの上空で、時速四百七十五キロを記録した。それまでの爆撃機の最高時速四百キロを大幅に上まわる世界最高記録だった。中島飛行機が製造権を購入した同タイプのエンジンである。このY１B17－Aの記録によって、アメリカでは「戦略爆撃」の可能性がささやかれるようになった。

その間にボーイング社は、モデル２９４と呼ぶ「A計画」XB15を完成していた。Y１B17よりひとまわり大きい実験機だったが、パワーアップしたエンジンが完成していなかったため、速度はY１B17を下まわり、試作だけで中止になった。

ボーイング社では米軍の目的に沿った軍用機の開発を先行させていたが、それより少し遅れて、旅客機の開発も手がけていた。モデル３０７である。常に先を行く民間機の老舗《しにせ》ダグラス社のDC４の対抗馬としての開発だった。世界で初めて与圧客室を採用した旅客機だけに、安全性の確認にはさまざまな実験飛行を重ねる必要があった。そして一九三八年十二月三十一日、初飛行に成功した。

ところが、翌一九三九年（昭和十四年）三月十八日、KLM（オランダ航空）の技術員たちを乗せたデモ実験飛行で空中分解を起こし、全員死亡するという事故を起こしてしまった。新しい技術的飛躍にいつもつきまとう、悲惨にして高価な犠牲だった。そうしたトラブルを乗り越え、モデル307は「ストラトライナー」（成層圏定期旅客機）と命名されて、一九四〇年（昭和十五年）から就航する。

このほか、ボーイングは、XB15を原形とした四発の巨大飛行艇モデル314の開発も手がけ、着々と技術的蓄積を積み上げていた。ところが、ヨーロッパ諸国と違って戦争に対する切迫感をほとんど感じていなかった米軍は、B17をもてあまし気味だった。当時としては「時代を先駆けすぎていた」ため、注文はさっぱりだった。

その原因の一つは、一九二三年（大正十二年）、ハーグの国際法学者会議（日、米、英、仏、伊、蘭による戦時法規改正委員会）で取り決められた「爆撃は軍事目標に限り適法とす」との規定である。一九三三年に開かれたジュネーブ軍縮会議でも、すべての国が航空爆撃の完全廃止を求める決議が行なわれていた。むろん強制力は持たず、勧告でしかなかったが、参加国は国際的な非難をおそれて、爆撃機の大々的な開発には積極姿勢をとりにくい状況にあった。B17が「超近代的大型爆撃機」と評判になっていただけに、なおさらだった。もっとも、量産に着手できないとはいえ、一九三七年秋、B17Bを改良した型式を陸軍は制式採用することにはなっていた。

ちょうどそのころボーイング社では、早くも次の大型爆撃機の設計が進んでいた。これは、軍の要請を受けたものではなく、今後の発注を見込んだ独自の判断で進めていたものである。そのほかのアメリカの巨大航空機メーカー、ダグラス、マーチン、コンソリデーテッド、ロッキードなどでも大型爆撃機をそれぞれ開発しており、日本とは比べものにならないほどの開発・生産力であり、技術の裾野は広かった。

そんなおりの一九三九年九月、緊迫の度を加えていたヨーロッパで、ついに戦端が切って落とされた。ドイツ軍の電撃的なポーランド侵攻にはじまる第二次世界大戦の勃発である。

スタートした超大型爆撃機開発計画

その日、アメリカの「航空委員会」は、西半球防衛のための、次のような趣旨の報告書を、就任早々の陸軍参謀総長ジョージ・C・マーシャル大将に提出した。

「もはや海軍と沿岸の砲台だけでは、アメリカを防衛するには足りない。戦時下のヨーロッパから大西洋を越えて、ドイツの爆撃機がやってくるおそれがあり、アメリカにとっては脅威になる。高性能化した航空機が次々に出現している現状では、どんな用途にも有効性を発揮する長距離航空部隊が必要である」

この報告書を踏まえ、航空戦力の重視を強く叫ぶアーノルド総司令官がさっそく陸軍当局に対して長距離爆撃機「スーパーボマー」の早急な開発要請を発した。第二次大戦勃発から三ヵ月後のことであった。

超大型爆撃機の開発計画は十二月に承認され、翌一九四〇年（昭和十五年）一月二十九日には早くも計画仕様書が作成された。それは、最高時速六百四十キロ、爆弾九百キログラム搭載時の航続距離八千五百キロメートル、最大爆弾搭載量七・二五トン、防御のための装備は重武装であることなどの高性能を要求していた。

航空機メーカー各社に対し、見積り、詳細資料、図面の提出は一ヵ月以内、実物大模型を八月までに製作し、第一号機の引き渡しは一九四一年七月一日までとのスケジュールが提示された。いかに世界の航空機技術を先導するアメリカであっても、B17をかなり上まわる要求性能に応じることのできるメーカーはそれほど多くはなかった。応札したのはボーイング、ロッキード、ダグラス、コンソリデーテッドの四社で、各社の計画案にはXB29からXB32までの番号が割り振られた。そのうち、ボーイングとロッキードの二社が最終審査に残った。

ボーイング社で設計を中心的に担当したのは、エディ・アレン、空気力学担当のジョージ・シェアラー、計画担当のライル・ピアース、予備設計主任技師のドン・ユーラーらだった。与圧室を持つ四発爆撃機の計画は、すでにモデル316、322、333、334、341などの機種で進められていた。ボーイング社社長フィリップス・G・ジョンソンは、設計担当の彼らに、モデル341をベースにして新たな機種に取り組むよう指示した。

彼らは、同社で開発中の翼を用いれば、高高度でしかも要求速度を出すことは可能だと考えていた。だが、総重量見積りはB17のほぼ二倍に当たる八万五千ポンドになっていた。しかも、高速かつ長い航続距離を出すには、空気抵抗をできるだけ少なくした設計でなければならない。

「フラップを十分大きくすれば、なんとか開発できるだろう」との見通しで、アレンは翼の後縁に取りつけられる大型の着陸用フラップの設計を開始した。少しでも空気抵抗を減らすため、リベットは平頭にする必要があった。銃座も外部に突き出させないようにした。エンジンナセルは完全密閉式、着陸用ギアはナセルの中に格納する余裕がないので、翼の中に平にたたみ込むようにするなど、凸部分をできる限りなくするようつとめた。

さらに、爆弾投下のためドアを開けるとき、機内の圧力低下が生じないような高速開閉式の扉を設計した。高高度飛行に対応した与圧装置および気密室、高速性を得るための大直径プロペラ、排気ターボ過給器付きのカーチス・ライト社製新型エンジンR3350二千二百馬力、新しい技術を採り入れた高性能の航法用レーダー、その他の電子機器も搭載した。

軍は新たに、攻撃能力をより高くするため、機銃の装備をB17よりも多くすることを要求してきた。当然、重量増加の要因になる。このきびしい要求もあって、設計作業はどこも思うようにはかどらなかった。

軍が思い描いていた主な内容は、動力付き銃座、漏れのない燃料タンク、装甲板、高高度飛行の可能な与圧装置、短距離用の爆弾八トンを搭載するスペースなどだった。軍当局は、「各社とも、軍の必要とする仕様を提出してこない。われわれは、重装備を望んでいる」と不満をあらわにしたが、各社とも対応が遅れ気味で、結局、軍側も競争入札を三十日延期せざるをえなかった。

国の総力をB29の開発に

ヨーロッパ戦線では、戦闘が激しさを増す中、投入されつつあったB17はすでに旧式、あるいは一時しのぎと思われるほど各国の飛行機開発のテンポは早まり、航空機技術は飛躍的に発展しつつあった。

このころの各国の関心は、巨大な生産力をもつアメリカがこの大戦にどのような関わり方をしてくるかだった。それは、国内でも同様だった。同時に、軍の内部に「合衆国を防衛するためには、革新的な長距離爆撃機が必要である」との考え方が定着しつつあった。

ボーイング社は、軍の要求に応えるため、それまでの計画を大胆に変更し、重量を二万六千ポンド増加させ、より大型にすることを決定した。ますます大規模な爆撃機

ボーイングB29スーパーフォートレス

になっていく計画に、設計者たちの誰もが、その成功に一抹の不安を覚えるようになっていた。

しかし、ヨーロッパ戦線では連合軍側がよりいっそう劣勢に立たされていた。勢いを増すドイツ軍は快進撃を続け、一九四〇年五月十四日、マジノ線を突破、同十七日にはブリュッセルを占領、二十七日には英国軍がダンケルクからの撤退を開始した。六月十四日には、パリが陥落した。このままではヨーロッパ全体がドイツ軍によって征服されかねない――そんな危機感がアメリカ国内にも広がっていた。

深刻化した事態に、米陸軍司令官K・B・ウルフ准将は焦りの色を隠せず、「これ以上、超爆撃機を待っているわけにはいかない」との結論を下し、Ｂ17をさらに重装備に改造したＢ17Ｅの製作を決定した。

一方、緊迫する情勢に、超爆撃機の開発にも拍車がかかった。八月、陸軍はＸＢ15、ＸＢ17、ＸＢ19などで四発大型爆撃機の豊富な実績を持つボーイング社の案を採用することを決定した。担当の陸軍実験技術部長代理Ｈ・ボガード少佐は、超爆撃機をＢ29として、ボーイング社にただちに試作命令を発すると同時に、機体の設計、風洞用模型、実物大模型製作の契約を行ない、「二百機の発注の可能性がある」と伝えて、開発のスピードアップを促した。

ナチス・ドイツの勢いはとどまるところを知らず、毎夜、ドイツ空軍は大編隊でイギリスを襲い、地上部隊によるイギリス本土侵攻もすでに時間の問題かと思われるようになっていた。チャーチル首相は、「われわれは血と汗と涙で戦おう」と、危機感を募らせる英国民を奮い立たせていた。

アメリカでは、大学や公的研究機関も積極的に参加し、航空技術の総力をＢ29に結集するための、国をあげての総合的、組織的な開発体制が整いはじめていた。

ボーイングの空力技術者たちは、カリフォルニア工科大学およびワシントン大学ではＢ29の翼の風洞テストを行ない、マサチューセッツ工科大学、カリフォルニア大学でも実験を行なっていた。ここでも、さまざまな新しい問題が起こっていた。

たとえば、飛行速度が高くなることによって翼面上に空気の剝離《はくり》が起こり、航空機の失速を招くことがわかってきた。また、大型になり、それだけ操縦に力を必要とする高速の航空機の操縦舵面を一人のパイロットで動かすことができるかどうかといった問題もあった。そうした問題に対し、企業、大学、軍の研究機関が、それぞれ専門とする分野で、あるいは実験・試験設備に応じて、実験が次々に行なわれていった。

それらの結果は、ボーイングの技師たちによって設計に生かされ、こうしてB29はしだいに完成へと向かっていった。

総重量は十二万ポンド、当初計画の四〇パーセント近くも増加していたし、翼面荷重は一平方メートル当たり三百三十七キログラムにも達し、従来の実績を一挙に三〇パーセントあまりも上まわっていた。

「こんな巨大な爆撃機が、はたして高高度を飛行できるのか」

設計者たちの頭をよぎる不安と疑問に反比例するかのように、航空部隊からは強い関心を持たれ、期待されるようになっていた。

ボーイングの本拠シアトルでは、アレンを中心に高高度飛行に関する研究が進められていた。それまでに経験のない高空での飛行であるためデータも乏しく、あらゆる面で実験が必要だった。アレンは強調した。

「各種の装備を高高度で正常に作動させるためには、何百、何千という細かい問題をつ一つ解決していかなければならない」(『創造と挑戦』)

たとえば回転部や摩耗部の潤滑一つをとっても、問題は山のようにあった。マイナス数十度Cの極低温の高空では、飛行機一般に使われてきたグリース(ゼリー状の潤滑油)は役に立たない。通常のプロペラでは、まともに動かないことも予想される。燃料混合装置も十分にはたらかないだろう。酸素マスクも必要になるが、これも容易に手に入らない。それだけではなく、戦闘機としての役割も兼ね備えているB29の装備では、部隊側から重大な問題が指摘されていた。

それまで空中戦では、射手が自分の目で目標を追いながら照準を合わせ、直接機関砲を操作して、敵戦闘機を撃墜していた。しかも、ヨーロッパ戦線では、B17はドイツ軍機のメッサーシュミットBf109との予想していた以上の激しい空中戦を強いられていた。そうした四方八方から襲いかかってくる戦闘機の敏速な動きに、はたしてB29に予定しているリモートコントロール操作による機関砲で素早く敵戦闘機とわたり合えるだろうか、という疑問である。

B29の機内は与圧されている。銃座をB17と同じ方式にすると、銃を左右、上下に動かすためのわずかな隙間が必要となり、そこから空気が漏れ出て機内の圧力が下がってしまう。そこでB29では、潜水艦の潜望鏡のような装置で相手の目標に照準を合わせ、機関砲で狙って撃つという、従来とは基本的に違った間接的方式になっていた。

高高度飛行を目指すため、機内は与圧室となり、高速性が要求されるため、機体外側の突起をできるだけ減らし、空気抵抗を最小限にしなければならない。そうした新しい飛行条件に適合するために考案された新しい方式であったが、このなんともまどろっこしく思える方式は、慣れていないこともあって射手たちに大きな不安を与えたのである。空軍は変更を要求してきた。

この困難と思われた課題は、ゼネラル・エレクトリック社が研究中であった電子式リモートコントロールによる集中射撃制御方式を採用することでなんとか切り抜けることができた。

このようにして、着々と進行しつつも、ボーイング社全体がB29に振りまわされていたおりしも、一九四一年十二月八日、日本軍による真珠湾攻撃の衝撃が駆け抜けたのである。もはやB29の開発は、対岸の火事から身を守るためだけのものではなくなった。

試験飛行中の大惨事

開戦直後、フィリピンとジャワ島の上空で、B17が初めて日本軍の戦闘機と交戦した。しかし、オーストラリアの基地からの発進では戦場までの距離が長く、B17やコンソリデーテッドB24をもってしても、日本軍との空戦は不利だった。地理的な条件もあって、日本との戦争では、航続距離の長いB29の早急な完成がよりいっそう望まれた。

中国奥地に侵攻する日本軍を爆撃するための発進基地として、インドのカラチ空港（現・パキスタン）にもB17が配備されていた。日本軍は当初、重装備の機銃を備えたB17Eを「四発戦闘機」と呼んだ。それまで日本が爆撃機と呼んでいた概念を大きく超えていて、速力は戦闘機並み、そして何より攻撃力はかなり上回っていたからである。

一九四二年（昭和十七年）の九月に入り、B29の初号機はシステム・チェック、地上テストのため、シアトル第二工場の秘密組立工場から飛行場に引き出され、機体の内外に張りめぐらされたコード、計測機器装置によってあらゆる性能チェックが行なわれた。昇降舵テストなどを経て、滑走、ブレーキ・テストと順調に消化し、九月二十一日、とうとう初飛行に成功した。

画期的でしかも野心的な航空機のわりには、基本的な空力上の大きな問題も発生せず、予想以上の結果だった。

ただ、カーチス・ライト製「サイクロン」エンジンはいくつも問題を抱えていた。最初の二十六時間の飛行中にエンジンは十六回も交換しなければならないほどだった。飛行試験には常に何台もの予備エンジンが用意されていた。気化器は二十二回も交換され、タンクからの燃料漏れもあった。排気系統の改良も必要になった。エンジン停止時にプロペラの空転を止める制御装置の故障もあった。そして、十二月三十日に行なった二号機の初飛行では、ついにエンジン火災まで起こす始末だった。

アレンらボーイングの技術者たちは、テスト飛行のたびに薄氷を踏む思いで、緊張の連続だった。何度も「飛行を中止しようか」と迷ったが、そのたびに毎週報じられる米軍兵士の戦死傷者数を見て、自らを奮《ふる》い立たせていたという。

B29の巨大開発プロジェクトは、時間との戦いになっていた。最終段階で要求される二百時間の飛行試験をこなすには、およそ四、五ヵ月を必要としていた。B29の完成が早ければ早いほど、自国軍の犠牲がそれだけ少なくてすむことになる。B29はそのころすでに、完成前の機体としては異例の千六百六十四機が発注されていた。

一九四三年（昭和十八年）二月十八日、厚い雲がシアトルの街全体をおおっていた。ボーイング・シアトル工場では、幹部たちによる生産計画会議が開かれていた。筆頭副社長のオリバー・ウェストが生産報告をしていたとき、隣りの部屋の電話が鳴った。電話に出たエド・ウェルズがあわてて戻ってきた。

「いまエディ（アレン）から管制塔に連絡が入り、実験機が翼から火を吹きながら帰投中だそうです」

飛行場にサイレンが鳴り響き、消防車が出動した。会議はもちろん中断され、工場からも従業員たちが飛び出してきたが、まだ飛行場からは肉眼でB29を確認することはできなかった。

この日午前十時四十分、いつものように試験飛行を行なうため、二号機がアレンや計測員たちを乗せて飛び立った。ところが、離陸八分後、高度千七百メートルの上空で突然、第一エンジンが火を吹いたのである。アレンたちの必死の消火作業によりエンジンの火は消えたが、火災は主翼に移っていた。飛び立ったばかりで主翼内にはまだ燃料が大量にあった。

プロペラの操作が不能になり、操縦も不安定になった。高度四百メートルまで下降してきたところで、B29はボーイングフィールドからもよく確認できるようになった。第二エンジンからも黒煙が吹き出しており、燃え上がる主翼からは金属片がばらばら飛び散っていた。

飛行場にはすでに何台もの消防車が待機していた。実験機が滑走路に進入するため、機体を左に旋回させた直後、バランスを失って大きく傾いた。空港近くにあった五階建ての缶詰工場に左側の主翼の先端部が接触したとたん爆発が起こり、機は建物に激突して大破した。搭乗していたアレンら十一人の乗員全員が死亡、缶詰工場の従業員も巻き添えを食って十九人が死亡するという大惨事になった。

先にも述べた、日本の軍部が初めてB29の存在を明確に知るきっかけになった事故である。これをきっかけに、B29計画の前途に大きな暗雲が立ち込めることになった。

B29は、この事故があった一九四三年二月から翌一九四四年九月までの二十ヵ月間に、十九機の実験機が事故を起こしている。そして、そのすべてがエンジン火災だった。問題はエンジンそのものにも、艤装、エンジンナセルにもあった。事故のたびにただちに改修が施され、火災防止装置も取りつけられたが、明らかにエンジンがまだ完成の域に達していなかったのである。いくら画期的な大型飛行機の飛行試験とはいえ、事故の回数があまりにも多すぎた。

解決すべきトラブル、必要とする改良案件が山積し、完成予定より数ヵ月も遅れることが予想された。ボーイング社のジェーク・ハーマンは、これらの問題を打開するため、K・B・ウルフ司令官を訪ねた。

ハーマンは、B29を計画どおり部隊に送り込むため、計画、生産、実験、テスト飛行、訓練、戦闘などをすべて一括して管理する特別の部門を新たに設置し、その責任者にウルフ将軍が就任してほしいと提案した。それを承諾したウルフ准将は、ワシントンのアーノルド総司令官にこの提案を伝えた。むろん、アーノルド総司令官も大賛成だった。

こうして設置された特別なプロジェクトチームによる集中的、システマティックな対応は、B29の問題処理を円滑にした。同年六月には試作第三号機が完成、試験飛行が行なわれ、まずまずの結果を得た。同機は陸軍航空部隊に引き渡されて、各種試験、訓練飛行が進められることになった。

計画の進展とともに、部隊側の態勢についての検討も進められていた。Ｂ29による特別部隊を編成し、長距離爆撃のために世界に派遣するという方針も具体化へと向かっていた。ウルフ司令官が考えていた、中国奥地の基地にＢ29を集結させ、日本を爆撃するという計画もその一つだった。アーノルド総司令官はマーシャル参謀総長と協議し、この作戦計画を大々的に進めようとしていた。

一九四三年（昭和十八年）九月十五日、Ｂ29の司令部がカンザス州サリナのスモーキーヒル陸軍基地に設置された。十一月二十七日には、ウルフ将軍率いる第二十爆撃兵団のもとに第五十八、第七十三の爆撃飛行団が配属され、Ｂ29二十八機で構成される第四十、四百四十四、四百六十二、四百六十八大隊などが編成された。

「カンザスの戦争」

シアトルではなお実験飛行が続けられていたが、依然としてエンジンと装備関係には問題が多発し、技術課題は残されていた。日米が激しく戦闘を繰り返している戦場は、ヨーロッパ戦線とは違って、太平洋の広域にわたっていた。長距離爆撃がどれだけ戦況を有利に導くかは、深く考えるまでもなかった。それだけに、Ｂ29の一日も早い戦線への投入が待望された。

　B29開発計画のスタートと同時に、量産のための新工場が、カンザス州ウィチタの大平原に建設され、すでに完成していた。このウィチタ工場では、飛行テストが完了する前から、すでに量産が開始されていた。待ちきれない軍からの要求による、明らかな見切り発車だった。一九四二年には、同工場の従業員数はすでに二万五千人を数えていた。

　そのほか、シアトル、レントンの両工場でも生産が開始されていた。なにしろ三十億ドルにのぼる生産計画が軍から発表されていたからである。それでも、開発担当のボーイング社だけでは、生産が対応できなかった。アメリカを代表する航空機企業であるベル、マーチンの両社も担当することになった（B17の生産もボーイングのほかにダグラス社、ロッキード社が担当している）。

　一九四三年六月、新鋭のウィチタ工場で製作されたB29の量産一号機が初飛行に成功した。このときには従業員数はすでに三万九千人にふくれ上がっていた。周辺地域の未熟練の農業労働者や主婦労働者が駆り出され、リベット打ちなどの単純作業の大半を担っていた。

　しかし、五・五メートルほどあるB29の機首部分だけでも、五万個以上のリベットと八千種類の部品を必要とした。これらの部品は全米の千五百以上にのぼる下請業者から供給された。それでも部品は容易には集まらず、機体工場の空き地にB29が何十機と野ざらしにされ、部品の到着を待っていた。中でも、エンジン生産のとどこおりが目立っていた。

ところが部隊側へは、一九四四年一月までには量産機百五十機が完成するとの通達がまわっており、パイロット、無線士、レーダー要員、爆撃士、機銃要員、地上整備員ら十一人で一チームとなる乗員ら合計一万一千百五十二人がカンザス基地に到着していた。画期的な飛行機に慣熟するため、操縦、無線、機銃、レーダー操作などすべてにわたって、できるだけ多く訓練を受ける必要があった。空中戦を想定した模擬戦も実施しなければならない。カンザス基地はそうした搭乗員であふれ返り、いっこうに送り込まれてこない新鋭機にしびれを切らしていた。

すでにアーノルド総司令官は現地の指揮官たちに、少なくとも三月三十日までにはインドや中国に向けてB29の隊を発進させるとの連絡を発していた。そして、その出発を見送ろうと、前日にカンザス基地に到着したのだが、その期待は完全に裏切られた。飛ばせるB29は一機もなかったからである。部品の改修や不足部品があって、まだ百機分しかそろっていなかった。将軍の怒りが爆発した。

「四月十五日までに、なんとしても百五十機をインドに向けて飛び立たせろ」

ボーイング社の遅れの原因は、次々に発生するR3350エンジンのトラブルにあったが、それに労働者のストライキが重なったことである。B29の集中的生産のため、全米から労働者が集められた。カンザスの真冬の寒さはきびしかったが、寒さに馴れない南部からきた労働者にとっては、なおさらきびしいものがあった。国家の一大事とはいえ、彼らの不満が募り、ストライキに突入したのである。

もはやボーイングの経営者レベルでの問題を超えていた。マイヤー参謀総長が自ら間に入り、説得を開始した。その結果、ようやくストライキは解除され、以前にも増して、急ピッチで組み立て、調整作業が行なわれ、乗員の訓練が実施された。

生産遅延に対する応援を得てやっとB29の第一号機を飛ばすことのできたこの一ヵ月間は、のちに「カンザスの戦争」と呼ばれるようになる。対日戦の勝利に向けてアメリカが一致団結した象徴的な出来事として、のちのちまでも語り継がれることになる。

一九四四年（昭和十九年）四月、B29は巨大な翼を広げ、カンザスの空を東に向かって次々と飛び立っていった。全幅四十三・一メートル、全長三十・二メートル、全備重量四十三トン（自重三十三トン）、最大爆弾搭載能力九トン、航続距離五千二百キロメートル以上（爆弾四・五トン搭載時）、最大速度五百七十五キロ（高度九千百メートルで）、装備十二・七ミリ機銃十挺、二十ミリ機関砲一門——世界に例を見ない、まさに「超空の要塞」と呼ぶにふさわしい超大型爆撃機であった。

Ｂ29は、四月十五日までに予定していた百五十機のすべてがカンザスをあとにした。大西洋を横断し、まず、モロッコのマラケシュに着陸し、その後、エジプトのカイロ、カラチを経由して、最終目的地中国の成都への中継基地となるカルカッタに到着した。合計一万八千五百キロメートルの長旅だった。

前述したように、Ｂ29には高高度飛行、与圧室、戦闘機並みのスピード、リモートコントロールの機関砲といった画期的な技術が随所に含まれている。しかも、史上最大の大型爆撃機である。にもかかわらず、軍の試作命令から初号機の初飛行まで二年八ヵ月、量産機の実戦配備まで四年三ヵ月、予想をはるかに上まわるスピードで完成にこぎ着けた。この短期開発を可能にした最大の要因は、Ｂ17での豊富な経験、ＸＢ19、ＸＢ15などの実験機で得た技術的蓄積があったからにほかならない。さらに、担当企業であるボーイング社に対し、企業の枠を超えて協力した関係会社、大学、政府研究機関などの有機的な連携による開発体制の賜物《たまもの》でもあった。

米本土爆撃実施案の全貌

欧州戦線で攻勢に転じた連合軍

ヨーロッパ戦線では、ドイツ軍が展開した「英国作戦」に対し、予想に反して英空軍は劣勢を強いられた〝バトル・オブ・ブリテン〟に勝利し、ドイツの爆撃隊を撃破した。英空軍は米空軍の応援も得て、逆に攻勢に転じようとしていた。

一九四三年六月、二百五十七機のB17が出動、英米連合軍は「鉄壁の守り」を自負していたドイツへの爆撃を開始した。最優先される第一目標は、航空機工場およびその関連工場だった。

手はじめに比較的近距離にあったルール渓谷のハルス合成ゴム工場を爆撃した。何度にもわたる改造によって攻撃能力、高空性能をアップさせていたB17が、その有効性を十分に発揮し、高高度からの爆撃を行なった。

七月の最後の週には、ドイツの猛攻が予想されるワルネミュンデ、オッシェルレーベンにあるフォッケ・ウルフ戦闘機工場が目標とされた。B17は八十四機を失ったが、ドイツ側は二百六十九機を失った。八月に入ると、今度はドイツ最大の航空機メーカーであるメッサーシュミットの戦闘機工場を目標に据えた。ライプチヒ、レーゲンスブルク、ウィーンにあるノイシュタットの三大工業地帯と、その途中にある、ドイツのボールベアリング生産の半分を占めるシュワインフルトの大工場も目標となった。いずれもドイツの奥深く入ったところで、長い航続距離が必要なところから、戦闘機の護衛は途中までしかできず、あとはB17が戦闘機の役目も兼ねなくてはならない。

B17のコースは、イギリスを飛び立ち、ドイツ領内を爆撃したあと、そのまま地中海に抜け、北アフリカのアルジェリアに着陸するというものである。ドイツ側の守りは堅固で、高射砲陣地がいたるところに設置してあり、戦闘機がすぐ飛び立てる基地がいつも用意されていた。それまでは最大規模の爆撃になると同時に、双方とも最大の被害が予想された。

八月十七日、第九四、九五、九六、一〇〇、三八五、三八八、三九〇の各大隊および中隊が合流し、大編隊を作ってドイツへと向かった。ドイツ側は、あらゆる攻撃でこれに対した。この日、二回にわたる爆撃で、作戦に参加した連合軍側の航空機三百七十六機のうち六十機が失われた。それまでの米軍側の被害の平均は五パーセントほどだったのに対し、このときは一六パーセントという高い率だった。しかし、味方の被害をはるかに上まわる損害をドイツ側に与えていた。ドイツ側が失った戦闘機の数は二百八十八機、加えて、ドイツの戦闘機生産の約三〇パーセントを生産していたメッサーシュミットの工場と、ボールベアリング生産力の大部分を失うことになった。

イギリスにはボーイング社などから新しいB17が次々と送り込まれてきていた。ドイツ工業地帯への爆撃はこの年の終わりまで続けられた。とくに十月九日には三百五十七機の大編隊が出動し、ドイツの工業地帯を徹底的に爆撃した。これにより、ドイツの軍需生産、ことに航空機生産は確実に低下の一途をたどることになった。爆撃の回数を追うごとにドイツの防空能力は低下し、迎え撃つ戦闘機の数もめっきり減ってきた。一方、戦場からは遠く離れ、ただひたすら生産に専念すればよかったアメリカからの飛行機供給はさらに増え続けて、爆撃能力を増大させていた。もはやドイツの運命は時間の問題になろうとしていた。

致命的急所（飛行場）を叩け

B17の大編隊によるメッサーシュミットの航空機工場に対する大規模爆撃――『必勝戦策』を執筆中の中島知久平の頭の中を支配していたことが、ドイツでは現実そのものとなった。ドイツのヒトラーも、日本の陸海軍の指導者層と同じく戦闘機優先論者であったため、爆撃機には力を入れてこなかったという経緯がある。それは、近い将来、B29によって中島飛行機の工場が標的にされることを意味していた。

中島は『必勝戦策』の第三章「必勝戦策に関する新構想」の中で、次のように述べている。

「現在の型式の飛行機を如何に生産増強しても、大型空の要塞の大空襲を防備することは絶対に出来ない。（中略）即ち現在の軍備、現在の戦策を以てしては、国土防衛は絶対不可能に属するのであります」

ドイツの例は、中島の判断の正当性を見事に実証していた。では、諦めて、「超空の要塞」による大空襲に対し、ただ手をこまねいて見上げているほかないのだろうか。

「然らば方法は全然無いかと云えば、無いことはない、有るのであります。飛行機は、それ自体に重大なる欠陥を包蔵して居る、即ち、一つの致命的急所がある、その急所を突けば、飛行機は全然その機能を失し、行動不能となるのであります。

その急所と云うのは飛行場であります。飛行場がなければ、飛行機は飛ぶことは出来ない、又、飛んで居る飛行機でも、飛行場を失えばそれ迄である。

故に日本空襲可能の敵の飛行場を、完全に爆破して仕舞えば、敵の空襲は不可能となり、空襲に依る危機は完全に除去し得るのであります」

もちろん、飛行場を完全に爆破するといっても、「現在の如き漸《ようや》く一瓲《トンぐらい》位しか爆弾積載力のない小型爆撃機を以てしては、飛行場を完全爆破出来ない」のは当然であるとしている。

「今仮りに、百万坪の飛行場爆破を考えて見ますと、一瓲爆弾の破壊威力は地盤に依って異りますが、普通地盤であれば、深度十五米、直径五十米と言われて居りますから、百万坪の飛行場を完全爆破するためには、一千六百個の一屯爆弾を、五十米間隔に万遍なくばらまかなければならない」

　これを実現するためには、既存の小型双発爆撃機を千数百機、大編隊を組んで飛ばしても、敵の防御体制および技術的にも不可能であると指摘する。

「大型爆撃機の少数編隊を以てすれば、飛行場は確実に完全爆破をなし得るのであります。（中略）要するに、敵の空の要塞よりも遥かに大なる攻撃半径を持ち、而も多数爆弾を積載し得る、大型爆撃機を急速に整備し、敵の日本空襲可能の飛行場を完全爆破すれば、敵の空の要塞の日本攻撃は、之を完封することが出来るのであります」

　日米間に圧倒的な生産力の差がある状況下では、「厖大なる生産力に対抗し、必勝し得る戦策に依る以外に道は有り得ないと確信致します」。

　端的にいってしまえば、あらゆる方策がだめ、望みはないから、ここでとてつもない一大バクチを打ってみるしかないというのである。

「戦力の源泉は後方の生産力にあるのであります。而して、現在の生産組織には、一つの致命的欠陥、即ち致命的急所が内在して居り、其の急所を衝く時は、生産力は全面的に麻痺して、機能を失するに至ることは免れないのであります、そして、其の急所と云うのは軍需生産の源泉をなす製鉄所であります、尚お、強いて云えば、更に、アルミ製造工場、製油工場を加えたる、少数の局地的源泉工場であります」

以上が中島の米国撃滅戦策の大綱である。きわめてもっともな、単純明快な戦法だが、問題は、はたしてそんなことを実際に実行できるような飛行機を、この日本で作ることができるのか、しかも短期間にである。実際、東条英機もそうした疑問を中島に投げかけている。この構想を聞かされた人々は、中島を前にしては口にしなかったが、陰では、「中島独特の現実離れした大言壮語」「奇想天外」「荒唐無稽」と、一様に嘲笑していたのも事実である。

敵戦闘機よりも速い大型爆撃機を

中島倶楽部のカンヅメ作戦によって、少なくともZ機の基本設計はでき上がっていた。その中で中島が強調する点が二つあった。第一は、その高速性である。

「敵の領土内に深く突入するため、敵の集中攻撃を受けることは必至である。故に大なる防御力を必要とする、有力なる銃砲火器、厚き装甲板等は勿論必要であるが、最も重要なる防御力は優越せる速力である、速力が敵の戦闘機より偉大であれば最も安全である、故に最小限度、敵の戦闘機と同等以上速力を発揮し得ることを必要とする」

巨大な機体をもちながら、しかも速力は敵の戦闘機を上まわる必要がある。言葉でいうのはやさしいが、実現させるのは至難の技である。実は、陸・海軍からの主な批判点も、この防御力にあった。

「仮にこの飛行機ができたとしても、バカでかい機体は敵戦闘機の格好の標的になるだけで、ただ撃ち落されにいくようなものではないか。自殺行為も同然だ」

それでは、中島が要求する高速性を得るにはどうすればいいか。機体の設計を極限

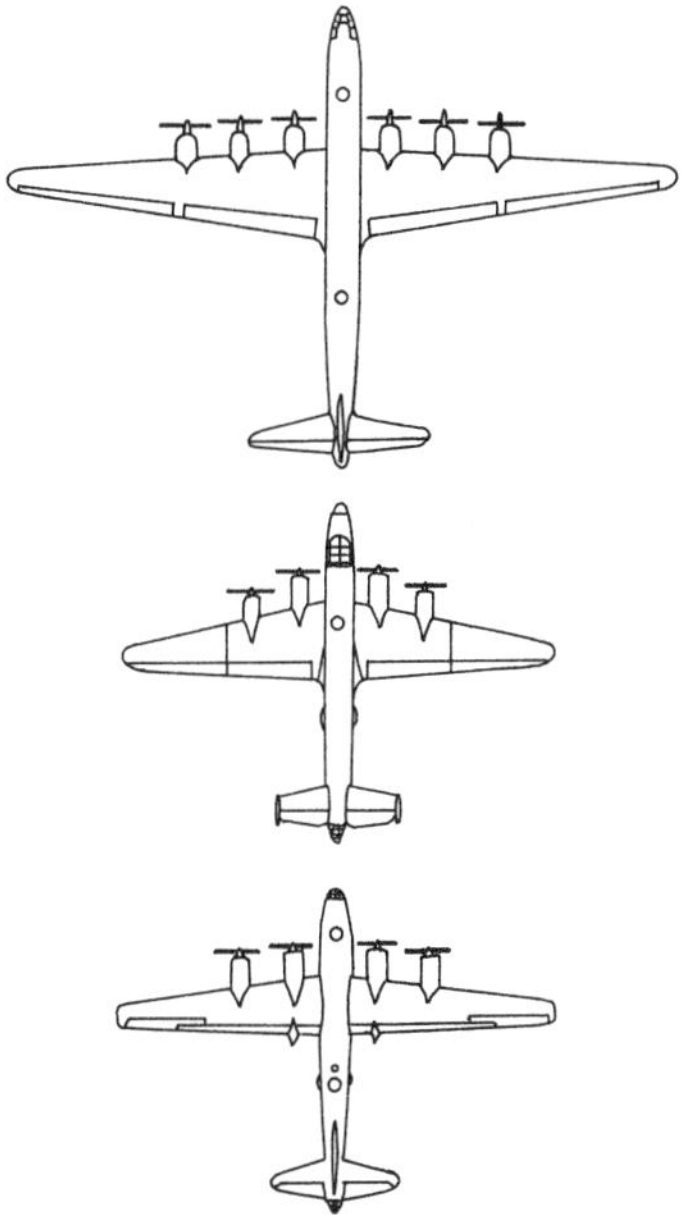

上より「富嶽」、「深山」、「B29」の比較

まで突きつめるのは当然であるにしても、結局最後はエンジンの問題である。巨大な機体、重装備、多量な爆弾の搭載、長い航続距離を確保するための多量の燃料搭載、これらをすべて引き受け、なおかつ速力は戦闘機以上となると、すべてはエンジンの出力にかかってくる。はたして、そんな大出力のエンジンが日本でできるのだろうか。

中島は、二千五百馬力六発の一万五千馬力の飛行機でも、五千馬力四発の二万馬力の飛行機でも「所要の任務達成には力が不足である」としている。

「そこで問題は、果たして生産可能なりや、と云うことになるのであります。現在、世界に於て計画中の最大の飛行機は、米国に於ける二千五百馬力空の要塞である、五千馬力と云う様な桁外《けたはず》れの大型空冷発動機は、未だ何《いず》れの国に於ても想像もされて居ないものである。

又、三万馬力と云う大型飛行機は、世界に於て未だ計画せられたことを聞かないものである」

中島はZ機が、世界の先進工業国でさえもいまだ計画したことがないほど大規模であることを十分知っていた。

「是が日本の技量を以て、果たして実現性があるだろうかとの懸念が生ずるのは、一応尤《もっと》もであります。

しかし研究の結果、製産は断然可能であることが確認せられたのであります。

世界中皆やって居ることをやったのでは、勝ち目はない、世界列強何れに於ても、未だ想像外にあることを断行する所に、必勝の妙諦《みょうてい》が存するのであります」

明治末に海軍軍人になって以来、中島はいつもその時代の軍人が発想することよりもさらに先を見つめ、突っ走ってきた。その時代の軍人には、あまりにも現実離れした考え方として、奇異な目で見られ続けた。中島飛行機の経営においても同様だった。しかし、その結果、財閥系とは無縁である海軍を退職した一介の軍人が起こした新興企業でありながらも、日本で最大の航空機会社にのし上がったのである。尋常な方策ではとうていい不可能な、奇跡的ともいえる発展である。

そして、日本の一大危機的状況の中で、今度は日本を超え出るだけではなく、世界の技術水準すらも超えてしまうような発想により、その方策を採ろうというのである。

戦策の実施案

『必勝戦策』の「Z飛行機の製産資材節約上の優越性」という項で、中島は中型機B17と大型機Z機との比較を行なっている。

「B17型、五万機に対し、Z飛行機は千四百機にて足り、飛行場は五百に対し十四、機体工場は四十六工場に対し僅か五工場にて充分である。（中略）要するに、航空機に於て勝敗を決する重大要素は、飛行機の数にあらずして、爆弾積載可能の総量に存するのである。此の点が、飛行機政策決定の基調をなす重大秘訣であります」

同じ量の爆弾を搭載可能な総爆撃能力を得ようとするなら、小さい飛行機ならたくさん作る必要があるが、大きい飛行機ならはるかに機数が少なくてすむ。結果的には生産資材を大幅に節約できるというわけである。

さらに、第五章「Z飛行機を以てする必勝三戦策実施案」では、アメリカの「六発の空の要塞」との比較を試みている。

Z機の航続距離からして、攻撃半径は八千キロメートルはゆうに可能である。アメリカの「六発の空の要塞」の攻撃半径が七千キロメートルである。だから、日本の空襲可能な敵の飛行場はすべてZ機の攻撃圏内に入るため、完全に爆破が可能である。また、両機の速度差からして、「六発の空の要塞」を追尾し、九十六門を装備した二十ミリ機関砲で掃射可能である。

対航空母艦および艦隊に対する防衛戦法も、「Z飛行機を改装したる、七・七粍《ミリ》機関銃四百挺を装備せる掃射機と、一瓲爆弾二十個を積載せる爆撃機、一瓲魚雷二十本を装置せる雷撃機の組合せを以てすれば、容易に撃滅することが出来る」としている。

「米国に於ける軍需生産施設は、大体ミシシッピー河と大西洋岸との間に在り、製鉄所、アルミ工場は、其の中間地点に集結して居るのであります。

日本から此の工業地帯迄行くには、相当の距離がありますが、仏国から行けば、ミシシッピー河迄六千五百粁、ニューヨーク、ワシントン迄、五千五百粁、重要なる製鉄所所在地迄は、約六千粁に過ぎないのであります。そして仏国迄は日本から八千五百粁でありまして、Z飛行機の片道行程であります」

中島の構想では、日本から発進し、アメリカを爆撃したあと、日本に引き返してくるのではない。もっともゆとりをもったコースは、いったんドイツ占領下のフランスの基地に飛び、燃料補給したのち、大西洋を縦断して、もう一度米本土を爆撃するという構想である。したがって、ドイツがフランスを占領し続けていることが大前提になる。

「次に、ニューヨーク、ワシントンを始め、重要都市を全部爆破殲滅して仕舞えば、精神的、物的戦力を挙げて、掃滅し得ることとなりますから、之れで大体戦争は終局と見て宜《よろし》かろうと思うのであります」

アメリカ攻略軍の編成には、次の機数が必要とされている。①Z爆撃機四千機、②Z掃射機二千機、③Z輸送機五千機、④陸軍兵力三百万。順序としては、飛行場基地をまず爆撃し、その後、飛行場の占領のため、Z輸送機で兵員を送り込む。そのために五千機もの輸送機が必要になるというわけだが、それにしても、『必勝戦策』と題しているからには最後の勝利までのシナリオを描く必要があるが、どうみても我田引水、都合のよい解釈によるアメリカ本土占領作戦を描いているといわざるをえない。

このように、中島知久平が思い描いた『必勝戦策』による日米攻防戦の構想を検討すると、それは昭和十五年五月五日、京都での石原莞爾の有名な講演「最終戦論」との共通性が頭に浮かんでくる。

この中で石原は、「無着陸で世界をぐるぐる廻れるような飛行機ができる時代」ともなると、西洋の盟主となっているアメリカと、東亜連盟の盟主である日本が世界の覇権をめぐっての「世界最終戦争」を行なうことになると予言している。

この講演内容は四カ月後の九月に『世界最終戦論』のタイトルで出版されており、出版物を幅広くチェックしていた中島は当然目を通していたであろうし、両者の中期的な見通しにも共通性が見受けられるからだ。

Z機生産計画

『必勝戦策』の最後の章、第六章「Z飛行機製産計画」を見てみよう。

「Z飛行機製産計画樹立の根底をなすものは、必要とする最短期限と最小機数の決定である」。なぜなら、昭和二十年後期には、米の六発空の要塞が出現するからである。

「何が何でも、それ以前にZ飛行機を整備し、敵を先制し、敵の企図を撃砕し、必勝の実を挙げなければならない」。そのためには、必須期限——昭和二十年六月、最小機数——四百機が必要であるとしている。

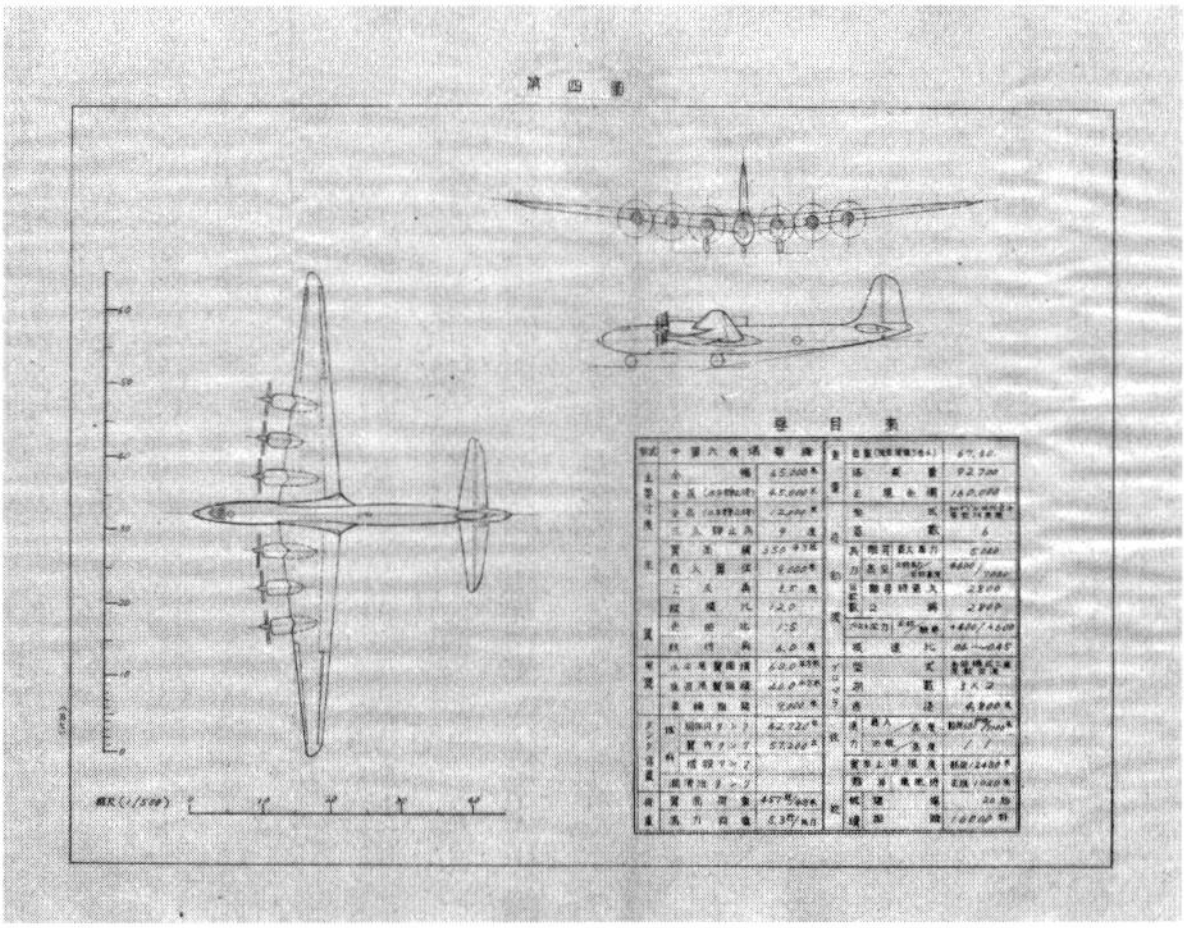

『必勝戦策』に添付されたZ機の図面

では、「設計製産に対する非常施策」はどうなるのか。

「Z飛行機程の大型になると、大体設計に一か年、試作に一か年、試験飛行修正に六か月を必要とする、それから多量製産に掛って最初の一機が出来る迄に一か年、相当数製産するには、それから六か月を要する、故に普通手順を以てすれば、相当数を整備するには、設計に着手してから四か年を要するのである」

ボーイング社のB29の開発は、日米開戦の二年前から試作（設計）がはじまって、量産機が部隊に実戦配備されたのが一九四四年五月だから、四年三ヵ月を要したことになる。それに比べ、Z機の四年三ヵ月は、開発期間としては決して無理なスケジュールではない。しかし、問題は開発期間より、スタート時点で両国の航空技術の水準および蓄積、経験に格段の開きがあることだった。

ボーイング社はB17やXB15などの大型機は、十年以上も前から開発をはじめていたし、それだけ経験も豊富にもっていた。高高度飛行する大型爆撃機に必要な技術としては、たとえば高荷重にたえる主翼の空力上あるいは構造上の技術、高高度飛行に欠かせない与圧キャビン（気密室）の設計技術、その他、過給器、大型機を操縦・コントロールする総合的な制御技術、さらには大馬力エンジンなどである。

もっとも問題といわれたエンジンについて、米陸軍はカーチス・ライトのR3350空冷複列星型十八シリンダー二千二百馬力の装備を指定した。カーチス・ライト社は一九三六年（昭和十一年）から開発を進め、一九四一年（昭和十六年）六月ごろ、ようやく過給器を二基装備した二千二百馬力のエンジンの開発にメドがついたところだった。エンジン大国アメリカでさえ、実情はそんなありさまだったのである。

それに対し、日本は大型爆撃機の実績に乏しいにもかかわらず、エンジンは技術導入先であるカーチス・ライト社の「サイクロン」エンジンR3350の二倍以上もある、まったく未経験の五千馬力を一挙に狙っている。それも、B29の四発を上まわる六発である。気密室の技術的実績も皆無に等しかったため、気密服の使用まで念頭に置いていた。

高高度飛行のエンジンには不可欠な過給器の技術も満足ではなく、このころ陸・海軍で開発中のすべての航空機が悪戦苦闘を重ねていた。制御・操縦および補機については、航空機全体の中でももっとも後れていた技術である。また、太平洋横断は長時間飛行になるため、その間の食事や排泄をどうするかなど、乗員の生活面での問題も生じてくるが、それらの技術についてもまったくの未解決であった。その上、原材料も逼迫してきていた。

そんな日本の現状で、仮に技術面のすべてが問題なくいったとしても、このスケジュールはほとんど不可能といっても過言ではあるまい。そのあたりは、もちろん中島も承知の上だった。

「昭和二十年六月迄と云う短期間に、四百機を整備するためには、普通尋常の手段では出来ない、国家総力を結集して、非常手段を断行しなければならない」

そこで、「設計と試作と多量製産とを一斉に併行して進行する」ことを提唱する。

「其の方策としては、大型飛行機の設計製産に最も経験ある会社の技術陣を基幹となし、それに各有力会社から、設計技師、製産技師を派遣して、協力設計を行う、各会社の派遣技師は、各自の会社と常に密接なる連絡を採り、設計の進行に従い、所属工場の整備、機械、治具類の整備、材料の蒐集等多量製産の準備を進めて行く」

「皇国興亡の瀬戸際であって、時が遅れては万事窮する」ので、海軍だ、陸軍だ、やれ三菱だ、中島飛行機だといったセクショナリズムはすべて取り去り、無理は承知で忍び、一致団結してことにあたらねばならないというのである。しかし、実際は、中島飛行機一社の中でも、陸・海軍は別々の工場になっていた。陸・海軍が一つの工場の中で、不足してきた原材料を取り合うといった場面もしばしば見られた。陸・海軍が合同して軍需生産を計画的、効率的に進めていこうとする目的から軍需省が新設されたのは、昭和十八年（一九四三）十一月である。

『基幹会社は試作を開始すると同時に他の諸会社は多量製産に突入し、それから十二か月目には必ず最初の飛行機を竣工する段取りとなる」

時間がないから、すべての作業をオーバーラップさせ、併行しながら進めて行くべきだというのである。

二十年六月迄に四百機を完成するためには、「七万坪、三万人程度の機体工場が十か所、四万坪に二万人程度の発動機工場が七か所必要であります」。

既存の飛行機を生産している工場を振り向ければ、新たに工場を建設する必要はないが、実際にはそうもいかない。南方洋上での戦線に送らなければならない飛行機の生産もあるからだ。中島は、それならば現在建設中の工場を振り向ければよいと主張している。

『必勝戦策』に対する反応ぶりは？

六章の最後で、中島は次のように述べている。

「特に重大なる要点は、着手時期であります。（中略）技術的に見て、最早時期に殆ど余裕が無い、遅くとも十月中に断行の方針が決定せられ、製産命令が発せられなければ、時間的に万事は去り、皇国の運命は極めて憂慮すべき情勢に突入することなきを保し難いのであります」

そして、「結語」を次のように結んでいる。

「米国に於ける超空の要塞の整備と何れが早いかに依って、国家の運命は決するのである（中略）Z飛行機の決定一日の遅延が、国家の運命に重大なる結果を招来することは、言議の余地を存しない」

九十八ページにおよぶ中島知久平の『必勝戦策』は謄写版刷りのものだが、どのくらいの部数、どのような人々に配布されたかについては、よくわかっていない。受け取った人々がどのような反応を示したかについても定かではない。ただ、確認は困難だが、いくつかの情報は伝えられている。

中島は『必勝戦策』をまず、中島飛行機創設のころからの後援者でもあった井上幾太郎陸軍大将に見てもらったという。井上は日本航空界の中心人物として、その発祥のころから活躍した人である。また、陸軍航空界の大御所で、帝国在郷軍人会会長でもあった。その彼を中島は九段下の軍人会館に訪ね、東条を説き伏せてほしいと懇願したらしい。

中島に理解を示す井上は、もとの部下で、当時参謀総長をしていた杉山元《はじめ》を説得することを約束し、杉山と親しかった航空隊退役中佐の中村祐真を何度か差し向けた。しかし、内容が内容だけに、杉山は居留守を使って、会おうとはしなかったという。

そのほか、めぼしい軍関係の当局者・専門家、高松宮、近衛文麿などの要路者に配布したといわれている。内容はきわめて単純明快、簡明直截な表現だったが、陸・海軍が採りつつあった作戦を根本から否定する過激な内容である。『必勝戦策』を手にした人々は、その内容があまりにストレートな表現であることにとまどいを覚え、あるいは「現実離れ」しているとしてまったく無視した。

どんな地位にある人間でも、当時の状況下で、『必勝戦策』におもてだって賛同するには、かなりの勇気が必要だっただろう。不用意に口にすることすらためらったものと推察できる。

昭和三十年に『巨人中島知久平』を著した渡部一英は、同書の中で、また次のようなエピソードを紹介している。

昭和十八年秋ごろ、評論家・徳富猪一郎（蘇峰）、陸軍中将・四王天延孝、海軍少将・松永寿雄、農民講道館長・横尾惣三郎ら十名が連名で、内大臣・木戸幸一を通して天皇に上奏文を差し出したことがあった。大東亜戦争を勝利に導くためには、思いきった新戦策と政治体制とを断行する必要があるとする内容だった。

この上奏文は主として横尾と松永が立案し、彼らの懇願に応じて徳富が文面を起草したといわれるが、その中に、「アメリカ本土を無着陸で爆撃できる大型飛行機を造り、敵の重要工場を徹底的に破壊しなければ勝てぬ」という意味のことが記載されていた。この部分は、同じ群馬県出身の横尾が中島から配布された『必勝戦策』を読んで共鳴し、採り入れたものである。

そのときのことを、横尾は次のように説明している。

「徳富翁執筆になる上奏文は美濃紙に翁自ら執筆せられ、（中略）此れを当時東条首相の目をかすめて陛下に奏上するには死を決して行う必要あり、幸に木戸内府と密接の連絡の下に成功仕《つかまつ》り陛下の御許に届きしことはわざわざ高松宮殿下の御召しにより逐一承知仕り候」（『巨人中島知久平』）

そのほか、昭和天皇が、「日本の全航空技術陣を動員して、太平洋を無着陸で米本土を空襲する飛行機は出来ないものかと、側近者におもらしになった」といったことも伝えられている。これは、昭和二十七年（一九五二）三月に発刊された雑誌『世界の航空』に、野村外代雄が「世界の運命が三度賭けられた話」と題して発表したもので、真偽のほどは確かではない。

いずれにせよ、何部印刷されて、どことどこに配付されたかがよくわからないところが、中島の『必勝戦策』がどのような受け取られ方をしたかを象徴的に物語っている。

居ても立ってもいられない日々

当時、ブエノスアイレス経由の外電で、アメリカの航空機生産機数が報じられた。それによると、一九四三年（昭和十八年）二月には月産五千五百機、六月には六千機、七月には七千五百機、そして今後はさらに増大する見込みとなっていた。

遅ればせながら日本も航空機の大増産を打ち出していた。昭和十八年九月三十日の戦争指導方策を議する御前会議で、「昭和十九年度には五万五千機を確保する」ことを決めた。そして、この月、主として航空機の増産体制を強化するため、閣議は軍需省の設置を決定した。昭和十八年末にその軍需省が決定した昭和十九年度の目標生産機数は五万機だった。しかし、これはあくまで目標であって、実際に生産された機数はその五六パーセントの二万八千百八十機だった。

先にも紹介したように、中島は当時国内では受信を禁止されていた海外の短波放送を注意深く聞いていたともいわれている。会議をしているときも、ニュースの時間になると中断してラジオに耳を傾けたという。

当時の海外情勢は、連合軍のドイツ工業地帯に対する爆撃が激しさの度をさらに加えていた。そんな中、枢軸国の一角が崩れた。イタリアの降伏である。九月三日、イタリアはシシリー島において、アイゼンハワー率いる連合軍との間で秘密休戦協定に調印した。五日後の九月八日、連合軍はバドリオ政府との休戦協定を公表すると同時に、イタリアが無条件降伏したことを発表した。

ヨーロッパにおける枢軸国側の劣勢は明白だったが、日本を取り巻く情勢でも同様で、ことに昭和十八年二月のガダルカナル島撤退は日米戦の大きな分岐点となった。四月十八日、ソロモン群島ブーゲンビル島上空で、連合艦隊司令長官・山本五十六の搭乗した一式陸上攻撃機が、待ち伏せしていた米軍のP38十六機に撃墜され、山本は死亡した。

米軍は、五月十二日にはアッツ島に上陸、六月三十日にはソロモン群島のレンドバ島と、ニューギニア北岸のナッソウ湾に上陸、翌日にはニュージョージア島にも上陸した。そして七月二十九日、日本軍はキスカ島を撤退した。

豊富な物量を背景に、米軍の攻勢は確実に強まっていた。一歩一歩後退を余儀なくされる日本軍の情報が刻々と伝えられていた。

「Z飛行機の決定一日遅延が国家の運命に重大なる結果を招来することは言議の余地を存しない」と『必勝戦策』を締めくくった中島にとって、居ても立ってもいられない日々であった。しかし、『必勝戦策』への軍の賛同は得られないまま、時は一日一日と過ぎ去っていった。

立川製キ74の命運

朝日新聞が企画した新しい長距離機

中島が『必勝戦策』を熱心に説いてまわりながらも軍当局の賛同を得られなかった理由は、Z機による戦法の有効性、技術的実現可能性に対する疑問、さらには原材料資源、ことにアルミニウム不足があげられるが、もう一つ別の要因もあった。

陸・海軍ともZ機とは別に、米本土爆撃あるいは敵基地爆撃を目的とする大型の遠距離爆撃機の開発を、中島以外の航空機会社に命じていたのである。

陸軍は昭和十八年（一九四三）五月に「新兵器研究方針」を制定、それに基づいて、航続距離延長機キ67－1（二発）、遠距離爆撃機キ91（四発）の試作命令を発した。また、以前から試作を継続していた遠距離爆撃機キ74（二発）もあった。いずれもZ機よりはずっと小さな機体である。

このうち、キ74はもともと昭和十四年（一九三九）三月に遠距離司令部偵察機として立川飛行機に研究命令が出されていたものだったが、途中、数々の変更、改良がなされながらも、結局は試作機どまりで、量産されることなく終戦を迎えることになった。陸軍航空本部で新しい飛行機試作の基本設計を中心的に担当していた安藤成雄(元大佐)は、キ74について次のように述懐している。

「空中操作は軽く、三舵の釣合い、旋回、上昇など、いずれも良く、飛行性能もほぼ要求を満足した。本機が次々と設計要求を変更させられたため実用にならずに終ったのは、素質が優れていただけに非常に惜まれる。米本土爆撃及びサイパン島爆撃などが本機の目標であった」(『日本陸軍機の計画物語』)

昭和十五年二月十一日、紀元二六〇〇年を祝う国をあげての記念行事が日本中で華々しく催されていた。この日、朝日新聞は朝刊の紙面に大きな社告を掲載した。

「紀元二千六百年記念事業　世界最高標準目指す　長距離飛行機を建造　成層圏飛行に挑む」

飛行機熱が高まっているおり、各新聞社は競って記録への挑戦を掲げ、冒険飛行、記録作りに意欲を燃やしていた。先に日本に輸入されて話題をまいたボーイングのモデル307やダグラス社製DC4旅客機のように、高高度での長距離飛行が世界の新しい潮流になりつつあったことを反映したものである。

朝日新聞は航空界の権威者に参画を求め、設計製作に取りかかった。設計は東大航空研究所（航研）が中心となり、機体製作は中堅の航空機メーカーである立川飛行機、エンジンの設計・製作は中島飛行機が担当することになった。

航研の本機設計担当責任者（機体の幹事）は、昭和十三年（一九三八）五月十五日、FAI（国際航空連盟）が定める周回航続距離（一万一千六百五十一・一キロメートル）の世界記録（六十二時間二十二分四十九秒、一万キロメートルを飛行した時点での平均時速は百八十六・一九二キロ）を樹立した「航研機」の設計者、木村秀政（のちに東大教授）だった。

昭和二年（一九二七）に東大航空学科を卒業した木村の同期には、三菱に入社した「零戦」設計者の堀越二郎、川崎造船の中心的な設計者・土井武夫、国際航空委員会で活躍していた駒林栄太郎などがいた。木村は中島飛行機や三菱の誘いを断わって航空学科の大学院に進学、二年後、東京・越中島にあった航研に入所して、航空機の研究に専念していた。

木村は当時の新しい長距離機に寄せる思いを、『日本傑作機物語』の中で回想している。

昭和十三年（一九三八）秋のよく晴れたある日、木村は、航研機に搭乗して世界記録を樹立したパイロット・藤田雄蔵とともに木更津海軍飛行場近くの海岸でひなたぼっこを楽しみながら、のんびりと雑談していた。二人の話題は、当然のごとく飛行機のことばかりだった。木村は遠く水平線を見やりながらいった。

「あいつ（航研機）でアメリカまで行けないかな」

「やってみたいものですね。しかし、どうせ太平洋を越すなら、もっと立派なやつを新しく作ってやりたいものですね」

そのときの心境を、木村はこう書いている。

「航研機よりもっと立派な長距離機――当時私の胸には、航研機によって得た数々の経験をもとに、新しい長距離機への構想がようやく熟しつつあった」（前掲書）

しかし、それはあくまでプランでしかなかった。以後、木村はそのプランを胸のうちに温めていたが、昭和十四年（一九三九）二月、航研機のパイロット・コンビだった藤田と高橋福二郎がともに中支戦線で壮烈な戦死を遂げたため、その実現は困難だろうと半ば諦めかけていた。

ところが、翌昭和十五年一月、木村にとって「夢のような吉報がもたらされた」。朝日新聞社が紀元二六〇〇年記念事業の一環として計画した「ニューヨーク訪問無着陸飛行」の基礎計画を航空研究所に持ち込んできたのである。

日米開戦で頓挫

朝日新聞社が企画した新しい長距離機の名称は、エンジンを受け持つことになった中島飛行機側の担当者・新山春雄の提案でA26と決まった。朝日新聞の頭文字のAと、紀元二六〇〇年の26を組み合わせたものである。

朝日新聞社側が航研に示した性能要求書は、次のような内容だった。
(1) 航続距離一万五千キロメートル以上。東京－ニューヨーク間無着陸飛行ができること。
(2) 巡航速度は三百キロ／時前後。航研機の百八十キロ／時はあまりに遅く、実用的ではない。
(3) 離陸滑走距離が一千メートル内外であること。
(4) 将来、実現を予想される成層圏輸送機の予備研究資料を得るため、高度六千メートル程度を巡航できる装備を持っていること。
さっそく航空研究所内に「技術諮問委員会」が設けられ、計画の基本方針が決められた。機体の幹事は木村秀政、エンジンの幹事には高月龍男が任命された。立川飛行機の設計主務者は小口宗三郎、製作の主務者は外山保だった。

こうしていざ計画を開始しようとした段階で、早くも問題が発生した。当時、すでに日中戦争が激化していたことから、なにかにつけて軍需優先で、民間機のための資材割り当てを受けられそうになかったのである。苦肉の策として、陸軍の試作機の一つに加えてもらい、キ77の試作番号を与えられて、計画はかろうじて続行されることになった。しかも、朝日新聞社の記念事業費として拠出した五十万円に、陸軍が支出した五十万円を加えて、合計百万円の予算になった。

基本設計作業は同年三月ごろから開始された。設計のポイントは、航続距離をできるだけ長くするため、主翼のアスペクト比（縦横比）を大きく（細長に）して、空気抵抗をできるだけ少なくすることだった。東京－ニューヨーク間はもちろん悠々と飛び、そこからさらに足を伸ばしてブラジルにまで到達できる航続距離を目標にした。

一方、エンジンは単発の航研機と違って双発にすることが決定され、中島飛行機の二列星型十四シリンダー「栄」のハ105を改造したハ115を搭載することになった。

設計、そして風洞実験の結果から、A26は航続距離が一万五千から二万キロメートル、平均時速三百キロと見込まれた。ただし、飛行方式に工夫が必要だった。離陸直後は燃料が満杯でもっとも重い状態であるから、すぐに高高度まで機体を引き上げようとすると燃料をたくさん食う。そこで、時間の経過とともに、すなわち重量が軽くなるにつれて徐々に高度を上げ、最終的には八千メートルの亜成層圏まで達するという飛行方法である。

翌昭和十六年（一九四二）春には、立川飛行機の試作工場で部品製作が開始された。作業はいたって順調に進行していた。ところが、この年の終わりごろになって、とんでもない事態が持ち上がってしまった。十二月八日、日本軍による真珠湾奇襲攻撃である。日米親善太平洋横断飛行の世界記録作りなど、吹っ飛んでしまう事態となってしまったのだ。

当然、立川飛行機では軍用機生産が最優先となり、A26は事実上中断されてしまった。木村らは、小規模の飛行機メーカーなら可能性があるかもしれないと、わずかな望みを抱きつつ、各所を訪ね歩いたが、国をあげての戦争に、どこも同じ返答だった。

親善機変じて爆撃機となる

すでに二年近くにわたって作業を進め、完成まであとわずかのところにきていながら、みすみす中止となって引き下がるのは、木村をはじめ担当してきた技師らにとって、あまりに無念であった。

そんな思いで四ヵ月半ほど経過した四月十八日、ドゥーリトル隊のB25による日本本土爆撃があった。

その数日後、朝日新聞社航空部長の河内一彦は突然、陸軍参謀本部の今川一策大佐に呼ばれた。今川は河内に対し、日本の航空戦略についてしきりに説いた。最初、河内には今川がなにをいいたいのかわからなかった。一方的な話もかなり進んだころになって、今川はようやく本題を切り出した。

「敵基地を叩く長距離爆撃機がこれからはぜひとも必要になってくる。実は今日きてもらったのは、いま朝日でやっているA26をそっくりそのまま陸軍に譲ってもらえないだろうか」

陸軍はドゥーリトル隊の爆撃を受けたことから、こちらからもアメリカ本土を爆撃できる長距離爆撃機を必要としたのである。それにしても、日米間の友好親善飛行を目的に計画されたA26で、正反対となるアメリカ本土を爆撃しようというのである。むろん河内に即答できる内容ではなかった。彼は社に持ち帰り、航研も含めて検討することにした。

一度死にかけた計画が、米軍による日本本土爆撃をきっかけに脚光を浴び、そのお返しに活用しようというのである。思ってもみなかった展開に、朝日新聞社内では賛否両論の激論が交わされた。その結果、元『航空朝日』編集長の斎藤寅郎（この計画のそもそもの発案者）の見解で、「とにかく実際にA26を作り上げて、飛ばしてみることが第一で、そのために陸軍が協力してくれるならそれを受けよう」ということになった。この案で陸軍側とも合意し、A26は昭和十七年（一九四二）六月から製作が再開された。

先にも述べたように、陸軍では昭和十四年からすでに遠距離司令部偵察機キ74の研究・試作に着手していた。遠距離機の経験が乏しかった陸軍は、対ソ戦略を意識して、シベリア奥深くまで侵入できる偵察機としてスタートさせていたのである。昭和十六年九月に初号機の完成を予定していたが、A26の話が持ち上がったためにあとまわしにされていた。このキ74計画を急遽変更し、A26の設計を全面的に採り入れて、遠距離爆撃機計画に衣替えしたのである。

陸軍側にあってこの計画の審査を担当した航空本部の酒本英夫（元少佐）は、防衛庁戦史室に保管されている戦後の手記『キ74の審査』に、次のように書きとめている。

「私は亦一面米国本土を攻撃し得る戦略長距離爆撃機の開発に焦慮していたのである。戦局は今から新に設計試作したのでは間に合わない。

試作機中から若干の改修で目的達成可能な性能を有するものを選定しなければならない。（中略）昭和十五年より朝日新聞の注文で計画設計されたA26は十七年頃より航空技術研究所の長距離飛行研究機として陸軍飛行実験部指導のもとに私の指導のもとに、私の指揮下で朝日の小俣君以下の航空部員によりテスト中であった。（中略）A26は一新聞社の企画に基く航空研究所の研究機であったが、キ74はその（A26の）飛行性能を生かした実用の戦略爆撃機である。しかしどこまでも臨時の爆撃機で本格的なものではなかった」

早急な完成が迫られていることから、基礎研究の必要な主翼や治工具はできるだけA26のものをそのまま使用し、爆弾搭載の格納部分を追加するなどして爆撃機に改造していった。主な改造点は次のとおりである。

①エンジンをハ１０４に改装、②プレッシャーキャビン装備、③十型爆撃照準器と自動操縦を装備、④爆弾千キログラム搭載、⑤排気タービン装備、⑥尾部砲として遠隔操作の十三ミリを一門装備。

この中で、A26に搭載されるエンジンを、中島飛行機製空冷二列星型十四シリンダーのハ１１５（千百七十馬力）から三菱製星型二列十八シリンダーのハ１０４（千九百馬力）に変更したのは、飛行性能の向上を図るとともに、以前に酒本が担当した近距離爆撃機キ67に採用した「折り紙付きのハ１０４」を採用して、確実性を高めたかったからである。

キ74の要求性能は次のとおりであった。

(1)　航続距離は八千キロメートル。
(2)　全備重量十九トン、このうち約半分は燃料。
(3)　防御の脆弱さを補うため、一万メートルの高度から攻撃する。飛行方式はA26と同じく重量が軽くなるにしたがい高度を上げていく。

ニューヨーク体当たり作戦

昭和十九年（一九四四）三月、キ74の試作と並行して、純遠距離爆撃機キ74－Ⅱ型が計画された。原型となるキ74の胴体を設計変更して、五百キロ爆弾二個と一トン爆弾を二個あるいは二百五十キロ爆弾をできるだけ多く搭載するという要求だった。

そこで、操縦士を二人から一人にしたらどうか、また脚を投下式にしたらどうかといったことも検討された。装備は試製遠距離無線機（ム5）、方向探知機、電波妨害機、それに食糧を一週間分積載する。アメリカ本土片道爆撃を目的とした本機は、ヤ号機と呼ばれ、陸軍が独自に開発するものとされた。

昭和十九年四月、まず最初にキ74－Ⅱ型のA案を試作することになり、第一号機の完成予定を同年九月に定めた。気密室を縮小し、爆弾搭載量は五百キログラム二個、燃料搭載量千二百リットルである。また、同時に決定したB案はキ74の性能向上機で、搭載は一トン爆弾が二個とし、一号機の完成を同年十月とした。問題は、原型機となるキ74が計画性能をどれだけ満足する機体を開発できるかにかかっていた。

ところで、太平洋を隔てた日米間の距離は約八千キロメートルである。中島飛行機のZ機は航続距離を一万七千キロメートルに設定し、先にも述べたように、アメリカ本土を爆撃したあとドイツ占領下のフランスに着陸するという計画だった。

では、航続距離が八千キロメートルのキ74－Ⅱは、アメリカ本土を爆撃したあとはどうするのか。

キ74－Ⅱの目的について軍務局長・佐藤賢了は『大東亜戦争回顧録』の中で次のよ

うに述べている。「太平洋を横断してワシントンやニューヨークなどを爆撃できる長距離爆撃機の製作は（中略）わが本土が、空襲にさらされるようになると、この念願に熱を加え、かつて世界を一周した航研機を基礎にして、米本土爆撃機の構図がえがかれた。それは十八年の末ごろであった。（中略）当時の構想では、往復は十分できない片道爆撃機であり、生還を期すことのできぬ体あたり爆撃機であった」

Z機の製作にも熱心だった佐藤はまた、次のようにも述べている。

「航空の素人であったけれども、海軍の石川軍務課長とともに主戦論の舵をとった責任からも、また米本土爆撃の熱意からも片道爆撃に同乗してニューヨークの摩天楼に体当たりしようといいあらわした。（中略）私はせめて敵に一太刀なりともむくいたいとの念願がはなはだ強かった」

キ74―Ⅱには、こんな計画もあったという。一トンの爆弾、方向探知機、一週間分の食糧を積み、三名の搭乗員によって米西海岸まで飛行して爆撃を敢行、その後、全員が落下傘降下して山中奥深く潜り込み、ゲリラ戦を展開する――。

また、終戦直前には、佐藤の言葉にあるように、ニューヨークに突っ込む体当たり爆撃が実際に計画されようとした。当時、大本営参謀本部作戦課にいた高瀬七郎は、のちに次のように証言している。

「米本土爆撃の着想はありました。浜松の飛行学校生で飛行機さえできたら実行するはずでした」

さらに、そのころ学徒出陣で宇都宮の近くの壬生《みぶ》基地にいた東京飛行師団の見習い士官・高橋保は、終戦六日前の八月九日に副官から、「極秘命令である。この命令については いっさい口外してはならない」と前置きして、転属を命じられた。行き先は埼玉県の114飛行部隊だった。

この114部隊が、ニューヨーク体当たり特別攻撃のために特別に編成された部隊だったのである。そのとき、高橋は、「搭乗する飛行機はキ114である」と言いわたされたという。しかし、陸軍にはキ114という機はない。キ77に簡単な改造を加える予定だったのか、それともキ74-Ⅱを予定していたのかは定かではない。しかし、防衛庁『戦史叢書』に「十九年三月純遠爆としてのキ-七四-Ⅱ型が計画された。キ-七四の胴体の設計を変更して、米国片道爆撃を企図した本機は『ヤ号』と呼ばれた」とあるように、陸軍が独自に計画したものである。ただし、十月完成予定で実物大模型まで作られたが、空襲が激しくなり、試作までにはいたらなかった。

実戦には間に合わず

話をもとに戻そう。キ74の製作ははかどらなかったが、それは酒本も強調しているように、空気の薄い高高度での飛行に必要な排気タービン(過給器)の開発が思うように進まなかったからである。以下、酒本の手記『キ74の審査』によって、経過をたどってみよう。

「排気タービンの高空に於ける威力を捕獲したB17や来襲B29で見せつけられていた我々は其魅力に強く引きつけられた。

然し排気タービン装備は極めてデリケートな技術（特に圧縮した吸気の冷却法）を要し当時陸軍に於ては司偵四型に装備して審査中の経験があるのみで大なる問題点があったが、キ74をして其特殊性能を発揮せしめる為にも絶対に必要であった」

わずかな実績である司令部偵察機四型でも、排気タービンの効率はせいぜい六〇パーセントどまりだった。当時としては高速回転軸や吸気の冷却が不十分で、効率のよい装備位置を見出すことがいつも課題になっていた。「排気ガスを百パーセント利用出来ないことに欠陥があった」と酒本は述べている。

「私は強く其（排気タービンの）必要性を主張したが最後迄其問題点が解決出来なかった為戦局に間に合わなかったことに対し深く責任を感じている次第である。当時の日本の航空技術の水準上排気タービンは過度の要求であった」

キ74での排気タービンの装備法が適当でなく、高空性能が発揮できず、タービンの焼き付きも続出した。しかし、酒本は、

「排気タービンの性能が効果的でないからとて之を中止するにはキ74の余りにも無防

備に等しき機体を考えると意味のない飛行機になってしまうので私はどうしても排気タービンを思い切ることが出来なかった」

昭和十九年五月、キ74の初号機が完成した。こののち日本の戦況の悪化とともに、米軍のマリアナ基地を爆撃する目的にも使うことが計画された。陸軍の審査官としてキ74の技術的安全上の審査を行ない、追い詰められた南方戦線に一日も早く送り込みたいとする酒本は、

「排気タービンの機能は依然として良好ならず私は日夜焦慮に暮れた。

私としてはたとえ排気タービンを使用せずとも万難を排し本機の運航審査だけは是《ぜ》非《ひ》共《とも》実施して本機の優れた性能を確認したかった。

当時日本本土地域の制空権はすでに米国側の掌中にあり、そのためキ74の如き長距離機の運航試験に適した空域がなかった」

昭和二十年七月になってやっと完成したばかりの三機のキ74を使い、滋賀県八日市飛行場において、部隊の基幹人員に対する実戦配備前の伝習教育が開始された。この年、琵琶湖沿岸から少し内陸部に位置する八日市の夏は猛暑だった。高高度飛行にそなえ、密閉性を重視したキ74の与圧キャビン（気密室）内は文字どおりの「焦熱地獄」だった。

四人の離着陸教育には、少なくとも一時間四十分を要した。この間、狭い蒸し風呂

のような操縦席に閉じ込められ、裸体の上にじかに着用した飛行服の中は「流汗滝の如し」であった。着陸後はみんな飛行服をかなぐり捨て、飛行場の近くの灌漑用水に飛び込んだ。一瞬の救われるような思いも束の間、地下水のため冷たくて二分とは入っていられなかった。

一方、高空飛行を終えて戻ってきた機は、与圧キャビン内に高空の冷たい空気を持ち帰るため、整備員たちは先を争ってキャビンの中に冷気を求めて潜り込んだりした。

このの
ち、全備重量状態の三機編隊によって、八日市と満州のハイラルとの間の四千五百キロメートルで無着陸往復飛行を実施しようと準備している段階で終戦になってしまい、結局、マリアナ基地爆撃も実現しなかった。もちろん、アメリカ本土爆撃もニューヨーク体当たり爆撃も敢行されることはなかった。

終戦の日のことを、酒本は次のように述懐している。

「十五日終戦の勅語を我々は黒々としたキ74六機の前で万感胸に迫る思いで聞いた。ああ私はキ74を戦列に送ることが出来なかったのだ。責任感に私の胸は緊めつけられる様であった。我々に天は三ヵ月の月日を与えてくれなかったのだ」

翌十六日、酒本は中央から「至急帰京せよ」との命令を受けた。

「責任感にもだえつつお役に立たなかったキ74と運命を共にしてこの焦慮感を脱し度い気持ちで八日市を離陸して一路遠州灘、相模湾沖合を飛行したが幸か不幸か遂に待つ唯一機の敵の姿もなく福生《ふっさ》に着陸してしまった」

川崎航空機の大型爆撃機計画

川崎航空機と陸軍

もう一つのキ91の試作はどうだったのだろうか。

陸軍が川崎航空機工業に対してB29を上まわる大型の四発遠距離爆撃機キ91の試作を命令したのは、昭和十八年（一九四三）五月だった。Z機よりはひとまわり小さいものの、それまでに陸軍が経験したことのない大型爆撃機であることには違いなかった。

計画した側の陸軍の安藤成雄大佐は、のちにキ91について、次のように記している。

「『キ74』の審査が進捗せず、富嶽の計画ももたついているので、確実で実用性のある遠爆を早期に実現しようと昭和十八年（一九四三）五月に試作指示されたものである」（『日本陸軍機の計画物語』）

昭和二年（一九二七）四月からはじまった陸軍の競争試作第一号機・九一戦以来、たえず中島飛行機の小山悌と陸軍機の受注をめぐって競争を演じてきた川崎の土井武夫（元試作部長）が、この計画の設計主務者に任じられた。土井はのちに『飛行機設計50年の回想』の中で次のように語っている（以下、同書より随時引用）。

「一九四二年六月、ミッドウェー海戦で日本軍は大敗北を喫し、続いて南方諸島を喪失したので陸軍としても敵の基地を爆撃するには遠距離大型爆撃機の必要を痛感したのであろう。一九四三年五月にキ85試作の中止と同時に四発遠距離爆撃機キ91の試作命令を出した」

この試作命令の背景には、陸軍当局と川崎航空機との間の以下のような経緯があった。

昭和十六年（一九四一）十一月、当時、中島飛行機が海軍からの命令で試作した四発の大型陸上攻撃機「深山」（G5）を、陸軍でも製作することになった。大型爆撃機では陸・海軍とも実績は乏しかったが、それでも大型水上偵察機などの実績からして、海軍のほうが一日の長があった。戦闘機や双発爆撃機では、陸・海軍はいつも確執を演じ、技術の交流はほんのわずかだったが、なぜか四発の爆撃機は例外だった。双方とも互いが意識しあうほどの技術的蓄積を持っていなかったからかもしれない。

ともあれ陸軍はキ85と名づけ、川崎航空機に担当させることにした。中島、三菱と比べ、企業規模の小さかった川崎は、昭和六年（一九三一）より陸軍の専属となり、戦闘機、軽爆撃機の担当と決められていた。一方、三菱、中島飛行機の両社は陸軍の大型機の分野をほぼ独占していた。

土井はそのころの心境を、こう語っている。

「三菱、中島が大型機の分野において活躍しているのを見て、われわれ技術者としては一抹の寂しさを感じていた」

小山がフランスのニューポール社のマリーの助手として設計を学んだのと同様、土井もドイツのユンカース社から来日したフォークト博士について飛行機の設計を学んだ。フォークト博士は大正十三年（一九二四）から昭和八年（一九三三）まで日本に滞在し、自ら飛行機の設計をするとともに、土井ら川崎の技師たちを指導し、大きな足跡を残した。

「私がドイツに滞在していた一九三一年に、フォークト博士とともにユンカース飛行機工場で当時陸上機として世界最大の巨人機G38を見学した際に、博士と交わした言葉――将来、川崎でも大型機の設計製作をぜひやりたい――はいつも私の脳裏から離れたことはなかったので、私自身としてもまことにうれしかった。また川崎としては幹部以下技術者も皆大喜びで、ただちに明石工場に大型機転換作業班を設けてその準備に着手するとともに、建設中の建物の幅、高さを変更して大型機の組立てに万全を期した」

昭和十七年（一九四二）二月からキ85の設計を開始し、「深山」を設計した中島飛行機の技術者たちとの数回の打ち合わせを経て、十一月、実物大模型を製作した。陸軍の審査にも合格し、量産に移るかに見えた。ところが戦局の拡大にともなう二式複座戦闘機「屠竜」の増産のため、キ85の現場作業はなかなかはかどらなかった。

それだけでなく、ダグラスの失敗作であるDC4を原型にして製作された海軍機「深山」が思いどおりの性能が出ないことがわかり、キ85の先が見えたも同然となって、陸軍もあまり乗り気ではなくなった。川崎側にしても、念願の大型機の試作命令とはいえ、正直なところ、競争相手の会社・中島飛行機が試作した飛行機を手なおしての製作には、いまひとつすっきりしないところがあったのも事実だった。

そうした経緯もあって、昭和十八年五月、キ85の試作中止命令、かわってキ91の試作命令が出たのである。

川崎のキ91に寄せる意欲

川崎航空機は大型機キ91の製作に並々ならぬ意欲を燃やし、設計に取りかかった。同時に、キ91の生産に当てるため、宮崎県都城《みやこのじょう》に四百九十五万平方メートルの大飛行場とともに、月産七機の大規模工場の建設をはじめた。また、設計試作は岐阜工場で行なうため、同工場に全幅六十メートル、高さ十一メートルの大組立工場を含め、一万六千五百平方メートルの試作工場を建設した。

岐阜工場では、すでに北野純を主班として大型爆撃機の基礎研究を行なっていた。しかし、土井が述べているように、「米国のB29についてはは詳しいことはほとんど分かっていなかった」。土井を北野が補佐する形でキ91の設計は開始された。川崎の設計部門では中心的技術者で試作部長をつとめていた土井は、中島飛行機の小山と同様に何機種もの試作の主務者を兼務し、超多忙な日々であった。

陸軍の主な要求は、次のようなものだった。

(1) 爆弾四トンを搭載して九千キロメートルの航続距離を持たせること。

(2) 爆弾の最大搭載量は八トン。

(3) 爆弾なしの場合は一万キロメートル以上の航続距離を持たせること。

Z機でも問題になったが、エンジンは三菱のハ２１４空冷星型十八気筒の排気タービン付きを予定していた。離昇最大出力二千五百馬力、七千六百メートル上空で公称出力二千三百十馬力、これを四発装備して合計一万馬力とするという計画である。離昇効率をよくするため、これもZ機と同様、プロペラの直径を当時としては最大の四・四メートルとした。

航続距離が長いため、燃料タンクのスペースをできるだけ大きくとらなくてはならない。そのため、主翼の全幅を四十八メートル、主翼面積は二百二十二平方メートルとした。その結果、「翼の縦横比は十・三という高い値となった。戦後の長距離輸送機（プロペラ機）と比較してこのねらいはあまりはずれていない」。海外からの技術情報が絶たれてしまった時代ではあったが、土井にとっておおむね妥当な設計がなされたわけである。

主翼の翼型はキ64に使った層流翼型を採用した。胴体断面は、兵員の輸送も考えて、高さは三・三メートル、幅二・三メートルもあった。主翼は大きいため、中央翼（尾翼を含む胴体部分）、左右の内翼と外翼のそれぞれ五角部分に分割する構造となっていた。中央翼、内翼は三桁、外翼は単桁で、また、中央翼、内翼の外板はストリンガーなしで、外板と波板の二重構造だった。

「戦後に英国のブリストル・ブリタニア四発大型輸送機に採用された主翼構造と同じである」

設計計算上は、中央翼と左右の内翼を一体構造にすれば、重量および強度的にも理想的となるが、実際にはそうはいかない。当時、日本では軽合金のインゴットは二百キログラムが最大だった。そのため、主桁のフランジ材の断面積の関係から、左右の内翼の幅をそれぞれ十一メートルにせざるをえなかったのである。

燃料タンクの容量は二万七千五百リットルにもなり、そのほとんどは主翼におさめ、一部は胴体にも搭載した。

キ91の試作一号機は、昭和二十一年（一九四六）六月の完成予定だった。二号機は高高度飛行に対応する気密室を採り入れた設計にする計画で、昭和二十二年(一九四七)三月の完成予定だった。

工場の建設も着々と進展する中、設計は順調に進み、昭和十九年四月と五月の二回にわたって実物大模型の審査が行なわれた。土井は、「この実物大模型は従来に例のないほど正確、精密なもので、その費用だけで二十万円にも達した」と述べている。こうして、川崎航空機は全社をあげて、今度こそは大型機をものにしようと、土井以下全員が意気込んで取り組んでいた。しかし、キ91もまた「連山」と同じような運命をたどった。キ91に使用するアルミニウムは三十四トンで、これは戦闘機の十五機分に相当するとして優先順位が繰り下げられ、試作機から研究機の扱いとなった。

キ91の主務者であった土井武夫はこの飛行機を振り返って次のように述べている。

「設計はすでに六割ほどが終っていたし、主だった材料も工場に入ってきていた。先に手配する組み立て治具なども一部は完成していた。それに、名古屋上空で日本の高射砲が打ち落したB29のいろんな部品を川崎の岐阜工場に運び込んでキ91の図面と比較して研究したものです」

しかし、昭和二十年(一九四五)二月、キ91の試作は原材料不足を理由に実質的に中止されることとなった。

「富嶽」計画と川西のTB機計画

「代案はあるか」

「こんなべらぼうな飛行機の計画を中島知久平氏がもってきたが、一体、こんなもの本当にできるのかどうか、陸軍の担当として検討してみろ」

昭和十八年（一九四三）秋、陸軍の第一航空研究所（第一航研）の所長・緒方辰義少将は、陸軍の航空本部からまわされてきたZ機計画書を部下の星野英大尉に提示しながらいった。明らかに強い疑問の念を含んだ調子だった。

星野は昭和十二年（一九三七）に東大航空学科を卒業した。同窓の渋谷巌、内藤子生は中島飛行機に、東条輝雄（東条英機の次男）は三菱に、高山捷一は海軍に入ったが、彼は川崎航空機を選んだ。

「中島飛行機や三菱は組織としても体制ががっちりでき上がっており、優秀な人材も大勢いる。それより、規模が小さく、まだ固まっていない川崎航空機のほうが思い切って仕事をやれるのではないか」

川崎航空機に入社して一年ほどたったところで、召集を受け、幹部候補生となった。

以後、昭和十四年（一九三九）五月に勃発したノモンハン事件を皮切りに、日中戦争、そして日米開戦後は南方に出動、マレー半島上陸作戦を経てシンガポール占領にも加わるというように、もっぱら最前線を歩いてきた。

もっとも、戦闘ではなく、航空出身ということで、前線の飛行機の整備やトラブル対策、補給などが主な仕事だった。それだけに、飛行機の故障の多さを身をもって知っていた。とりわけ高性能といわれる新鋭機の初期故障が使用現場で相次いで悩まされ、使いこなすまでに時間のかかることもよく承知していた。

昭和十八年、内地に戻されて第一航研に配属され、新しく開発する飛行機の企画を担当することになった。前線基地の泥臭い仕事ばかりを担当していたせいもあって、常識を超える『必勝戦策』のZ機計画の実現性については、星野は判断を下しかねていた。むろん、五千馬力のエンジン開発はむずかしいだろうとの予想はついたが、かといって、日本の技術ではとても不可能だと断定することもできなかった。

緒方所長の指示で、星野は中島知久平に会いに行くことになった。このとき、彼は緒方らが抱いている疑問を、率直に中島にぶつけてみた。

「アメリカの総合力からして、今の日本はどうみてもかなわないだろう。原材料資源は限られ、逼迫しつつあるし、工業生産力では比較にならないほどの差がある。それも今後はますます開くだろう。戦略的にも戦術的にも受け身になっている。あと残るは技術で上回ることしかない。だからZ機を作る必要がある。この飛行機を作るのが難しいというのは重々分かっている。でもほかに日本が勝つ道はあるのか。代案はあるのか」

中島から逆に「代案はあるか」と問われたが、もちろん星野にあるはずもない。軍内部では、追いつめられつつある日本軍の現実と、近い将来確実にやってくるだろう姿については、率直に口に出しにくい面があったし、禁句でもあるが、その点、中島は単刀直入だった。そんな中島に対して、星野は「迫力のある人だなあ」と感じたという。

試製富嶽委員会の設置

ところで、南太平洋方面における日本軍と連合軍との攻防戦の推移は、大艦巨砲主義を基本とした主力艦隊による制海権争奪の時代が完全に去ったこと、基地航空と機動部隊との巧みな運用による制空権の獲得、維持、推進、すなわち航空戦力の重要性を教えていた。こうした大きな代償をともなった教訓は、当然ながら、陸・海軍の航空本部が進める新兵器開発計画にも反映されてくる。

昭和十八年八月九日、それまでの陸海軍航空本部協調委員会にかわって新たに陸海軍航空技術委員会が設置された。主に新機種開発の面で、陸・海軍の協同試作をより積極的に進めようとする狙いからである。この委員会が九月に開かれ、Z機計画が審議された。両軍からさまざまな意見や批判が出されたが、ともかくも採択され、陸・海軍共通の呼び名「富嶽」と命名されることになった。中島の軍上層部への粘り強い説得工作が、ついに効を奏したのである。

陸海軍航空技術委員会の中に「試製富嶽委員会」が設けられ、委員には陸・海軍の航空本部員が顔を連ねた。陸軍側からは第一陸軍航空研究所所長の緒方辰義、安藤成雄、それに星野が委員長付きの秘書のような役目を命じられた。また、陸軍の第一から第八までの陸軍航空技術研究所がこれに協力する形をとった。一方、海軍側からは佐波次郎少将、海軍航空技術廠発動機部長・伴内徳司大佐、野邑《のむら》末次少佐が加わり、航空技術廠からも委員が出された。また東大の航空研究所、中央航空研究所の所員も参加することになった。

民間企業では、中島飛行機、三菱など航空関係企業のほか、金属材料関係では住友金属工業、タイヤ関係では名古屋の日本製作所、プロペラでは日本楽器などの技術者も参加し、文字どおり、軍、産、官、学の総力をあげた体制ができ上がった。

陸軍の安藤が事実上の責任者（まとめ役）となり、委員会は月一度のペースで開催された。安藤は大正十三年（一九二四）三月、東大工学部機械工学科卒業、大正十四年（一九二五）三月から同年十月まで同大学院で内燃機関を研究後、川崎造船飛行機部に技師見習いとして勤務、昭和二年（一九二七）二月に陸軍航空本部部員となって技術部に所属した。彼は、陸軍が作った大型爆撃機の設計経験を持っていた。そのころのことを、彼は『日本陸軍機の計画物語』の中で次のように述懐している。

「私が若い時には92重（爆撃機）の完成に四・五年も苦労させられ、また昭和十八年（一九四三）九月以降は『富嶽』の計画に没頭させられた。（中略）（キ93襲撃機の）第六次計画（第一期）（昭和十八・五）が終ってから二か月後に、私は技術院参技官に任ぜられて、昭和十九年（一九四四）二月まで技術行政に従事し、その後は『富嶽』計画に昭和十九年八月まで没頭することになった」

陸軍の技研と海軍航空技術廠とが計画していた研究機キ93の設計・試作の中心的存在だった安藤は、その途中で引き抜かれて「富嶽」を担当することになったのである。安藤自身も述べているように、彼が担当した92重爆撃機（キ20とも呼ばれた）は「約四年間の苦心の作であったので、かなりの勉強になった」。その経験を買われたのである。といっても、92重爆が試作された時代は、外国人設計者に全面的に頼り、ようやく航空機各社による陸軍戦闘機の競争試作がはじまったばかりの国産機出現期（昭和二～五年）で、ずっと昔の話である。

「『キ20』（92重）は、当時では超重爆と称せられたもので、陸軍で計画された最初の戦略爆撃機であるが、その後この種の爆撃機である中爆『キ85』及び遠爆『キ91』が計画されたのは、なんとそれからそれぞれ十三・五年及び十四・五年後のことである。これを見ても92重以後、運用者がこの種の戦略爆撃機を考えていなかったというべきである」

逆にいえば、当時の航空技術の急速な発展ぶりからすればふた昔も前といえる十四、五年前にたった一度だけ大型爆撃機の設計経験をしたことのある安藤しか、陸軍内には適当な人材がいなかったということにほかならない。安藤は続けて述べている。

「陸軍では戦術爆撃機のみで戦略爆撃機は実らなかったというべきで、これは爆撃機の要求、従って計画上の非常な欠陥で、大いに反省すべきことである」

このほかに安藤は、94偵察機の設計・試作キ15－1、キ15－2、98直接協力偵察機、キ46－1なども担当、昭和十四年十二月から十五年九月までイタリア、ドイツへ出張し、メッサーシュミットBf109、同Bf110などの調査を行なったことがある。

陸・海軍協同とはいえ……

陸・海軍協同により試製富嶽委員会はスタートすることになったとはいえ、陸・海軍から全面的な支援、賛同を得たというわけではなかった。両陣営とも本音は「とりあえず試作機だけでもやってみよう」といったところであった。星野の説明によれば、とくに海軍は四発の爆撃機「深山」の失敗を経験したばかりで、その試作を大幅に上まわるZ機計画には「乗り気ではなく、『おれは知らん』とする姿勢であった」という。

そのころは、巨大な航空技術廠を有していた海軍に比べ、陸軍の航空に関する技術的知識や組織体制などはかなり劣っていた。だから、「富嶽」の計画については、中島の熱意に押され、引っ張られていくような格好だった。さらに星野は、「技術的な点はもっぱら中島の小山さんが中心になって進めていた」と、そのころの陸軍の内情を語っている。

ところで、おもて向きは、「帝国陸海軍はじまって以来の一致協力態勢で協同試作を進める」とはなっていても、実際のところは次のような状態だった。

「十七年（十月の陸軍航空）技術部創設とともに（昭和十八年五月）新兵器研究方針の企画は急速に促進せられ、たまたま陸海軍統合の気運に乗じ、陸海軍協同試作要領として生まれ、これを基として制定された」（『日本陸軍機の計画物語』）

のちに安藤が述懐しているように、陸海軍は昭和十七年十二月、お互いの新しい兵器研究方針の統一を図り、重複を避けて、逼迫してきた原材料資材および開発技術者の効率的な投入を図ろうとしていた。航空開発における陸・海軍の統一は古くから叫ばれていたが、日米開戦後も従来どおり別々だった。たとえ戦時体制の非常時になったとはいえ、長年続いてきた両軍の確執がただちに解消するほど簡単な問題ではなかった。

戦況が追いつめられるに従い、原材料資源が逼迫し、両軍が奪い合う現実が、各企業レベルでも生じるようになっていた。陸・海軍が同じような飛行機を重複して別々に試作発注するというやり方は、誰の目にも非合理に映った。いよいよ急迫した事態に立ちいたって初めて、両軍は陸海軍航空技術委員会の会議によって以下の八機種に関する協同試作を決定したのである。

キ87単座戦闘機（中島）、キ90近距離爆撃機（三菱）、キ91遠距離爆撃機（川崎）、キ94高高度戦闘機（立川飛行機）、キ95司令部偵察機（三菱）、キ99近距離戦闘機（三菱）、キ101夜間戦闘機（中島）、「連山」陸上攻撃機（中島）

このほかに、昭和十九年春ごろから主にB29に対する特別攻撃機の原動機として、以下のような、いわゆるジェットエンジン、ロケットエンジンの協同試作も行なわれた。

キ200薬液ロケット（三菱）、タービン・ロケット原動機・ネ130（石川島芝浦）、ネ230（日立、中島）、ネ330（三菱）

そして、特別扱いのような形で、「富嶽」遠距離爆撃機（中島）の協同試作が決まったのである。

「協同試作機と称しながら、陸海軍が設計要目を協議決定した上で試作を行なうというのではなく、一軍から優秀な試作機が出れば、他軍がこれを採用するという程度のものにすぎなかった。これは両軍間の協議に時日を費やすようなことになると、新機種の急速な出現が不可能となるため、まず各軍が独自に試作に着手し、概成したとき相互に発表することとしたためであった。従って、同様目的のため常に二様の器材が用意されることとは、従来と変りなかった」（『戦史叢書・陸軍航空兵器の開発・生産・補給』）

陸・海軍両者の本音と建て前、戦略と思惑が交錯する中、ともかくも「富嶽」は第一歩を踏み出すことになったわけだが、かといって、中島飛行機の技術者たちがカンヅメ作業で設計したZ機の案がそのまま受け入れられ、ただちにスタートしたわけではなかった。

中島飛行機で計画されたZ機は、あくまで中島知久平個人の構想案である。そこで、陸・海軍の両航空本部は、それぞれの用兵に応じた独自の立場から検討をはじめることになった。海軍航空本部部員で海軍技術会議の議員でもあった巌谷英一（元技術中佐）は、「富嶽」について次のように述べている。

「陸海軍の協同試作として、敵戦略地点の爆撃を目指す超遠距離大型爆撃機が検討されたのは昭和十八年であった。航続力一〇、〇〇〇浬（一八、五三〇粁）は兎も角として、上昇限度、防御火力及び爆弾搭載量が問題となった。

陸軍側は主要高度一〇、〇〇〇米、重兵装を主張し、これに対して、海軍側は主要高度一五、〇〇〇米の軽兵装を唱えて相譲らなかった」（『航空技術の全貌』上）

軍需省の内部事情

陸・海軍がそれぞれ検討を進めているときに、問題をさらに複雑にする動きがあった。

昭和十八年十一月一日、陸・海軍の生産・発注などの業務を一元化し、効率化を図る目的で、軍需省が開庁するが、その前身である企画院がこの年の夏ごろ、「富嶽」とは別に、陸・海軍の知らない間に独自の判断で超大型渡洋爆撃機（ＴＢ）を川西航空機に発注したといわれている。ＴＢも「富嶽」と同様、米本土爆撃を目的としており、こちらは四発重爆撃機だった。

ただし、元陸軍参謀本部作戦課長だった真田穣一郎の、『真田日記』によると、「陸軍は昭和十七年十二月、川西に対し『日本本土を離陸して米国を爆撃の上ドイツに着陸可能な遠距離爆撃機』の研究を指示し、昭和十八年一月すでに風洞実験を終わった。その主要性能は航続距離二三〇〇〇粁、高度一一〇〇〇〜一三〇〇〇米、速度六〇〇粁、爆弾最小限二屯」と記されている。

中島知久平が米本土大型爆撃機を社内で発表した少し前である。

大型機の経験では、中島飛行機より川西のほうに一日の長があった。川西の元技師・菊原静男は次のように語っている。

「戦争がはじまってから、わたしは直接アメリカ本土を爆撃できる飛行機がないといけないと思い、自分でひそかに研究していました。昭和十八年のはじめごろ、（海軍）軍令部からの使いの人が来て、情報によるとアメリカではひそかに日本本土空襲のため四発爆撃機の開発を進めているが、こちらもアメリカ爆撃用の飛行機を作りたいと言われました」（『さらば空中戦艦・富嶽』）

この両者の依頼が同一か、または別々のものかを明確に裏づける資料はない。

戦争の激化とともに、兵器の消耗は激しく、よりいっそうの増産が叫ばれるようになり、政府は昭和十八年九月二十一日の閣議で、商工省と企画院を廃止・統合した軍需省の創設を決定した。組織は、もとの企画院を引き継いだ官房・総動員局、さらに商工省を引き継いで従来どおり民需および軍需基礎資材の生産行政を行なう機械局、鉄鋼局、軽金属局、非鉄金属局、化学局、電力局、燃料局、そして陸・海軍の各航空本部の一部を一緒にした航空兵器総局の三つである。

もっとも組織が大きかった航空兵器総局の役目は、陸・海軍航空本部が所掌する事項のうちの生産に関する事項だけとし、民間工場のみを直接統制し、新機種の開発は従来のままだった。ただし、陸・海軍の各工廠には、各軍を通じて発注することになっていた。担当する兵器は、機体、発動機、射撃兵器、電撃兵器、電気兵器、計器、光学兵器などである。

担当大臣は東条英機首相が兼任した。総局長官には航空兵科出身の陸軍中将・遠藤三郎が、総務局長には海軍航空隊の司令をつとめたことがある海軍中将の大西滝治郎がそれぞれ就任した。

第一局から第四局までの局長には、いずれも陸海軍の少将クラスを配置するほどの力の入れようで、職員はすべて陸・海軍の現役軍人や文官が任命された。

さらには「軍需会社法」を定め、中島飛行機や三菱重工など航空機工業に関係する企業——造船業、製鉄業、火薬・砲弾製造業に従事する主要会社百五十社を軍需会社として指定した。これらの重要工場、事業所には軍需管理官を配置して、生産推進上の指導監督を行ない、航空機の飛躍的増産を図ることを目的としていた。ところが、航空以外のたとえば艦艇などは軍需省に含まれておらず、航空関係でも研究や実験試作、補給に関することは依然として陸・海軍別々に行なわれていた。元海軍技術少将の岡村純は次のように述べている。

「決定に至る迄には、両軍部内で激しい論議が繰返されたが、大勢は航空以外の部門に於ては、軍需省賛成者は極めて少く（特に艦艇建造及び修理の大施設を有する海軍に於て）又航空にあっても賛否相半する情況であり、其結果は前述の如く不徹底なものとなったのであるが、其の成果に於ても亦必ずしも所期の如くではなかった様である」（『航空技術の全貌』上）

豪華なメンバーを配置し、航空機大増産を目指しはしたが、その意気込みぶりとは別に、軍需省内部にも、依然として陸・海軍の対立は持ち込まれ、その評価についても分かれるところであるが、実質的にはさして実効性を上げなかったといわれている。

　昭和十九年一月十六日、関係業者が一丸となって生産に集中できる強力な推進機関として「航空工業会」を発足させ、その中に陸軍航空工業会、海軍航空工業会の各航空機部を統合した。なお政府は内閣顧問として藤原銀次郎を第三回行政査察使に任命し、昭和十八年九月二十二日から十月初旬にかけて航空機工場、その他の関連工場の査察を行なった。

　中島飛行機の査察は十月二日から三日間にわたって行なわれ、そのおりに増産を図るために採るべき試作についての意見を提出させた。このとき、陸軍用の武蔵野製作所と海軍用の多摩製作所の二つに分かれていることが生産効率を悪くしているとのかねてからの会社側の主張が受け入れられ、十月から両製作所を合同して、武蔵製作所とすることに決定した。

ＴＢ機と川西航空機

「渡洋爆撃機」の日本語読みの頭文字をとってつけられた「ＴＢ」のいきさつについては、川西航空機の設計部長だった菊原静男が『海鷲の航跡』に回想記を残している（以下、随時引用）。

菊原は日本を代表する戦闘機の一つ「紫電改」を担当していた。その設計がある程度進んだころ、軍需省総動員局長の使いが会社に訪ねてきた。

「アメリカ本土へ爆弾を落しに行く飛行機が欲しいという意見が出ている。成層圏の底を吹いている西風に乗って太平洋を渡り、アメリカで爆弾を落してからそのまま大西洋を渡ってドイツへ着陸、燃料を補給して日本へ帰る。航続距離一万二千海里（二万二千二百二十二キロメートル）となる。できるでしょうか」

要求仕様からして、明らかに『必勝戦策』で中島知久平が打ち出した構想と同じであった。

川西航空機は日本で唯一、四発長距離索敵攻撃用の二式飛行艇（一三試大艇）の実用化に成功した経験があった。元技術中佐の巌谷英一は次のように述べている。

「九七式飛行艇の試作から五年目の昭和十三年に海軍は川西に一三試大艇の試作を下命した。本艇の計画要求は一三試大攻『深山』と略々《ほぼ》同程度の性能（最大速度二四〇節――四百四十四キロメートル以上、巡航速度一八〇節――二百三十三キロメートルで航続力四五〇〇浬――八千三百三十四キロメートル）を持つ長距離索敵攻撃用と云うことだった」（『航空技術の全貌』上）

中島飛行機が担当した「深山」が実質的には失敗したのに対し、この一三試大艇は制式採用されて、二式と呼び名を改め、百三十機量産された。中島飛行機が大型機の経験があるとはいえ、いまだ試作の域を出るものではなかった。それに比べ、少なくとも大型水上機の実績を持つ川西航空機に軍需省が白羽の矢を立てたのも理解できるところである。

菊原は軍需省の使いに対していった。

「川西だけでは手に余ると思うが、もし東大航空研究所の先生方の協力が得られるのならば、可能性の有無を研究してみましょう」

「実はここへ来る前に、航研へ寄って来ました。先生方は非常に乗り気でした。そして言われるには、この飛行機は長距離の洋上を飛ぶのであるから、二式大艇を作った川西がメーカーとして最も適している。川西がやると言えば自分もやりましょう」

菊原は東大航研に所属する谷一郎教授と東大工学部航空学科時代の同期で、卒業後も交流があった。中島飛行機や三菱に比べて組織的に航空機部門の小さい川西航空機は、新しい飛行機の基礎理論の研究などではしばしば東大航研の教授たちの協力を仰いで試作を完成させていた。

「戦争が始まってから、わたしは直接アメリカ本土を爆撃できる飛行機がないといけないと思い、自分でひそかに研究していました」（『さらば空中戦艦・富嶽』）

と述べる菊原は、ことがことだけに、まず社長だけに相談した。その結果、引き受けることに決めた。さっそく航研と協議し、次のような基本方針とともに、お互いの分担を決めた。

(1) 早期に設計を完了するために、いまから研究をはじめるというようなものの採用は避けて、すでに完成、または確実に完成できるというものを総合して設計を進める。

(2) 発動機は、三菱のもののうちから本機に適するものを選び、若干の改良を加えることにして、田中敬吉教授が担当する。四発とする。

(3) 主翼の空力的設計は谷一郎教授が担当する。多分、LB翼系統になるであろう。ところで、このLB翼系統とは、谷教授が研究していた空気の摩擦抵抗が画期的に小さい翼型の系列のことである。戦後になって、アメリカからの情報が入ってきたとき、NACA(米航空諮問委員会)がまったく同様の構想で研究していたことがわかったという。

(4) 胴体を与圧しないで、液体酸素を徐々に適量を放出するという小川太一郎(東大)教授の研究成果を使う。これによって胴体の構造重量は大幅な軽減となる。

(5) 長時間の発動機連続運転が予想される本機の場合には、潤滑油の劣化防止が発動機の性能維持に重要な役目を果たす。これには永井教授の研究結果を活用する(本機の航続距離から考えて、おおむね六十時間の連続運転が必要と予想された)。

(6) 全体設計は木村秀政教授と川西の担当とする。

(7)　胴体、尾翼、発動機ナセルの空力設計と、全機の構造、艤装の設計は川西の担当とする。

担当分担からもわかるように、設計段階では全面的に航研に頼る形になっている。大学の教授陣にとって、要求性能がこれまでの水準を大幅に上まわることが予想されるだけに、研究的な価値も十分にあった。そのため、設計作業全般の統括は小川太一郎教授として、川西航空機がそれを補佐することになった。他の機種に人手をとられていることもあったが、三菱や中島飛行機より規模が小さい川西航空機だけでは、基本設計から担当するのは手にあまる要求仕様で、ことに空力性能のような基礎的な分野では、技術者も十分に育っていなかった。

空力分野では日本を代表する中島飛行機の内藤子生は、

「メーカーで新しい翼を作り出そうというのは大変なことなんです。やってみてだめだったというわけにはいかないから。谷教授が精力的に取り組まれた層流翼も、最初のころは振動や空気の剝離が出て大変だったんですから」

と、そのむずかしさを強調している。大学や国の研究機関などでは、研究的な要素の強い実験的試みもできるが、メーカーの場合は、失敗が許されず、なんとしてもまとめ上げなければならない立場に立たされる。それに、二式大艇のときも航研の手を借りていた。その上、設計後、模型を作り、風洞試験を終えるまで、たった一ヵ月と、要求期限があまりにも短かった。

しばらくして、谷教授から主翼の形状を見せられたとき、菊原は反射的に、「これはいいぞ」と思ったという。なぜなら、「翼根の断面から翼端へかけて変化してゆく美しい線の具合は、この主翼のすぐれた性質を予想させる」ものだったからである。計算されつくした航空機の機体や翼は、多分に視覚的なところがあって、ベテランはしばしば直感によって善し悪しを判断するところがあるという。

主翼単独での風洞実験が、航研の大風洞を使って行なわれた。結果は、航続距離を支配する揚抗比L／Dで三十を越え、三十五に迫る高い値だった。かなり野心的な設計である。菊原はこの結果を確認して、

「これによって、航続距離一万二千二海里（二万二千二百二十二キロメートル）実現の基礎はできた。尾翼、胴体、ナセルを取付けた時に、この高い揚抗比の低下を最小限に止めることが川西の仕事である」

と思い、張りきらざるをえなかった。せっかく翼の最適設計がなされても、それと結合する胴体や尾翼などの設計がまずければ、空気抵抗などによるロスが多くなってしまうからである。飛行姿勢の安定性を保つ尾翼の面積は、最小限にとどめることにした。なぜなら、飛行速度や航続距離の関係、あるいは爆弾をできるだけ多く積む目的からも、尾翼の重量と抵抗は可能な限り減らしたいからである。このあたりは二式

大艇で実証ずみだった。胴体も同じ狙いから、できるだけ細くすることに徹して設計した。

「本機の場合は、爆弾を積み、航法・通信の機器等を積み、搭乗員が乗って作業をするのに必要な容積があればよいのであるから、非常に細くすることができた。燃料は全量主翼に積むからそのための場所はいらない」と菊原は解説している。このあたりの設計は、Z機とは違って、爆弾搭載量が少なく、機体全重量も小さかったので、胴体にまで燃料を積む必要はなかった。

だが、問題は車輪の収納場所だった。これはZ機でも同様で、中島飛行機の西村節朗がさんざん苦労した設計課題だった。全備重量が約六十トンにもなる予想であったため、どうしてもタイヤを二つ並列に重ねあわせる双車輪型になる。そのまま胴体に収納しようとすれば、幅があるため、ナセルは主翼の下面に大きくふくらませなければならない。

もちろん、単車輪にすればそれだけ幅は薄くなり、空気抵抗も少なくなる。しかし、菊原も述べているように、「当時の国内で作れる車輪・タイヤの大きさ、試験設備の限度等がある外に、滑走路の舗装強度にも影響するから、双車輪型にならざるを得ない」。そこで考え出されたのが、Z機と同様に、離陸直後に車輪一個を油圧装置で突き放して捨てる方式である。着陸のときはすでに燃料をほとんど使っていて、全体重量が軽くなっているため、残る一個の車輪でも十分に耐えられるというわけだ。捨てた車輪は回収して再び使用する。

二乗・三乗の法則

車輪の問題は見通しがたったが、最大の問題はなんといっても、「大型機の構造設計の難しい点は、二乗・三乗の法則で自重の増加は寸法の増加よりもはるかに大きくなることである」と菊原は述べている。

「二乗・三乗の法則」とは、飛行機が大型化するごとに設計者がいつも苦しめられてきた問題であった。単純にいって、構造物の強度は断面積の大きさで決まってくるため、もし大型化するためには、材料が同じならば、部材を二倍の寸法にすると、面積はその二乗であるから、強度は四倍になる。ところが体積（重量）は寸法の三乗に比例するから、もし部材の寸法を二倍にすると、重量は八倍になる。

戦後になって菊原はボーイング社を訪れたことがあった。ちょうどB747ジャンボジェット機の一号機完成直前であった。そのときの案内の技術者が、こんなことをいった。

「自分はこの機の構造設計に従事してきた者だが、われわれの仲間の毎日はSquare Cube Law（二乗・三乗の法則）との戦いだった」

それを聞いたとき、菊原はTBで苦労した戦前のころを思い浮べたという。TBはちょうど二式大艇のほぼ二倍であったことから、この法則そのものであった。どの個所の設計をするときでも、いつも重量のことを頭に叩き込んで、一時たりとも忘れないようにしておかなければならない。つい油断してほんの少しずつでも重量が多くなると、あとで取り返しがつかなくなるからである。

それでも、全備重量の大きな割合を占める搭載燃料の重量は、揚力によってかなり助けられた。主翼内の燃料の重さは、いうまでもなく下向きの力としてはたらく。一方、飛行中の翼は空気力（揚力）によって上向きにはたらくから、燃料の重さをある程度相殺してくれるのである。

「このことを如何に活用するかが本機の主翼構造設計の焦点であると考えた。この考え方に沿って、当時普通に使われていた材料で相当に軽い主翼を作り得る見込をつけることができた」

航続距離と離陸問題

川西と航研の精力的な作業によって、TBは急ピッチで進行し、一ヵ月後には早くも全体模型を使った風洞試験が実施された。ここでもっとも懸念されたのは、航続距離に大きく影響する全機揚抗比だったが、「結果は期待を裏切らなかった」。全機揚抗比は二十五という、菊原自身が驚くような値だった。

海軍の研究機関である航空技術廠にとりあえず結果だけを連絡したところ、「川西の風洞の結果は高過ぎる」と、成績がよすぎたためにかえって信用されなかった。風洞によって特性も違うし、試験方法によって値が違ってくることはそれまでにもよくあったからである。確認のため、航空技術廠にある風洞で追検査されることになった。試験の結果、二つの風洞が同じ値を示したため、間違いないことが証明された。菊原たちはただちに航続距離の概略計算に入った。

軍需省からの要求事項の中で、もっとも重要だったのが航続距離である。太平洋を横断してアメリカ本土までたどり着けなければ、どんな性能のよい飛行機を作ったとしても意味がないからである。

計算にあたっては、前提となる考え方の基準を明確にしておくことが必要である。たとえば、TBの場合、航続距離が長いため、たくさんの燃料を搭載する。当然、離陸したばかりのころは燃料がたくさん搭載しているので機体の総重量は大きく、エンジンに負担がかかり、燃料消費率が高くなる。ところが燃料が少なくなってくると、燃料消費率が小さくなってくる。全機揚抗比についても同様のことがいえる。同じ航研の木村秀政が担当したA26の場合と同様、どの時点での値をとって計算するかが問題だった。

「全航程を通じて揚抗比の最大点付近と発動機の燃料消費率最小の点をどの様に組合せた飛び方をするかで、航続力に大きな差が出る。飛行時間の経過につれて、速度と高度を旨《うま》く選ぶことが航続距離を伸す上で大きな影響を持つのである」

いろいろな組み合わせによって、何度も計算しては結果を比較し、最小になる条件と値を導き出していった。その結果、離陸直後の重いとき、一挙に高度を上げようとするとそれだけ燃料を食うので、やや低く飛んで徐々に高度を上げていくことにした。アメリカ沿岸から九百二十六キロメートル（五百海里）付近で高度一万メートルに達するようにし、以後は爆撃後もそのままの高度を維持しつつ大西洋を越えてドイツにいたるというのがもっとも最適な飛行方法だった。

このやり方で、二万二千二百二十四キロメートル（一万二千海里）を飛行するために必要な燃料を積んだあとに残る余裕が爆弾の搭載量になる。ところが計算してみると、結果はなんと千五百キログラムでしかなかった。菊原はこの結果について次のように述べている。

「飛行機の初期設計の常識として、抵抗見積・自重見積には若干の余裕がとってあるし、偏西風に乗るという追風利用もあてにしていないが、これらはいずれも見積に狂いが出た時の備えであるから、今の時期――基礎設計が固まりかけた時期にこれを表に出して、爆弾搭載量を増大することに使うわけにはゆかない。一・五tは如何にも少ないが、確実に増加できる見込がつくまでそのままにしておこうと考えた」

このほかにも、Z機と同様に問題がいろいろあった。その一つが離陸である。つまり、できるだけたくさんの爆弾を積載して、「一トンでも多い重量で離陸したい」わけである。だがエンジン最大総出力には限界がある。そのため次のような三つの手段が考えられた。

まず第一が、エンジン内の減速装置（エンジンの回転を変化させてプロペラに伝える装置）のギア比の最適化である。

第二は、「紫電」で採用ずみの自動空戦フラップ操作装置の活用だった。これは、離陸後、しだいに速度を増していくにしたがい、自動的にフラップの最適角度が得られるようにした装置で、離陸距離を短くすることができる。

第三は、以上の手段を用いてもまだ離陸距離が短くできない場合、「最後の予備手段」として、JATOと呼ばれる離陸補助の固体ロケットを使うことである。当時すでにこの方面の研究が進められており、かなりの推力が出せる装置も開発されていた。しかし、これはあくまで「控えの手段」と考えて計画を進めることにした。

こうした手段を用いたとしても、なおかなり長い滑走路が必要になってくる。その当時、日本の滑走路の長さは約千五百メートルくらいが最高だった。これではとても飛び立てないから、長い滑走路を持つ飛行場をどこかに建造しなければならない。航続距離あるいは搭載燃料をできるだけ少なくする観点から、アメリカにもっとも近い「辺境の地」が妥当である。ところが、菊原らはあえて、「日本の本土の中央に作るべきだ。富士山の裾野に長い滑走路を持った飛行場を作るべきだ」と提案したのである。菊原らの考え方では、「ここが攻略されれば戦争は終りになる場所」というのが、ほかでもない、富士の裾野だったというのである。

設計技師たちは、口にこそ出さないものの、すでに日本の運命を予感しつつ、作業を進めていたかのようである。

軍部の熱意は感じられず

これらの検討結果、データが出そろったころ、「軍令部総長の官邸へ来て、設計の内容を説明する様に」との連絡が入った。航研の谷教授と、川西航空機から菊原ら三人の技師が出向いた。説明会は軍令部総長の官邸で行なわれた。出席したメンバー三、四十人の顔ぶれは錚々《そうそう》たるものだった。

永野修身《おさみ》軍令部総長が最前列に陣取り、高松宮が後方の席に座っていた。ところが、陸・海軍が合同して創設された軍需省の命令にもかかわらず、陸軍からの出席者はたった一人で、あとはすべて海軍関係者だった。明らかに海軍が主導する計画であることが菊原にも推測できた。

最初、谷教授が検討結果に基づき、空力に関する説明を行なった。その話を受ける形で、菊原が説明した。

「これをまとめて飛行機にすると、航続距離一万二千海里、爆弾搭載量一・五トンのものができるのであります」

菊原が説明し終わったところ、一人の海軍士官が質問を発した。

「アメリカ本土に行って速度が遅いのでは困る。もっと速いのはできんのか。アメリカ本土を低空で突っ切り、爆撃して日本へ帰る様にできないか」

これはZ機でも問題になっていたことで、アメリカ本土爆撃を現実的なものとするためには、スピードの速い敵の戦闘機を振りきって大陸を突き抜けることができるほどの速力をもった爆撃機が望ましいわけである。海軍側としては、海上の飛行時はひとまずおくとしても、TB機がアメリカ本土に接近したとき、当然予想されるアメリカ側からの猛攻撃に対する防御態勢が十分かどうかが最大のポイントであるとしていた。もし速度が遅ければ、みすみす討ち死しにいくようなものだからである。

「非常にむずかしいと思います。できないと思います」

菊原は率直に答えた。机上の空論ならば別として、現状の日本の技術からして、実現不可能だと思ったからだった。

「それでは困るじゃないか」

そこで、二人のやり取りは「ちょっと口論のように」なった。

菊原は質問した士官の名を知らなかった。あとで、〝源田サーカス〟の異名をとった戦闘機パイロットの源田実参謀（戦後、防衛庁航空幕僚長、参議院議員）だと教えられた。

それにしても、意気込んで臨んだ菊原らの予想を裏切って、質問は源田のそれ一つだけだった。大特急の短い期間だったとはいえ、眠る間も割いて設計、計算、風洞試験を繰り返した。いろいろな質問を想定して、さまざまな角度からの技術検討もしていた。それにもかかわらず、質問がたったの一つとは……。永野軍令部総長などは終始居眠りをしていた。軍需省側の実現に向けた意欲のまったく感じられない会合だった。

二時間ほどの説明会が終わり、菊原らは、永野、高松宮、参謀ら数名との夕食に招待された。その席で、菊原は海軍側の士官から思わぬことを聞かされた。

「ドイツの戦艦シャルンホルストが英艦隊にレーダーで追跡され、気付かないうちに包囲されて、二回の一斉射撃で撃沈された。シャルンホルストは英艦隊の姿を見ることなく沈んだ。レーダーの出現で海戦の様相は一変するだろう」

戦時下における、軍事技術の急進展は、戦闘方法ばかりか、戦況をも逆転しかねないほどの力を持ちうることを、技術者である菊原は直感的に感じ取っていた。

数日後、陸軍の参謀本部から菊原に電報が届いた。

「軍令部で説明した飛行機のことを参謀本部でもう一度説明してくれ」

菊原は返電した。

「病気、行けぬ」

たとえ軍の要請でも、病気を押してまで出席する熱意は、菊原には湧いてこなかった。その後、この爆撃機TBについては、Z機との比較など、海軍部内で論議が続いた。

陸軍ではキ74、キ74－Ⅱ（立川飛行機）、キ91（川崎航空機）、海軍ではTB機（川西航空機）と、大型爆撃機が同時進行する中、試製富嶽委員会が発足したとはいえ、陸・海軍の調整がつかないまま、軍内部ではZ機計画はいっこうに進行しなかった。

一方、中島飛行機の技術者たちは、『必勝戦策』を踏まえてさらにZ機を煮つめるための技術的な検討作業を行ないつつあった。太田製作所の設計部員から数十人規模の人員が選出され、Z機計画の設計部隊が編成された。そのころの様子を、太田製作所陸軍設計部研究課空力班にいた福富武雄は語っている。

「毎朝、太田工場の正門から出る特定バスに乗って小泉製作所の一室に運ばれました。時間的な余裕などなくて、トイレと食堂には往復とも駆け足でいくほどで、あとの時間はすべて物理計算の仕事に没頭していました」

福富はカンヅメ作業のときもタッチしたが、今度のほうがもっと詳細で、しかもさまざまなケースを想定した計算だった。必要な爆弾を搭載し、ジェット気流も考慮に入れて大気圏コースを飛行していくとき、燃料の消費とともに、あるいは爆弾の投下によって機体がしだいに軽くなることなどをすべて考慮に入れた必要燃料の計算である。

軍需省が進めるTB機との比較、競争などもあってか、性能計算がヤマ場にきたころ、福富たちが遅くまでこもって作業している計画設計室のまわりを、警戒も含め、軍の上司が夜どおし見守っていた。朝から夜遅くまで、ぶっ通しで計算尺を動かし続け、細かい目盛りを見つめる作業は、ことのほか目を酷使した。二日目の夕方、突然、福富は目の前のすべてが乳白色になり、視力がゼロになってしまった。もちろん、作業は不可能となって、親しい友人の海軍設計の茅野義一に手を引かれ、バスに乗せてもらって帰宅した。若かったせいか、翌朝には視力が回復したが、こんなことは、七十数年におよぶ彼の人生の中でも最初で最後の体験だった。

しかし、それとは別に、航空機開発の常識として、機体よりも数年先行させていなければならないエンジンの開発は、軍の決定とは別に、中島飛行機三鷹研究所で試作設計が精力的に進められていた。

第八章

「富嶽」の終戦

五千馬力エンジンへの挑戦

Z機用エンジン——ハ54

飛行機を新たに試作する場合、一般にエンジンはすでに実績のあるものを使うのが常識である。ところが、「彩雲」や「銀河」の開発では、完成したばかりの「誉」を搭載した。「誉」があまりに画期的な高性能エンジンであったため、その魅力に抗しされず、常道を踏まなかったのである。

こうしたことは、戦時中の非常時だったからできた、きわめて大きなリスクを背負った賭であったといえよう。万全の態勢はとったつもりだったが、案の定、背伸びした設計、燃料の低質化、未熟練作業者の導入などの影響もあって、機体、エンジン両方に問題が発生し、実戦配備にはかなりの時間を要した。

Z機の場合、機体、エンジンともに新設計であるから、少なくともエンジンの開発は先行させておかなければならない。機体に比べ、エンジンの開発により時間がかかるのは、これまた常識である。もし仮に軍がZ機の開発を決定した段階で、機体と同時にスタートしたのでは、エンジンはまにあわないだろう。

中島飛行機の新しい三鷹研究所の二階に、Z機用エンジン設計のため、武蔵野製作所、荻窪製作所から五十人ほどの設計技師が集められた。設計部の組織は、エンジン全体をまとめる発動機係が田中清史設計主任を含めて十名ほど、第一課の主機関係はクランクケース、クランクシャフト、減速装置などを、第二課はシリンダー、燃焼関係を、第三課は過給器、補機関係を担当する。それとは別に、補機部があった。

エンジン設計部の最盛期には、合計二百人近い陣容だった。設計部のほかに、新山春雄、戸田康明、水谷総太郎らが所属する研究部があった。戦闘機用などの通常のエンジン設計よりはるかに多い人数だったから、「むずかしいエンジンのわりには設計の進み具合は早かった」と田中は述べている。それに加えて、なんとしても完成を目指すとする中島大社長の意気込みが反映していた。

昭和十八年半ば過ぎごろから、Z機用エンジンの設計は本格化していった。「五千馬力を一馬力たりとも下まわってはならない」とする中島の一喝《いっかつ》で、すでに複列星型十八シリンダーのBH（ハ44）をダブルにして「ハ54」と呼ぶことに決定していた。

ハ54エンジンの設計に関する証言は、主任設計者だった田中や設計課長だった小谷武夫がすでに亡くなっている現在、詳細にたどることはむずかしい。生前に田中が書き残したハ54に関する雑誌記事と、のちに録音された田中本人のハ54に関するテープ、その周辺で協力した技師たちの証言から明らかにしていくほかない。

ところで、昭和十九年（一九四四）四月に開かれた陸海軍合同検討会で、Z機に関する打ち合わせがもたれたことがある。幸いなことに、そのときの説明用資料として提出された『ハ54計画要領書』が存在する。この資料は中島飛行機のOBで作られている「武荻会」が保存しており、これまで「門外不出」とされてきた。

タイプ印刷で九十七ページにおよぶ詳細な内容には、ハ54の空冷乱列星型三十六シリンダー（十八シリンダー二台）の形式に決定した技術的経緯や論拠、設計の基本的考え方のほか、技術的な問題点も率直に披瀝《ひれき》されている。基本計算および各部分の設計計算から、各部の図面、構造解析、性能曲線、各種模型の外観写真などがふんだんに盛り込まれた、実に貴重な資料である。

研究部にいて、田中から逐次性能解析や実験を依頼され、もっとも問題であった冷却についても研究、実験を担当した戸田は、「この計画要領書が、エンジン全体を表わす最終的な内容です。この中に、ハ54の基本的なことはすべてが網羅《もうら》されています」といっている。

ハ54の全貌を今日に伝える唯一の資料である『ハ54計画要領書』は、田中によって書かれた。この計画要領書に沿って試作は進行していたのであるが、戸田は次のような問題点も指摘した。

「ただし、排気タービンについては不安定なところがあって、まだ技術的に詰めなければならないので、この要領書からは抜いたのです」

要領書に記載された第一段過給機（過給器）、第二段過給機の両方の部分では、戸田の証言を裏づけるように、いずれにも「今の処《ところ》は差当り排気タービン過給機か機械駆動過給機が予想せらるるが此等は最高速や巡航燃費の問題と密接なる関係を持って来るから良く考へて置く必要がある」といった漠然とした表現にとどまっている。

とにかく一万メートル以上の成層圏飛行を狙っているため排気タービン過給器は不可欠だが、アメリカに比べ、日本は技術的に後れをとっていたため、キ74の場合と同様に、ハ54でも高性能な装置が実現できるかどうかは、正直なところ危ぶまれていた。

焼却されなかった資料

ところで、Z機に関する資料のほとんどが処分されてしまった現在、この『ハ54計画要領書』一冊だけがかろうじて残ったのは、戸田によれば、次のような経緯があったという。

同じ北大出身で、一年先輩の田中に熱心に勧められて中島飛行機に入った戸田は、先輩・後輩の間柄で、田中と親しく交際していた。

「日本が負けて、GHQが中島にもやってくるという。米国本土を爆撃する飛行機の開発をやっていたなんて知られると、どう見てもまずい。だから誰もがハ54の資料は真っ先に焼いてしまったでしょう。でも、私はとっておいたのです」

敗戦によって、中島飛行機荻窪製作所の残務整理を、戸田は担当することになった。中島飛行機の寮生が荻窪製作所の周辺の住宅のガラスを割ったとかで賠償したり、工場や寮の整理をしたりしていたところ、しばらくして、「GHQが荻窪の研究部にもやってくる」との連絡が入った。戸田は自分の研究データを焼いてはおらず、田中から配布された『ハ54計画要領書』も含め、新山や自分の研究資料、データなどは裏返しにして机の引き出しの中に入れていた。

GHQがやってきて、「飛行機関係の資料はあるか」と訊かれたので、戸田は平然とした口調で「ノー」と答えた。するとGHQはなんの疑いもせず、研究室にあった顕微鏡などの研究器材を押収しただけで帰っていった。しかも、戸田はその研究器材もしっかりと取り返している。

航空機の開発とは直接関係ない一般的な器材が多かったので、しばらくして戸田はGHQの本部に行って、「押収したものは公共のものなのだから返還してほしい」と強く主張したところ、書類にサインをさせられた。その後、器材は再び研究室に戻ってきたのである。

「きっと、米国本土爆撃機を計画していたなんて、アメリカ人は知らないでしょう。

ＧＨＱも知らないでしょう。われわれもいっさいしゃべらなかった」

そのころ、田中の自宅は武蔵野製作所に近い武蔵境にあった。戸田の実家が焼けたため、夫人とともども田中の家に下宿することになった、戸田は会社の引出しに入れてあった資料、データを下宿に持ち帰り、本棚に並べていた。それに目をとめた田中は、懐かしそうにいった。

「おれの資料は全部焼いちまったよ。これはおれが設計したのだから、おれにくれよ」

戸田は快く田中に渡した。そのかわりに、田中から本多光太郎の名著として名高かった物理の本をもらった。敗戦になり、再出発の意味もあって、物理を基本から勉強しなおそうと考えていたからである。

『ハ54計画要領書』の中身

ともあれ、そんな経緯でからくもこの世にたった一冊だけ残ることになった『ハ54計画要領書』の目次は、次のようになっている。

一、緒言
二、基礎構想並《ならび》に構想図の決定
三、具体的機能構造の検討並に研究方針の確立
四、設計概案図の作成

五、要目表、予想性能曲線
六、試作機進展計画の確立
性能、構造解析に関連する図表などが十二点、機能構造図などを含む折りたたみ図面や部分断面図などが三十三点、模型の外観写真などが十点、各作業ごとの計画スケジュール表、試作日程などもおさめられている。

一読して、通常の計画要領書とは性格が異なっていることがわかる。純技術的な内容であるべきはずが、限られた時間内で設計しなければならない技師の苦しい立場がそこここに見え隠れしているのが特徴である。実際、それが田中の置かれた状況であり、最大の難問でもあった。

まず「緒言」は、次のように語られている。

「抑々《そもそも》空冷多列星型大馬力発動機完成の計画は急撃なる機体大型化の趨勢と共に当社技術団の持つ歴史的必然性に基いて大東亜戦開始の数年前より主要研究の対象として進展せられし居りたるものにして、陸海軍当局よりも夙に研究試製発動機としての御指導を忝うし居りたる処なり。然れ共当時に於ては未だ斯る新型式機の搭載機種すら蒙昧《もうまい》の闇にあり且つは只ならざる戦雲の漂うままに徒に机上研究の域を離脱すること能《あた》わざりき。斯る状勢下に開戦の御詔勅は降下し赫々たる緒戦の戦果と共に戦局は飛躍的進展を遂ぐるに及び遂に超重爆撃機に依る米本土大空襲なる一大戦策が提案せら

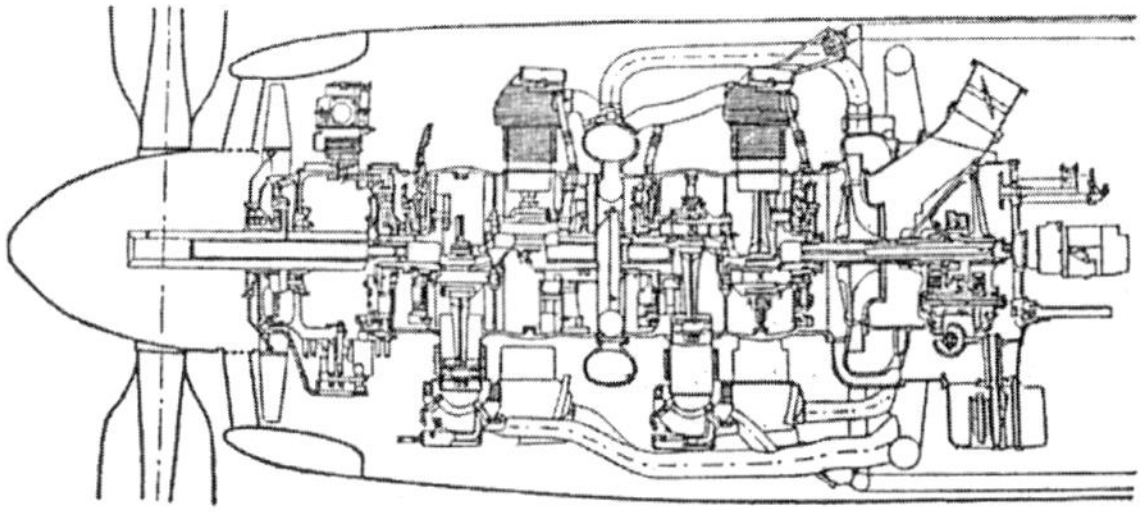

ハ54の図面（『ハ54計画要領書』より）

るるに到れり。本発動機計画の具体的なる進展開始も実に本戦策に基き居るものにして上記戦策提案以来検討を進むること満一か年昭和十九年四月現在に及ぶに遂に計画上の完全なる見通しを確認するに到れるを以て茲に本計画要領書を纏製する次第なり」

　陸海軍の合同検討会の説明資料として提出されたこともあって、軍に対する言葉上の配慮がうかがえるが、同時に、技術者としての率直な表現も含まれている。

　二章の中の「基礎構想」に書かれた「構想方針」では、

「一躍現用最大出力のものの二倍にも増大し居り技術的常道を以てすれば其出力上より見るも当然中間的階程として少くとも三千五百馬力級の一型種存在の必要なるは論を待たざる処なり」

　技術者の誰しもが考えるステップの踏み方である。

「然《しか》れ共《ども》諸般の状勢此を許さざるものとすれば其構想に当りても自ら従来と異りたる処あるは当然のことに

して況《いわん》や其量を重点とする熾烈極まる現戦局の段階に於て其が完成迄に数百台の第一線機を犠牲に供せらるべき本試作機の使命性格を慮《おもんぱか》る時、我々技術団の本機に対する心構えも自ら其の処を明にするのであり茲《ここ》に本機の絶対的玉成に対する断固たる決意を抱く次第なり」

このあと、ハ54に対する設計の基本的考え方を、次の三つに分けて説明している。

a　機能構造上全然新規なる問題を保有する部分

b　既に我々の手に入って居る構造を適当に組合せ新規なるものを構成することより新に新規な問題を生起して来る部分

c　既に手に入って居る古い構造を其儘《そのまま》そっくり流用出来る部分

田中らの基本姿勢は、a＝0とし、bとcを選ぶことによって、「生起を予想せらるる問題に対してのみ限られたる研究者、研究施設を重点的に総動員すると云った行き方が本機に対する基礎構想の要諦と心得らるる」と、きわめて保守的、現実主義的な道を選び、短期完成を最優先にしている。

倍加する故障発生率

次に「要検討事項」として、クランクシャフト、接合棒関係、減速装置、冷却ファン伝導機構、プロペラ変節機構から補機、点火系統にいたるまで十一項目にわたって、まだ技術的に解明されていない内容を一つ一つ列挙、説明しつつ、「唯単に出力が現用機の二倍になっただけでも研究問題は山積してくるのである。此等を与えられたる短期間に於て総てを解決せねばならぬ」と、苦しい胸のうちをのぞかせている。

むろん、現実問題として、ノートラブルですべてがうまくいくとは考えられない。「気筒数の増加も実際問題としては極めて重要なる事柄になるのであって製作、取扱等の作業は倍加すると共に故障発生の確率も殆んど倍加して来る」

一個のシリンダーでも故障を起こすと、エンジンは使えなくなる。元空技廠の永野治は、長年の経験に基づき、エンジンの故障についてこう指摘する。

「ピストンの焼損は、弁主接合棒軸受の焼損と共にエンジン故障の最大の率を占めるものであった。その大半はノッキングによるもので、側圧面の当り不良による擦傷が之を助長した」（『航空技術の全貌』上）

シリンダーは、その内側ピストンがすべり、接触しながら高速で往復運動しており、しかも高温、高圧の燃料ガスにたえずさらされた状態である。

「零戦」が実戦に使われだした当初、さんざん悩まされたのがシリンダー焼損問題だった。改善されてもなお、その後も発生し、どの機種でも宿命的な問題として、技師らを苦しめた。シリンダーの数が増えることは、それだけ故障の確率も高くなることを意味していた。

その上、Z機はエンジンを六基搭載するので、故障の確率はさらに高くなる。だから、たとえ実績豊富なシリンダーを使うとしても、「具体的な設計は相当変って参《まい》るべきであって此等の点も実用機としての完成を考うる場合には極めて緊要なる問題となって来る」。通常のやり方では故障率も高くなるので、「設計上其等部品の安全率を最初から適当に増加する必要があ」った。わかりやすくいえば、量産化されているエンジンと違って、ギリギリの設計ではなく、少し余裕をもたせた設計にすべきだということである。そうなると、当然、エンジンの重量は重くなる。

田中が亡くなったあとで発刊された『中島飛行機エンジン史』のハ54に関する解説の中で、同期入社で研究部にいた水谷が、次のように指摘している。

「ハ54の設計はできるかぎり新規を避け、既知の構造を使用することを堅持したが、既知の組み合わせにより生じる未知の部分の発生はいかんともなし難い。四列三十六シリンダーともなると、当然数多くの問題に直面した」

使い慣れた経験豊富なエンジンBHを使うにしても、二台組み合わせの構造にしたことから発生する未知の問題点はいくつもあった。その中でも最たるものが、当初から指摘されていた冷却の問題である。こればかりは、机上の計算では絶対に出ない。実際のエンジンの形と同じ試験用のサンプルをつくるなどして実験し、発熱温度やその分布状態などを実際に計測する必要がある。

この問題を解決できるのは、戸田をおいてほかにいなかった。田中が担当した十四シリンダーのエンジン「護」や十八シリンダーのBDエンジンの冷却をどうするかでも、戸田は相談に乗り、実験を引き受けていた。もちろんハ54についても、中島知久平から初めて話のあった昭和十七年（一九四二）の終わりごろ、田中は戸田に何度も相談し、のちに実験も依頼していた。田中が初めて相談にきたときのことを振り返りながら、戸田は次のように話す。

「やたら百という数字が田中さんの口から出てきたことを覚えています。主翼のスパンが百メートルある爆撃機に、百人載せて百の機関銃と一トン爆弾を搭載して、無着陸でニューヨークまで飛んで行く。一機作るとちょうど戦闘機の百機分に当たる。エンジンは五千馬力が六発で合計三万馬力なんだ」田中はそうした大社長の構想を説明したあと、

「冷却が一番問題なんだ。忙しいだろうが、なんとか協力してくれ」

「やりましょう。やってみますよ。でも、四列になるとシリンダーがうまく冷えるかなあ」

「やはり、そこが一番問題だと思う」

「この場合は、どちらにしても強制冷却が必要ですよ。冷却ファンを持たないと冷やすのはむずかしいと思いますよ」二人の間で、そんなやり取りがあったという。

田中が設計した「護」で一列から二列にするときも、戸田は、

「とにかく、二列目を一列と同じように冷却しないとだめなんです。二列目にうまく冷却の風を導き入れてやって、冷やしてやる工夫が難しいのです」

と解説するが、それをハ54では四列にしようというのである。問題の本質は同じだが、技術課題ははるかに多く、しかも複雑になってくる。素人が聞くと、たかがそれだけのことでと思われがちだが、均等に冷えてなければシリンダー内の温度が不均一になってトラブルの原因になる。この点について、中川良一も自らの経験から指摘する。

「一列から二列にするのでさえ、冷却でさんざん苦労させられた。それを今度は一気に四列にする。当然問題は飛躍的にむずかしくなる」

中川も当初、自分が推す十三シリンダー二列の合計二十六シリンダーと、小谷武夫の推すBHの十八シリンダー二列のダブル合計三十六シリンダーとの論争のとき、田中と前後して、やはり冷却の問題で戸田に意見を求め、実験を依頼していた。

「エンジン自体はシリンダーの冷却ヒレ、導風板などの実験や、吸・排気管の影響の研究などを繰り返して細心の注意を払ったが、冷却問題は実際には機体側のエンジン装備方式が大きく影響する。それにどの試作機の場合も、エンジン側が被疑者になる傾向があり神経を使う問題であった。ハ54の場合は特に両者の事前研究を重ねる必要

があった」（『中島飛行機エンジン史』）

機体屋とエンジン屋の宿命の対立

「栄」や「誉」の開発過程で、冷却の理論的解析、あるいは実験を通して、エンジンそのものの冷却については大いに改善が図られた。だが、それはあくまでエンジン単体であって、実際に機体の狭いスペースに搭載したときどうなるかはまた別問題である。

飛行速度を高くするためには、機体設計者はできるだけ空気抵抗を減らしたい。プロペラのすぐうしろに配置されるエンジンは、飛行中に正面から高速の風圧を受ける。この当時、空気抵抗を少なくするため、「エンジンのカウリング（通風を伴うカバー）の前部を先細に整形し、フラップで冷却調整するのが一般的となった」（『航空技術の全貌』上）。

機体専門家からすれば、エンジン全体を覆う機体の外板（カバー）の外径はできる限り小さく押さえ、先細にしたくなるのは当然である。しかし、エンジン専門家にしてみれば、冷却効果を高めるためには、できるだけエンジンと外板との隙間を大きくとって、冷たい外気をたくさん取り入れたい。

一つの例を取ってみても、こうした機体屋とエンジン屋の考え方が常に対立するのである。エンジン周囲に装着されるあらゆる装置機器についても同じような問題が起こってくる。水谷は自らの体験も含め、『中島飛行機エンジン史』の中で次のように述べている。

「実際、機体屋とエンジン屋は仲の良いものではない。特に昔の機体技術者のなかにはエンジンを〝飛行機の一部品〟と考えている者もおり、エンジンを軽視する傾向があった。中島だけがこんな具合かと嘆いていたが、他社ではもっとひどくエンジン屋の申し出には一切耳をかさなかった会社もあった」

最前線で格闘してきた水谷が思わず愚痴をこぼしたくなる現実でもあった。

エンジン屋と機体屋のこうした宿命的な対立は、新しく飛行機を開発するときには、いつも演じられる真剣勝負である。しかも、どちらかが安易に妥協して犠牲になると、最終的には飛行機全体のバランスを崩し、性能の低下、故障多発の原因になることがある。どこまでも互いが主張を譲らず、最後のところでなんとか両者が調和できる設計点を見出すことが、飛行機作りの要点である。これは、今日のジェット機の開発にもいえることである。

それでも、飛行機の開発では、全体のコンセプトを作り上げる機体屋がどうしても主導権を握ることになる。研究課に所属し、試作機や改良のための飛行試験を数多く担当してきた水谷は、この両者の対立をエンジン屋の立場から次のように語っている。

「エンジンは飛行機に搭載されるまでには、耐久運転審査という軍で定められた苛酷な公式審査に合格しているのであるから、完全な航空エンジンの資格認定済みで、飛行機に搭載されてからは左うちわで、試験飛行による試作機の不具合は機体関連に集中しそうなものであるが実際はそうではない」

エンジン単体として完成したところで、当時は二百時間の耐久試験が要求されていた。それに合格すれば、完成品として認知されたことになるわけだが、実際に機体に搭載されたあとでも、「試験飛行ごとにエンジンの不調が報告され、対策に大わらわなのが常である」。

たとえば飛行中に振動が起こったりすると、回転運動をしているエンジンが振動の発生源として真っ先に疑われる。そんなとき、

「元凶はエンジンと決め込んで機体屋は知らん顔していることが多い。エンジンの冷却にしても機体のカウリングやカウルフラップに問題があり、根本的に冷却空気量が少なくて、シリンダー温度が上昇する場合もエンジンの冷却ヒレの問題にしてしまう。油圧が下がった、油温が上がったといっては、そらエンジンだという。

機体側は風洞実験を盾にとり、最高速度が出ないといってはエンジンの出力を疑い、上昇時間が計算に合わないのはこれこそ出力が予想線を下回るなによりの証拠とつめよる。飛行機の性能はエンジン任せで、試作機が飛行場に運び込まれたあとはフィー

ルド・エンジニアの腕次第の感があった」

ことあるごとに機体屋にいじめられてきたエンジン屋の苦い思いがにじみ出た言葉であるが、実際、エンジンを機体に搭載したあとで、往々にして予期しなかった問題が発生してくることも事実なのである。

冷却ファン方式

ともあれ、ハ54の冷却問題は、エンジンができる前から、機体に搭載したときを念頭において検討が行なわれていった。永野治は冷却方式の変遷について、次のように語っている。

「(第二次大戦ごろにはフラップで冷却調整するのが一般的になってきたが)更に此の方針を進めてプロペラ軸を延ばし、又冷却ファンを設けることが研究実験せられたが其効果が複雑高価な機構と、重量増加とに引き合うかどうかは疑問であった。しかし終戦当時の大馬力空冷試作機は冷却ファンをつけたものが多かった」(『航空技術の全貌』上)

ハ54も条件のきびしさから最新の方式を採り入れることにして、まずいくつかの実験を行ない、冷却効果を確かめた。スタッガー(列を重ねるとき、位相をずらして、前列のシリンダーの間に後列のシリンダーが顔をのぞかせる配置法)にするか、それとも位相を一致させて重ねた構造が効果的なのか。バッフルプレートやカウリングをどのような構造で、どんな形にすればもっとも効果的か――戸田は電気ヒーターを模型の中に入れて実際に熱風を送り込み、各部の温度がどのくらいになるのかを実験した。あるいは、出力に応じて、どのくらい冷却し、そのための空気量はどのくらい必要かといった実験や計算も行なった。こうしてさまざまな案が出され、検討を重ねた結果、最終的に次の二案が残った。

(1)　通常の強制冷却ファン方式――プロペラのうしろ、つまりエンジンの前側に冷却空気を取り入れるためのファンを装着する。

(2)　吸い出しファン方式――エンジンのうしろ側にファンを装着し、前側から冷却空気を吸い込んでやる方式である。

結局、これまでの判断基準と同様に、複列エンジンで用いている(1)の案が、「既知の型式でありこの方式で可能と判断」したのである。すなわち、強制ファンによって「冷却空気の全体を発動機前方より採入し各列に適当に分配し再び全部の空気を集めて発動機後方より排出する方式」（『ハ54計画要領書』）である。

集合吸入管方式

次は、各シリンダーへの燃料の配分を含む吸気系統の問題である。これには、三十六個もあるシリンダーへの燃料（混合気）の送り込み方法として、次の二つの方式が考えられた。

(1) 分岐吸入管方式――それぞれ一個ずつ独立した吸入管を通して過給器から直接シリンダーへ混合気を送り込む。従来のエンジンはこの方式である。

(2) 集合吸入管方式――過給器から出た混合気を、九本のパイプによっていったん集合吸入管に導入し、そこから改めて各シリンダーに分配する。

「吸入管の機能としては結果に於て各気筒に多量に而も均一なる混合気を分配してやることは勿論だが其配管のために特別なる空間を必要とするが如き構造は感心しない。全長は恐らく相当長くなると思うからバックファイアー時に於ける処置等も考えて置く必要がある」(『ハ54計画要領書』)

この二つの案は小谷が考え出し、提案したものだが、右の要領書の表現では、田中と小谷の考えによって、暗に集合吸入管方式のほうを推奨している。

それまで経験したエンジンのシリンダー数は最高で十八である。ところが、ハ54はその倍の三十六シリンダーのため、もし従来と同じ分岐吸入管方式でやるとなると、エンジンの周囲は吸入管だらけになってしまう。また、実際上も、そんなスペースをとることは不可能である。

昭和十九年四月初め、中島飛行機で陸海軍合同の検討会が開かれた。陸軍側から絵野沢静一陸軍航空研究所長以下二人の技術担当が、海軍側からは永野治技術中佐以下

ハ54エンジンの模型（『ハ54計画要領書』より）

二人の技術担当が出席した。その席に提出された『ハ54計画要領書』には、いま見たように、表面上は二つの方式を併記して、判断をこの検討会の決定にゆだねた形になっている。

議論が進んだところ、軍側から、「中島としてはどちらの方式が適当と判断しているのか」との質問が出た。田中はのちに、「自分の推すほうを積極的に推すわけにいかないので返答に窮したが、なんだかんだ議論しているうちに、結局、集合吸入管のほうがいいだろうということになって決定した」と回想している。

こうして、集合吸入管と呼ばれる環状の混合気だまりを二列と三列目の間に設けることになった。この方式は田中が望んでいた案であり、すでに作成ずみであった。もっとも、この方式にも技術的な問題があって、だから中島飛行機だけで決めかねていたのである。

従来の十八シリンダーでは、一つのシリンダーごとに一つのプランジャー噴射装置があり、一定量の燃料と空気の混合気を均等に噴射することができた。それに対し、いったんすべての混合気を集合吸入管に集めたあとで分配する方式では、均等に噴射するのがむずかしい。この点について、水谷は次のように指摘している。

「十八シリンダー時代になると、燃料の均等分配の問題は深刻になっていった。運転中に十八個のシリンダーのそれぞれの混合比や吸入量を計測する機械はなかったが、想像以上に不均等であったと考えている。それに目をつぶって、ブーストや圧縮比などを高めて高馬力を追求していったのであるから、この辺はかなり大胆であった」(『中島飛行機エンジン史』)

十八シリンダーでもそんなありさまだったのだから、三十六シリンダーでは、問題はさらに複雑になることが予想された。水谷の「大胆であった」という言葉を裏返せば、均等性の実証がないにもかかわらず、ハ54では無謀にもそうせざるをえなかったともいえる。なにしろ計測法がないのだからしかたがない。

戸田も当時を振り返って解説する。

「昭和十七年の終わりごろ、田中さんが考えた案が持ち込まれたとき、『この吸排気管の配置ではバランスがとれない。とてもだめですよ』と指摘したんです。しばらくたって今度は、小谷さんが考え出した集合吸入管法が出されてきた。『これでどうだろうか』と。そこでいろいろなアドバイスをすると同時に、『とにかくモデルを作って、実験して確認してみよう』ということになったわけです」

それも、実験モデルを作るのにいちいち図面を引いて出図し、正式のルートで試作部門に依頼していたのでは時間がかかってしまう。

「エンジンの外周を何本もの吸・排気管が三次元の曲線で複雑に入り組んでいるため、どう配置すればもっとも問題ないか、図面にはとても描けない。だから、口と、簡単なポンチ絵ですぐ側にいる板金屋に説明する。『ここがちょっとおさまらないから少し曲げろとか、もっと小さくしろ』とかいって。すると、またたくまに作ってしまう。そんなすごい板金屋の職人が、昔はいたんです。最近はほとんどいなくなりましたがね。そうした人たちがいたから、臨機応変に小まわりを利かして、あのころは驚くようなスピードで試作品ができたのです」

水谷も問題点を指摘している。

「ハ54の場合は単純に考えても十八シリンダーの二倍の複雑さがあり、性能も極限を追求したものであったので、前記の吸気系統や燃料分配は最も難問で、実物を運転する以外に的確な確認方法はなかった」（前掲書）

また、田中は『ハ54計画要領書』の最後に、次のように記載している。

「要は設計図面に先行して実大模型に依る検討を充分に行うこと。必要なる基礎実験は残らず実施することの二つであり此で図面が作られ部品が出来て来た場合には部品単独若は部分的部品の組立に依り事前に実験し得る箇所に対しては大小洩らさず初号機組立前に確認し置くと云ったことになると考うる」

戦局が切迫している中で、試作品はなんとかがんばって、手直しを繰り返して決められた日までに作ったが、あとで問題がいくつも発生したのでは、ハ54はなんの役にも立たない。

「拙速は許されず、その試作は即完全であることが要求された」。完成したときには、すべての問題が解決していなければならない。だから、これに対処する田中は、それまでの経験から、問題が起こる可能性があると予想されるところは常に先取りし、先行して問題をつぶしつつ試作を進めていく姿勢が要求された。

それに対し田中は、

「然し此は云うべくして仲々大変なことであり特にお手本のある物を作りつけて居た我々技術団としてはどうしても億劫になり勝な問題である」（『ハ54計画要領書』）

なんのかんのいっても、これまで新しいエンジンを設計するときには、手本とすべき欧米の最新エンジンの実物が、あるいは文献が田中の目の前に用意されたり、それとも既存エンジンを原型とするモデルかなんらかの形があった。しかし、五千馬力のエンジンは世界のどこを探してもあろうはずもない。

モデルを作っての必要な要素実験や、実際に完成したエンジンでしか確認できない未知な問題は山とあり、『ハ54計画要領書』にはそれらが一つ一つ説明されてある。このように見てくると、これまで経験したエンジンの開発実例から類推すれば、いわばほとんど不可能な、確率的にはきわめて低い賭を迫られていたといえる。

この頃、若手の技術者たちがハ54の開発に投入されていた。その中の一人、中村良夫は昭和十七年九月に、半年繰り上げで東大航空学科原動機専修を卒業して中島に入社した。すぐに短期現役として教育を受け、陸軍航空技術研究所第二研究部に配属されたが、少しして「富嶽」の開発に加わることになった。

「『富嶽』の開発が本格化してきた頃、私たち陸軍航空技術研究所のメンバーはこの計画に参入させられることになった。エンジン自体の構造強度および性能的にはまあなんとかめどがつけられそうだったが、問題は星型四列三十六シリンダーの冷却だった」と話す中村の担当は「空気ダクトのお化けのようなものを作って、モックアップの三十六シリンダーを均等に冷却する可能性テストのようなものに没頭させられていた。ただし、なかなかめどはつかなかった」(『クルマよ、何処へ行き給うや』)

すでに食料不足は深刻になってきていた。リーダーの田中は親分肌で、設計そのものよりも、近所の農家を駆けまわって部員たちの食糧の確保に奔走していた。

「田中さんが無理して見つけてこられたさつまいもを自分でごしごし洗ってから蒸し、みんなに食わせたりしていたが、エンジンの仕事のほうはなかなか効果は上がらなかった」と中村はその頃の実情を語る。

「日本の航空技術にとっては未経験の領域であった超大型の機体設計が、どの程度まで具体化していたのか、私達が太田（中島の機体部門）も苦戦中らしいぞ、と噂し合って」いたという。

その中村は「私自身としては、もともと富嶽は無駄なものだと考えていたし、未験の五千馬力六発機が苦しい戦局の中から生まれ得るハズはないと思っていたので、小編成に組みかえて、新しく出来た三鷹研究所に移る小編成の富嶽チームからは外してもらって、立川の陸軍航空二研に帰ってきた」（前掲書）と述べている。

たとえ長年航空機設計から遠ざかっているとはいえ、Z機とはそうした成功確率の低い計画であることを、長年の航空機製作の経験から中島知久平は十分承知していたはずである。

「富嶽」計画スタート

錯綜する米本土爆撃機四案

先にも述べたように、昭和十八年（一九四三）秋ごろ、中島飛行機から出たZ機＝「富嶽」、川西航空機と航研が計画したTB機、川崎航空機で進行中のキ91、立川飛行機が進めるキ74（キ74－Ⅱ）と、アメリカ本土爆撃機に関する四種類の計画が同時進行していた。巌谷英一海軍技術中佐は述べている。

「この（軍需省）案が両軍の研究中のものと三つ巴《どもえ》に紛糾して、甲論《こうろん》乙駁《おつばく》の有様だった」（『航空技術の全貌』上）

また「富嶽」計画の陸・海軍合同のまとめ役になった安藤成雄技術大佐でさえも、「資料はこんなにいっぱいあるんだが、いろいろな話が出て、くしゃくしゃになってしまってまとまりがつかない」と、側近にこぼしていたという。

中島飛行機の中で「富嶽」の記録係的な役目を担い、陸・海軍や試製富嶽委員会との連絡係をつとめた中村勝治も、のちに述懐している。

「海軍側の委員の佐波（次郎）少将や安藤大佐から話を聞くのだが、『富嶽』についてはいろんな案が複雑に絡み合っていて、どうなっているのか全体がよく見えてこなかった」

四つの案の中でもっとも規模が大きく、製作困難が予想されたのが「富嶽」であったからでもある。

使用方法と目的、飛行機の規模については陸軍、海軍、軍需省のそれぞれで、少しずつ異なっていた。大きく分けて、海軍は軽装備、高高度飛行を基本とし、陸軍は重装備で高度を下げた飛行を主張していた。逼迫しつつある原材料・資源の関係から、三機種も作れるはずがないにもかかわらず、これまでの両軍の自分勝手な独断専行で互いの構想、思惑が錯綜《さくそう》して計画仕様もまとまらず、いたずらに時が過ぎようとしていた。

陸軍、海軍、軍需省の三つの機関が推す計画仕様の調整がつかないまま、陸海軍航空技術委員会は試製富嶽委員会の委員長を中島知久平に委嘱することを決定した。中島の『富嶽に関する日記』には、次のように記述されている。

「昭和十八・十二・二十四、陸軍航空本部総務部長橋本少将、麴町の私邸に来訪、陸海軍を代表して『富嶽』試作専任委員長として大型爆撃機の研究試作に任ぜられたきことを懇願する旨陳述す。依て熟考の上返答すべきことを約して帰す」

続いて、翌二十五日の記述――。

「陸軍航空本部に至り、陸軍航空本部長、中将及び橋本総務部長に面会し、種々の諸条件を聴取し、且つ諸要求事項を述べたるに皆応諾したるに依り委員長たることを承諾して帰る」

中島にとって自らが構想したZ機を実現するための試製富嶽委員会の委員長就任は願ってもないことだったろう。だが、陸・海軍、軍需省それぞれの意見調整が容易でないことも十分に承知していた。また、陸・海軍、軍需省のいずれにおいても、「Z機計画はあまりにリスクが大きすぎ、実現性に乏しい」との批判が強いこともわかっていた。だからこそ、中島は委員長就任を引き受けるにあたって、「諸要求事項を述べ」、軍側の「応諾」を引き出したのかもしれない。

先述したように、海軍は「富嶽」の実現性に疑問をもち、計画には批判的な意見が強く、陸軍に比べて熱心さに欠けていた。その態度もあからさまだった。しかし、「海軍の佐波少将だけは違っていた」と、陸軍の星野英大尉は述べている。

試製富嶽委員会の中では、星野は安藤のアシスタント的存在であり、かつ委員長・中島知久平の秘書役も兼ねていた。そのため、中島についてまわることも多かった。中島愛用のパッカードに同乗し、Z機のエンジンの設計部隊がこもる三鷹研究所、機体の基本設計を行なっている小泉製作所、太田製作所と航空本部の間を何度も往復した。

そんなとき、中島からしばしば、世界情勢や政治、経済、軍事などの情報、あるいはそれに対する彼の考え方を聞かされた。星野は、軍部の上層部と違って、「大局的な見方をする人、いろいろな勉強をしている人だ」という印象を強く抱いた。

星野は戦地を体験してきているだけに、上司が力説する建前論のような机上での分析や見方には違和感を感じ、賛同できないこともあった。それだけに、中島に共感するところが少なくなかった。

「アメリカと日本とどちらが先に相手の本土を叩くか、競争だ。いまの調子では、日本はそう長くはないだろう。かといって、ほかにどんな方法があるというのか。この爆撃機に賭けてみるしかないじゃないか」

「ほかにどんな方法が……」、この一点が、「富嶽」計画のもっとも基本的な考えであり、出発点であった。

星野は「富嶽」の具体的、技術的な点についてはもっぱら小山悌から意見を聞いていたが、昭和十九年の末ごろ、小山は星野に次のように語った。

「日本はこの戦争に負ける。第一、製鉄能力を比べただけでもはっきりしている。日本が年産三百万トンに対して、米国は一億トンもある」

中島に忠実で、絶対的に信奉する小山の考えは、中島が執筆した『必勝戦策』の考えを受け継ぐものだった。そして、星野はあるとき、中島から「東条大臣が『富嶽』の製作を決心した」と聞かされた。

「富嶽」の仕様

年が明け、戦局はいよいよ緊迫の度を加えて、もはや時間的猶予はなくなっていた。飛行コースの到着地点をドイツ占領下のフランスに設定していたが、ドイツの劣勢はおおうべくもなく、計画そのものの前提が崩れようとしていた。

昭和十九年（一九四四）一月二十六日、海軍航空本部はかねてから検討していた「富嶽」とＴＢ機との比較研究を煮つめるため会議を開催した。防衛庁『戦史叢書・陸軍航空兵器の開発・生産・補給』によると、次のような仕様となっている。

「富嶽」――主翼全幅六十一メートル、主翼面積三百十平方メートル、航続距離一万八千五百キロメートル、爆弾搭載量五トン、戦闘高度一万五千メートル、乗員六名、武装十三ミリ機関砲一門、二十ミリ機関砲三門、最高速度毎時七百キロ（高度一万五千メートル）、全備重量百十六トン、離陸距離千五百メートル、エンジン空冷二列星型十八シリンダー「ハ２１９」改（別名ハ44系）二千三百四十馬力（高度一万五千メートル）。

ＴＢ機――主翼全幅五十二・五メートル、主翼面積二百二十平方メートル、航続距離二万三千七百キロメートル、爆弾搭載量二トン以上、戦闘高度一万二千メートル、乗員六名、武装十三ミリ機関砲四門、最高速度毎時六百キロ（高度一万二千メートル）、全備重量七十四トン、離陸距離千九百メートル、発動機千九百馬力（高度一万二千メートル)。

なお、TB機のエンジン名は明記されていないが、おそらく三菱のハ42(ハ214)かハ43(ハ211)を改造することを想定していたものと推定される。また両機ともエンジン数は明記されていないが、「富嶽」は六発、TB機は四発と見られる。

海軍の方針はすでに前年から決まっていた。その最大の理由は、「五千馬力のエンジンの開発が一年以内には見込みが立たない」との見方が強かったからである。TB機の検討にも見られるように、海軍はエンジンへの負担を軽くしながらも航続距離は確保する狙いから、軽装備とし、さらに、爆弾搭載量についても同様であった。とはいっても、長距離爆撃機の試作そのものを中止するというものではなかった。

この結果、「富嶽」の六発、五千馬力案は後退した。

海軍に続いて、今度は陸軍でも、一月二十九日、航空本部で同様の検討会議が開かれた。

そして、二月一日、今度は参謀本部近くの建物内で陸海軍航空技術委員会が開かれた。陸海軍の両案を詰めることになった。

さらに、

「三月十四日、『富嶽』の研究性能が陸軍関係者に報告された。陸軍はこのころ『富嶽』とは別に米国片道爆撃を企図したキ−74−Ⅱ型を計画中であり、これとの比較研

究が随分行なわれた」（前掲書）

同じく三月中旬に陸・海軍は「富嶽」の合同研究を行なった。当時海軍では、川西航空機の手で遠距離爆撃機の研究が相当進んでいて、（中略）この研究では、海軍は川西のほうが適当であるという考え方のようであった」（前掲書）

最終的に決定された「富嶽」の仕様は、責任者だった安藤が戦後にまとめた『日本陸軍機の計画物語』によると、以下の二種類となっている。

全備重量百二十二トン
主翼面積三百三十平方メートル
翼面荷重三百七十キログラム平方メートル
航続距離
(1)　一万八千二百から二万一千二百キロメートル（五から十トン搭載で）
(2)　一万六千五百から一万九千四百キロメートル（五から十トン搭載で）
最高速度
(1)　時速六百四十キロ（高度一万二千メートル）
(2)　時速七百キロ（高度一万二千メートル）
離陸滑走距離
(1)　千七百メートル

(2) 千二百メートル
実用上昇限度一万五千メートル
爆弾搭載量五トンから二十トン、乗員数六名以下、機関砲二十四基
エンジン
(1) エンジン二千五百（離昇）馬力（中島製ハ219〈BH〉）六発合計一万五千馬力、二千五十馬力（高度七千〜一万五千メートル）
(2) 三千三百（離昇）馬力（三菱製ハ50）六発合計一万九千八百馬力、二千三百七十馬力（高度一万四百メートル）

ここでも、五千馬力エンジンの開発は実現性がないと判断された。結局、「富嶽」の最大の問題は最後までエンジンだった。

最終決定されたこの仕様とは別に、途中段階で検討されたと見られる日付のない「富嶽」案が資料として残存している。「中島飛行機小泉製作所」の名称が入った用紙十一枚からなる手書きの仕様書と、二種類の大判の機体外観図面で、標題は『六発付遠距離爆撃機』となっている。参考までに概要を列挙しておこう。

「1．装備発動機・ダブルBH　第二案、型式・空冷四列星型三六気筒、離昇馬力四七五〇馬力、
2．機体寸度、主翼面積・二四〇平方米（DC－4に艦攻を加えたる程度なり）、翼

幅・五五米（ＤＣ－４に単座戦闘機を加えたる程度なり）、全長・三六米（ＤＣ－４より
も五米長い程度なり）、アスペクト比一二・六」
そのほか、比荷重、重量配分、最高速力、航続力、離陸性能、上昇性能、着陸性能
など各条件ごとに性能データが記されている。そして、最後に「記事一」として、次
のような記述がある。
「１．主車輪は双車輪型式とし、一方の車輪は離陸時自重により落下するものとす。
但し残る車輪にて九〇トン程度まで着陸可能なりとす。
２．プロペラは四翅コントラ型式とす。プロペラ回転は一〇〇〇～二〇〇〇回転数
を望む。
３．成層圏の追い風は考慮せば航続力は本計算値の二～三割の増加あり。
４．本機の高速力と高々度とを以てせば敵戦闘機による損害は頗る小なりと考へら
る」
「記事二」として、
「１．乗員は十二名にして銃配備左の如し。
前方、前上方、前側方×二、後上方、後側方×二、後下方、尾部
２．爆弾は寸度を八〇〇ｋｇのものと同一として爆倉設計をなせり、一種類のみ懸
吊可能。

3. 胴体内タンクは胴体上方の締付け口を開けば出入可能なり。
4. 気密服を使用するものとして気密室を考慮してない。食事、排便の方法は未解決なり。
5. 操縦者の発動機操作は四発B－17と全く同一なり、何故ならば内方二ケを連結し常にまとめて操作し微量調節は機関士にゆだねれば可なり」

また、上記の仕様に基づき、六発の機体全体を描いた大判の透視図（平面図、側面図）には、爆弾倉庫、燃料槽、操縦席、通信・計器類、乗員、各銃座や射手などの位置が記されており、概略寸法と合わせて、どのような全体配備になっているかが一目でわかるようになっている。内容からして、これは比較的初期のころに検討された案と想像される。

試製富嶽委員会の委員長に

中島知久平が最初に計画させた「富嶽」の案は、当時の日本の技術水準でありながら、爆弾を大量に搭載し、なおかつ機関砲により重武装させ、しかも太平洋を横断してアメリカ本土を爆撃して帰還する、その上、アメリカで開発の最終段階を迎えていたB29の倍の翼面積、全備重量は約三倍、航続距離も三倍というとてつもない構想である。基本計画をいくつも手がけてきた陸海軍の担当者らが二の足を踏み、計画規模を縮小してしまったのは当然ともいえよう。

そうしたさまざまないきさつや対立もあったが、ともかくも陸・海軍合同の「富嶽」はスタートを切ることになった。

こうした紆余曲折から、中島知久平が試製富嶽委員会の委員長に任命されたのは、決定から五十日もあとの昭和十九年二月十八日のことであった。中島の『富嶽に関する日記』によると、

「二月十八日付けを以て試製富嶽専任委員長任命の旨、陸軍航空本部長より口達せられ、陸軍航空本部に於て陸軍要員と共に会食懇談す。

午後、海軍航空本部に至り塚原本部長及各部長の参集を求め今後の方針を打合す」

これにより、中島は役目上、軍に所属する形になった。なにごとにつけ、決断と実行力に定評のある中島は、このあと精力的な活動を開始する。彼に残された時間は決して多くはなかった。

「昭和十九・二・二十八、陸海軍集会所に専任委員会を開催、大体方針の打合わせをなす。午後太田中島飛行機会社に至り、社長以下技術員の集合を求め、専任委員と連合会議を開き諸要求事項を明示研討す」

中島は自社の技術員たちを前にして、最終決定にいたるまでの経過を説明した。と同時に、陸海軍の検討結果を踏まえ、「富嶽」の概要説明を行なった。

「二・二十九、前日に引き続き会議を続行、午後六時半散会。第二回専任委員会を中島飛行機会社本社内専任委員室に開会。各官民共力部面の共同研究方針及び日時を決定。

爾後《じご》各重要部品に関する専門研究会を予定日程表により開催す」

かねてから問題とされていたプロペラ、昇降装置を含む車輪、翼のアルミ合金板、エンジンなどについては、プロジェクトチームを作り、各専門メーカーと機体設計者との密接な連携を図り、時間をロスすることなく機敏に進めていくようにした。

その翌月、中島は宮中に呼ばれた。

「三・一〇、高松宮殿下より御召ありて午後七時御殿にて拝。

午後九時二十分迄、富嶽に関する御下問あり詳細言上す。尚政治、戦争、社会問題に付き御下問あり、意見言上す。

有り難き激励の御言葉あり恐懼《きょうく》退出す。

又、富嶽の進行に付き中間言上すべきことを申し上げ、御嘉納ありたり」

アメリカとの早期講和の考えをもっていたとする高松宮は、強硬な戦争続行論者だった東条英機の早期退陣の意向をひそかに抱いていたとされている。高松宮は、潜水艦・伊25によるアメリカ本土爆撃計画の説明を聞きにいった藤田信雄飛行長と海軍軍令部で会している。また、川西航空機のＴＢ機の説明会にも出席している。アメリカ本土爆撃機の製作には並々ならぬ関心を抱いていたらしい。

航空機の将来的な見通しにおいては先見性のある中島だったが、彼の思想は、基本的には皇国史観である。昭和八年（一九三三）に発表した『昭和維新の指導原理と政策』には、「皇室を中心とした宇宙論的な秩序」といった表現も出てくる。そうした中島にとっては、高松宮が「富嶽」を心にとめ、委員長である彼から直接実情を聞くほどの強い関心を抱いていることは、身に余る光栄であり、いっそうの励みとなったに違いない。

補機の重要性

そのころ、安藤は「富嶽」に専念するため、中島飛行機の技術者たちの住いがある足利に居を移していた。中島飛行機ではすでに機体、エンジンともに設計作業が進行していた。ことにエンジンは機体より半年も早く着手していた。議論だけが延々と紛糾する陸・海軍の決定を待っていたのではまにあわないと判断したからでもあったが、それ以上に、陸・海軍合同案がZ機の規模を下まわり、比較的現実的な線を狙っているのに対し、中島はあくまで五千馬力エンジン六発で合計三万馬力の爆撃機案を捨ててはいなかったのである。航空機設計の常識として、あるいは「富嶽」計画の内容からして、エンジン馬力が大きく、ゆとりがあるほうがいいのは明らかである。

エンジンはすでに三鷹研究所にハ54の設計部隊が集結し、小谷武夫、田中清史らが未踏のエンジンに挑んでいた。そんなおり中島は研究部補機部長の新山春雄を呼んだ。エンジン設計の概要が進行した段階で、ようやく補機関係の設計が着手できるようになるからである。

ところで、補機とはエンジンまわりに装備する燃料制御、潤滑装置、空気圧力制御、点火プラグなどの電気系統も含めた装置すべてを指している。水谷総太郎は『中島飛行機エンジン史』の中で、補機の解説とともに、当時のエピソードも紹介している。「飛行機に搭載されたエンジンが所期の性能を発揮するかどうかは、一に〝エンジン艤装〟の良否にかかっているといっても過言でない。ピストンエンジンは良好な混合気を与え、よく冷却し、よく潤滑してやれば調子よく回転するものである」

あまりにも当然のことだが、その当然のことがもっともむずかしく、技術者を悩ませた。それがエンジン、ひいては飛行機全体の足を引っ張り、前線の部隊は最後の最後まで苦しめられるのである。

「エンジンの艤装法を確立するには多くの実験や経験の積重ねが必要であった。また外国の文献もこの種の情報は少なく、体験による勉強が主体になる傾向が強かった」

燃料管制器、燃料ポンプ、気化器、燃料あるいは潤滑油タンク、点火プラグ、各種バルブなど、補機はどれをとっても小物で、その名の通り付属物のように思われがちである。

「機体側もエンジン設計者も〝艤装〟というと、さしみのつまのように考え重要事項というより厄介視する嫌いがあった」

海軍の永野治も、エンジン技術者としてさんざんてこずらされた自らの体験から、次のように話している。

「日本で補機の工業はまったく幼稚な段階だった。だから、飛行機にはいろいろといいのができたが、それについている補機のレベルは問題だらけだった。ただ、新山さんのいた中島飛行機の動力補機は、なにがしかの特徴あるものをやっていた」

理屈や理論だけでは決してうまくいかないこの補機に関する技術では、長年の経験に基づく感覚的判断が重要視される。

こんなエピソードも残っている。設計室で補機に関して議論が闘わされたとき、理詰めで進める設計者が新山部長や上田茂人次長らのことを、こう表現した。

「勘に頼るだけだから、エンジニアではなくてカンジニアだ」

上田も負けずに切り返した。

「君たちの設計は当たるも八卦《はっけ》の占いのような設計だから、設計屋ではなくハッケイ屋だ」

補機をめぐっては、工場では設計者と、試験飛行のときはエンジン屋や機体屋と、部隊ではパイロットと、補機担当者あるいはサービス・エンジニアとの間で、いつも議論が絶えなかった。燃料や空気、潤滑油の量などを、回転数や圧力の変化に応じて微妙に調節する、今日でいうところの自動制御、油圧、エレクトロニクス技術が、当時の技術水準ではもっともむずかしかった。そのため、装置機器の行き届かない部分を補機屋が長年の経験と勘で補うしかなかったのである。

中島は新山に尋ねた。

「ハ54の補機類の開発、エンジン装備などは完成に何日かかるか」

「急いでも半年はかかるかと思いますが」

新山は半年でもできるかどうか自信がなかった。ところが、それを聞いて中島はそれまでになく語気を荒くした。

「とんでもない。その半分の期間で完成せよ」

補機の数は多く、しかも、これまでに経験したことのないエンジンである。補機は実際に装置を製作したらそれで完成したというわけではない。ほとんどの場合、その後の実験を何度も積み重ねて、エンジンを最適な性能状態にもっていくために微妙な改良、調整をしていく必要がある。それを三ヵ月で完成させろというのだ。

新山は、一年ほど前、中島が『必勝戦策』を技師たちに披露したとき、「カンヅメにして集中的に作業をしたほうがいい」と提案した本人である。急を要することは承知の上で答えたつもりだった。だが、中島の命令は絶対である。

日本航空工業はじまって以来の大プロジェクト

昭和十八年八月、「富嶽」の試作を最優先する体制を作るため、中島飛行機陸軍機設計部の大々的な組織変更が実施されることになったが、その数ヵ月以前に、従来からの組織が技師長の小山悌によって変更されていた。必勝防空研究会のときから引き続き、小山が総責任者である。

技師長の下に、「鍾馗」を担当した森重信設計部長、その下に五つの課があった。

第一設計課長の渋谷巌はそのころ、陸軍から試作命令が出ていた対B29用の高高度戦闘機キ87の基本設計を担当していた。高空でも高速飛行が可能な戦闘機の必要性が増しており、ハ44－12（BH）エンジンを搭載し、しかも排気タービンを装備していた。機体関係のほとんどの図面ができ上がり、小山技師長と排気タービンをどこに装着するか検討をしていたときに、「富嶽」の主翼を担当するよう命令を受けたのである。キ87は研究課の青木邦弘課長、一丸哲夫にバトンタッチした。

昭和十九年（一九四四）に入ってまもなく、雪の降った朝、渋谷は第一設計課から主翼担当の五十人ほどをそっくり引き連れて、海軍機を担当している小泉工場に移ることになった。「設計部門の課長、部長から上あたりはほとんど『富嶽』のほうに行ってしまいました」と渋谷がいうほど、中島飛行機は「富嶽」に全力投球していたのである。

空気力学の責任者は「深山」「連山」で大型機の経験をもっとも多く持っていた松村健一部長がつとめた。もちろん内藤子生、加藤博美もこれに加わった。胴体関係の責任者は、海軍の単発三座高速艦上偵察機「彩雲」を設計した福田安雄設計部長、構造は小泉製作所の長島昭次課長、翼は渋谷が、脚は太田稔部長、艤装は西村節朗部長、材料関係は松林敏夫課長、重量推算は百々義当が、それぞれ担当した。機体のまとめ役は、渋谷の二年後輩に当たる加藤芳夫が担当することになった。

この時点では、課長、部長といった役職の上下関係は一応取り払われ、横並びでそれぞれが専門とするところを担当するという組織形態になった。小泉工場の関係者は執務場所が変わらなかったので、それまで担当していた機種も兼任する者が多かった。

製図工も含め、設計関係の総人数はおよそ二百人ほどに達した。この中には三菱、川崎から派遣された技術者も含まれていた。全体の約四割は、陸・海軍から応援として派遣され、技師たちの手足となって働く若手の技術将校たちで占められていた。内藤によれば、「彼らは経験が浅いので、理屈はわかっていても判断能力はゼロ、しかし計算能力は抜群だった」という。

中島飛行機の陸・海軍担当の技術陣を総動員した「富嶽」設計部隊の誕生である。

100式重爆撃機「呑竜」

同じ中島飛行機とはいえ、吉田孝男率いる小泉製作所の海軍設計部と小山悌率いる太田製作所の陸軍機設計部とは、これまで必ずしもしっくりとはいってなかった。ちょうど陸・海軍の確執に似たものがあったのは事実であり、会社全体としての効率性を欠くこともあった。しかし、「富嶽」の設計では、そんな過去の社内事情を越えて一致協力して取り組む必要があった。中島というより、日本の航空工業はじまって以来のビッグ・プロジェクトであった。

軽量化設計の経験

機体における最大の技術的問題は主翼だったが、この設計を担当した渋谷には、爆撃機の設計経験があった。入社してまだ一年もたっていない昭和十三年(一九三八)初め、陸軍から中島飛行機に試作要請のあった「呑竜《どんりゅう》」(一〇〇式重爆撃機キ49)を手がけたのである。それは、陸軍で最初の近代的高速重爆撃機として、日中戦争、太平洋戦争と活躍した九七重爆（キ21）に引き続いて陸軍が発注したもので、戦闘機の護衛を必要としない高速強武装が特徴であった。

日中戦争が本格化したことで、昭和十三年十二月、イタリアからフィアットBR20（イ式）重爆撃機を八十八機輸入した。そのころ、陸軍はまともな爆撃機を保有していなかったからである。ところが、この機の多くが中国の戦闘機に撃墜されてしまった。原因は、尾翼部に機銃をもっておらず、背後に死角ができることにあった。編隊を組んで飛行していたとき、その死角につけた敵戦闘機によって、端から次々に銃撃され、戦列を離脱し、そして撃墜されたのである。この対策の応急措置として、尾部に黒ペンキで塗った丸太棒の偽砲をつけて、改善したと見せかけるという滑稽な対策をしたりした。そのあと改良し、中央後上方の銃座から遠隔操作で尾部銃を発射出来るようにした。

調査不足のままイタリア側の説明を鵜呑《うの》みにして購入を急いだ陸軍の失態であり、爆撃機についての経験の乏しさを露呈させた一幕でもあった。この反省から、陸軍は「呑竜」の機体後部に機関砲を持たせる構造に変更することにした。そのためには、胴体の後部まで射手が移動して、横向きになって射撃できるだけのスペースが必要である。渋谷はそのあたりのことを、次のように述べている。

「それまでの飛行機の水平尾翼は胴体を突き抜けて通し、左右が一体の構造になっていたのです。そうしないと強度的にもたなかった。しかし、『呑竜』では尾翼のところまで人が通れるように空洞にしなければならないから、水平尾翼の左右は別々にして胴体に組みつける、それでもなおかつ強度的に問題ないような設計にしなければならなかったわけです」

この技術課題は、渋谷の入社以前から問題になっていた。しかし、計算がむずかしいこともあり、そのままにして設計をひととおり終えていた。だが、小山課長が決断を下した。

「パイロットの安全を考えたとき、やはり設計は変更すべきだし、計算もしっかりとやらなければならない」

そこで、入社してまだまもない若い渋谷にお鉢がまわってきたのである。

「コンピュータのない時代ですから、大変でしたが、なんとか計算方法を考え出し、設計したんです。会社からご褒美として四百円もらいましたよ」

渋谷が設計した機体の胴体の重量は三百九十キロだった。

「世界中でもあんな軽い胴体を作ったことはないでしょう。尾翼のすぐうしろに配置した二十ミリ機関砲を撃つと、あまりに機体が軽いので、その反動で胴体がしなったほどなんです」

もちろん、強度的には十分もつように設計されていた。その設計が終わった昭和十四年（一九三九）半ばごろ、渋谷は恩師・小野鑑正教授の強い要請で母校の東大に移り、同年秋から翌十五年（一九四〇）五月まで、東大の研究室で過ごした。その間、中島飛行機では、渋谷が設計した胴体の〇・四ミリだった板厚を〇・五ミリに変えてしまっていた。

「先輩たちがこれじゃ不安だからとみんな恐れをなして、〇・一ミリ厚くしたんです。それで結局、胴体の重量は五百キロぐらいになってしまった」

薄板の挫屈理論を得意としていた渋谷の面目躍如、徹底的に計算し、軽量化を極限まで追求した設計思想の賜物であった。

ところで、もともと「呑竜」の設計主務は、松田敏郎が担当する予定だった。しかし、それ以前、三菱と競争試作になったキ19重爆撃機で、三菱に軍配が上がってしまったため、設計を担当していた松田は失注の責任を感じ、ノイローゼ気味で休養していた。そこでやむをえず、小山が主務者となり、西村節朗、木村久寿、糸川英夫、そして新人の渋谷らが担当することになったのである。

型式はⅠからⅢ型まであり、当初はエンジンの出力不足などもあってⅠ型の最大速度は時速四百七十キロだったが、Ⅲ型では五百四十キロ、爆弾搭載量は一トン、全備重量は約十三・五トンとなった。

波板の巌さん

入社早々に爆撃機の軽量化設計を手がけたことが、以後の渋谷の設計に対する考え方を決定づけたともいえる。とはいっても、機体重量が「呑竜」の十倍以上にもなる「富嶽」の設計は、それまでの延長線上でどうにかなるというものではなかった。

「中島飛行機の大型爆撃機といっても、ＤＣ２やＤＣ４を買ってきて改造するというのが実情で、本当の意味で技術的蓄積はなかった。なにしろ『富嶽』は燃料などを搭載してすべての荷重がかかると、主翼が四・五メートルもたわむんです。それに最初は燃料で重いのだが、しだいに燃料が減って重量が軽くなってくると、今度は別のたわみ方をする。飛行状態によって翼がねじれて迎角《むかえかく》も変わってしまう」

離陸時の機体全重量は百六十トンもある。こんな大きな重量を支える主翼の設計は、もちろん渋谷には経験がなかった。というより、世界でも初めてといっていいだろう。たわみについても同様である。大型爆撃機を数種類開発して実戦配備していたイギリスではこうしたダイバージェンスと呼ばれる現象をかなり研究していたが、日本にはまったくといっていいほど研究実績がない。そこで渋谷は、ねじり剛性を高くするため、波板を使うことで対応しようと考えた。

なにしろみんなから「波板の巌さん」とか、「コルゲーテッドシート」「巌コル」の愛称で親しまれた渋谷は、大学の卒業論文のテーマも波板の挫屈理論だったし、彼は中島飛行機初の博士号取得者だったがそのときの学位論文のテーマも同様だった。波板は彼の、いわば専門中の専門だったのである。

薄い板をトタンのように波型に加工し、サンドイッチ構造にすると、重量を増やさずに曲げやねじり強度を高めることができる。際限ない軽量化設計が要求される飛行機では、機体全体に占める主翼の重量が大きいだけに、波板を用いた設計は有効性を発揮した。

材料は、当時、最高の超々ジュラルミン（ＥＳＤ）を採用した。

「太平洋戦争第三年目即ち昭和十八年（一九四三）末頃からはアルミニウムの原鉱たるボーキサイトの入手は次第に困難となり（中略）低品位原鉱を利用するの已《や》むなきに至り、一方アルミニウムの生産増強要求は愈々《いよいよ》熾烈となり、これ等の事情と相関連してアルミニウム地金の品位は急激に低下の傾向を示すに至り、昭和十九年後期（一九四四）に於ては遂に危険状態に陥らんとした」（『航空技術の全貌』下）

と海軍における金属材料の第一人者、川村宏矣も述べているように、全面的な輸入に頼っていたアルミニウムの供給は、しだいに逼迫してきていた。しかし、「富嶽」の試作段階で問題になったのは、それ以上に、ジュラルミンでサイズの大きな板を作れるかどうかだった。なにしろ主翼の面積は三百五十平方メートルもある。小サイズ板の継ぎはぎでは、それだけ継ぎ目部分の補強やリベットなどが必要になり、重量増加につながるし、強度的にも低下する。ところが、小型の飛行機しか作ってこなかった日本では、アルミニウム・メーカーも小規模の設備しかもっていない。その中でもとくに重要なもの、板を成型するときの押し出し加工機である。

専門家による研究会

こうしたことは、なにもアルミニウム材料だけに起こった問題ではなかった。

「各分野の専門家に集まってもらい、担当ごとに『富嶽』の使用条件や技術的な課題、従来とどういう点において違っているかの研究会を開いて、意見やアドバイスを聞いたほうがいい」

中島の指示により、昭和十九年（一九四四）三月末から四月初めにかけて、空力、機体設計、材料、計器、油圧機器などの関係者五十人ほどに小泉工場に集まってもらった。出席者は当時の日本におけるその道の権威ばかりである。

三月三十日、大型機翼型研究会が開かれた。「富嶽」を設計するにあたって、もっとも基本となる翼型について、日本を代表する専門家から広く意見、アドバイスを受けようとする研究会である。陸・海軍、東大航研、各民間航空機企業などを代表する空力の第一人者たちが集められたが、その中に、立川飛行機の長谷川龍雄がいた。彼は昭和十四年（一九三九）に東大航空学科を卒業、空力を専門とし、陸軍の高高度戦闘機キ94の翼型などを設計した実績をもつ立川飛行機を代表する技師である。彼がこの研究会でのやり取りを、十数ページにわたって克明にメモしていた。

「富嶽」の概略仕様の報告のあと、各研究機関や企業が研究あるいは設計、製作した飛行機の翼型で、「富嶽」設計に際して参考になりそうな事例報告を行なった。海軍航空技術廠がアメリカを代表する戦闘機ノース・アメリカン製P51「ムスタング」の翼型について紹介し、続いて、東大航研の深津了蔵、谷一郎のほか、三菱、川崎航空機の出席者もそれぞれ見解を述べた。

立川飛行機の長谷川は、自分の開発したTH翼について発表した記憶があるという。長谷川のメモによれば、軍需省のTB機を設計した川西航空機の菊原は、

「(主翼の)根本断面は max thick (最大厚さ) 三五%どまりが良いであろう。六〇%直線では翼端失速をおこす恐れがあり。もう少し前進せしめて二五〜三〇%直線の方がよかろう」

などと、主翼の形状について発言している。さらに、愛知航空機の小沢技師、中島飛行機側が「GO387」、「NACA315」などの翼型を引き合いに出しながら見解を述べ、さらに陸軍も意見を述べている。

そして最後に、中島飛行機の松村健一が、自分が設計・試作したB29なみの大型機「深山」の飛行データを根拠に、翼型や翼形状、捩《ねじ》れ、失速などの問題点について見

解を述べている。

長谷川メモから想像すると、「富嶽」の主翼は、主に設計を進めつつある松村らがひととおりの設計を行なっているが、細部についてはまだ十分ではなく、この分野を代表する各専門家たちの意見をうかがうといった姿勢である。

翌三十一日には、大型機安定性操縦性研究会が開かれた。冒頭で一般説明が行なわれ、すでに陸海軍の間で合意を見ている「富嶽」に関する性能、仕様が紹介された。安藤成雄大佐が提示した『日本陸軍機の計画物語』の性能仕様と、細かい端数を除いてはほとんどの数字が一致している。

次の「飛行経路に関する操縦性、安定性」の説明の中では、主車輪の直径が約二メートルとなっている。続いて高速性を有し、しかも日本を代表する実用機「零戦」の21型、「彩雲」、さらに大型機あるいは爆撃機（攻撃機）の「連山」、「深山」、一式陸上攻撃機22型、キ49「呑竜」などの静安定、舵の効き具合、横力などに関する数値が一覧表にして書き並べられた。

長谷川のメモには、次のように記されている。

（イ）離昇

「離昇速度・百八十km／h、離陸時の補助翼効きはG5（「深山」）の1／2程度、（中略）タイヤ心配、舵の利きが心配、（中略）離陸直後は補助翼が一番苦しい」、さらに風洞試験、補助翼の効きなどについても、「深山」との比較においてどの程度の値を採用すべきかなどと、既に設計・試作されて試験飛行を終えた機種のデータを判断の目安にしているのが目立つ。こうした内容からして、本説明は、「深山」「連山」の設計を行なった小泉製作所設計部の松村健一が行なったものと想像される。

（ロ）上昇

離陸直後（フラップを下げ）速度九十五〜百ノットで飛び、その後の上昇するに際してのスピードの上げ方などが述べられている。

（ハ）巡航

「気温変化甚だしい、操縦索緩《ゆる》むと怖い。編隊は困難ならん」などの記述と合わせ、細かい技術的な数字があげられている。

（ニ）敵地上空

「爆撃時の旋回は三舵の normal turn」

（ホ）着陸時

「訓練時の六十五トン位が最大翼面荷重の着陸ならん。不時着も六十五トンにしてやりたい。暗夜式の着陸はかえって困難ならん。（中略）補助翼の利きが大切。余り速度をころすと接地時に首輪を地面にぶつける。（中略）タービン付き機の編隊操縦は未だやって居ない。併し編隊の必要あり。敵戦闘機に対しては苦戦ならん」

陸上攻撃機「連山」

この他、専門的な技術的説明、数字が記され、最後に問題点や検討項目があげられている。

たとえば、「安定に関しては舵の流れを摩擦に関連せしめて考えること」「縦安定、昇降舵利き不十分」「方向安定はプロペラによる不安定モーメントをいれて考慮のこと」「操舵を加味した方向動安定の計算（二研、工大）」「釣合を全飛行状態に対して吟味すること」などである。

こうした研究会で述べられている内容から察すると、昭和十九年（一九四四）三月末時点でも、「富嶽」を設計する上での問題点、不確定要素がかなりあったようである。

そして、まず気づくことは、大型機の実績の乏しさを露呈させていることである。未経験の超大型機「富嶽」を設計しようにも、参考として引き合いに出し、比較できる過去の実績データが唯一、失敗作の「深山」そして「連山」のデータくらいしか存在しないのである。それもダグラス社の欠陥DC4をモデルに設計、製作されたものである。

このほか、長谷川の記録には、技術者たちが研究会で披露し、議論した各種性能を示す数字、係数、翼型のポンチ絵などがいくつも描かれている。

脳裏にわずかに残る四十七年前の情景を思い浮べるようにして、長谷川はこの研究会で受けた率直な印象を述べている。

「中島の技術者たちの熱意とは別に、出席した技術者たちの多くはどこか醒《さ》めていた。もっといえば、こんな巨大な爆撃機が本当にできるのかと、最初から疑ってかかるようなところがあって、むしろシラけた雰囲気さえあった。なにしろ、四発機の実績も満足にないのに、六発をつくろうというのだから。当時は二千五百馬力のエンジンを作るのでさえ並大抵ではなかったし、プロペラや車輪、そのほか問題はいくつもあった」

中島飛行機の技術者たちが専門ごとに順番に出ていって、「富嶽」の研究課題などについて説明していった。性能を受け持つ内藤はトップバッターだった。自分より年上の大学の教授や大先輩の技術者たちも出席しており、緊張気味だった。そんな内藤が演壇に立つ前、中島から声をかけられた。

「こういうときに人間は評価されるのだから、時間の経過なんか心配するな。どんな年上の人にも、先生方にも意を尽して懇切丁寧に説明をしなさい」

このとき発表した内容について内藤は次のように述べる。

「私も知久平さんが傍聴してくれるというので、上手に話さなきゃならんと思い、実際的な問題を順々に説明して、大学の先生方がおっしゃるような理想的な翼型になかなかいかないわけを、また、羽（翼）が厚くなると次のような問題が出てくるのですと、実験に即応する資料を示して講義した」

このあと、内藤は傍聴した中島から大変褒められた。でも、内藤は次のように推測していた。「この時の説明がよかったというよりも、本当は、初期の段階で三機種を爆撃機の一機種にまとめたことがお気に入りだったのではないだろうか。それで、私を特進させたのではないだろうか。今でも、知久平さんは思いやりの深い人だなあと思っている」

中島は説明会にいつも出席して熱心に聞き入っていた。

この研究会で主翼材料である超々ジュラルミンの説明を予定していた渋谷は、発表会を前に、やはり中島から薫陶を受けた。

「私も議会で演説するときには原稿を自分で書いて、そのあと五十回は繰り返し読んでみる。自分は飛行機の専門家ではないからどういうことをしゃべればいいのかはわからないが、各界の専門家であるお客さんを招いて話すのだから、五十回くらい読んで原稿を見なくても全部しゃべれるくらい精通してから出るようにしなさい」

渋谷たちから見れば、なにごとにも動じない、いつも自信に満ち溢れているように映った大社長でも、「人の知らないところでは、そうした努力を重ねているんだな」と思い、強い印象を受けた。渋谷はそのときのことをいまだに教訓としているという。

この説明会には、日本製鋼所、東京計器、古河電工、住友金属、日本特殊鋼ほか多数のメーカーの人々も参集した。主翼材料の超々ジュラルミンについては、古河電工日光製銅所で作ってもらうことになった。渋谷は日光まで何度も通い、互いに技術的問題点を煮つめた。その結果、古河側から、「なんとか作れるでしょう」との返事を受け、渋谷は材料ができることを前提に波板構造による主翼の設計を進めた。

「当時、キ87の速度が毎時七百二十キロぐらいを狙ったのに対し、『富嶽』の速度は六百数十くらいですから、そんなに高い要求ではないのです。だから、材料さえできれば、あとはなんとかなったと思うのだが……」

渋谷は、「たとえ飛行機全体ができなくても、なんとか主翼だけでも完成させたい」と思っていたという。

だが、長谷川も述べていたが、「中島飛行機以外のメーカーの『富嶽』に対する取り組みにはそれほど熱意が感じられなかった」と内藤も解説するが、そのひとつの例として次のようなこともあった。

「プロペラの検討もやったが、研究会で、日本楽器と住友金属工業が検討してきた計算結果を聞いたが、両社の値がちょうど倍も違っていた。それで、文句をいった。『どういう計算をやって、そういうふうにいえるのか根拠をいって頂きたい』」でも、内藤を納得させる明快な説明はなかった。

このあと、四月からは、陸軍の第一から第八までの航空技術研究所、海軍航空技術廠、東大航研、中央航空研究所、民間企業では中島飛行機、三菱、川崎、川西などの航空機会社、材料、部品メーカーから出された委員による「試製富嶽委員会」の会合がスタートした。場所は、皇居に面した明治生命ビル六階の大広間二室を会議室とした。中島飛行機からは小山、西村、太田、松村、松田らの技師たちが出席した。

車輪の工夫——四トンの節約

これまた大きな技術課題の一つと見られていた脚・車輪については、太田稔らが取り組んだ。離陸滑走距離は一般の大型輸送機の二倍以上が予想され、しかも、着陸時の速度もやはり二倍近くある。与えられた条件は過酷だったが、中でも離陸のときの全備重量百六十トンをいかにして支えるかが最大の難問だった。

この点について太田は、構造も担当している西村とも相談し、知恵を出し合って検討した。その結果、「離陸のときはバカでかい車輪を二つ横に並べて機体を支え、着陸時には燃料が少なくなり、機体重量が軽くなっているので、車輪一つで大丈夫だろう」との結論に達した。

結局、構造は左右の二脚で、各脚ごとに二個の車輪を横に並べ合わせ、ダブルタイヤとして高荷重に耐えるように設計した。ただし、離陸直後に左右の脚とも内側の車輪を一個ずつ投下するという、TB機と同様の方式を採用した。油圧と空気圧を利用した脚柱のオレオ式緩衝装置によって、車輪が地面を離れるとすぐ自動的にバルブが開き、車輪を落とす仕組みになっている。重量軽減にも役立つ上に、胴体には車輪一個だけを格納すればいいから、ナセル部分の膨らみが小さくなり、空気抵抗も少なくすることができる。計算の結果、着陸時には燃料が少なくなり、機体重量も七十トン以下に減少しているため、車輪が半分でも十分に耐えられることが確認された。それでも巨大な車輪が必要で、タイヤの直径が一・九メートル、幅五十センチ、車輪一個の重量が一トンにもなった。

「車輪を二個落とせば二トン軽くなるわけですが、そのぶん、主翼構造もラクになり燃料節約にもなるので、全体としてみれば四トン節約したのと同じことでした」(『さらば空中戦艦・富嶽』)

「現在のジャンボジェット機のように、小さい車輪をいくつも並べ、離陸したのち、胴体におさめやすくするような発想は、当時は思いつかなかった。だから、バカでかくて重い車輪を設計して、一個切り離す方式を採ったんです」と、西村は説明する。

各部分の設計が少しずつ進展し、およその形が明らかになってくると、そのたびごとに必ず百々義当によるきびしい重量チェックが待ちかまえていた。たとえば、離陸するのに必要な翼面荷重が計算され、翼の大きさがどのくらいになるかがわかってくると、それに応じて、最適強度からそのときの重量が計算できる。各部分ごとに重量推算し、飛行機全体としてのバランスを常に検討しておかなければならない。

「この部分は目標値から何キロ、オーバーしているから、何キロ減らせ」などと、各部位の設計者に指示し、調整をする。設計者もいったん決めた形をそう簡単に変更したくないから、論争が起こる。設計変更された場合も、これまた同様の重量推算を繰り返さねばならない。百々は苦笑しながら語る。

「地味な仕事なんです。重量推算は、だからこんな仕事はやりたがらない。誰でも翼だ、胴体だと成果が一目でわかる派手なところを設計したがります。また論文に全力を傾ける人は、学問的業績としては中途半端で、明確な形にならないこうした仕事はやりたがらない。それに、重量推算や重心位置が適正でなかったため、試作機がまともに飛行できなかったというような苦い経験を、飛行機の設計者たちは必ず一つや二つ持っているからなおさらなんです」

少年のころ、東京に隣接する埼玉県所沢の日本初の飛行場を飛び立つ飛行機に魅了された百々は、昭和七年（一九三二）、桐生高等工業機械科を第一期生として卒業すると、ただちに憧れの中島飛行機に入社し、キ27の固定脚の設計、キ44、「呑竜」の引き込み脚のナセルカバー、キ84の備品の設計などを担当してきた。

百々が入社する以前の高等工業卒業者は、主に大卒技師を補佐して設計計算を担当していた。ところがこのころから図面も引くようになった。百々は当初は脚などの設計を担当し、図面も引いていたが、重量推算の重要性が認識されるようになってから、小山の要請でもっぱらこの仕事を担当するようになった。百々が温厚で忍耐強く、たとえ地味な仕事でも不満を顔にあらわすような性格ではないことを、小山は見抜いていたからかもしれない。「重量推算といえば百々」とまでいわれるようになったが、当時、学会などでも、航空機設計の一専門領域として認知されていたわけではなかった。

余談になるが、戦後、岩手から東京に戻った小山は、一冊の洋書を見つけた。F・R・シャンリーの『Weight-Strength Analysis of Aircraft Structures』(1952)である。昭和四十年(一九六五)、富士重工を定年退職した百々は、群馬短期大学の助教授(のちに教授)として迎え入れられた。そのときの祝いとして、小山はこの洋書を百々に送った。裏表紙には次のような言葉が書き込まれていた。

「本書は私が終戦後、伊勢丹で昭和二十八年頃求めたものであります。その理由は、米国の戦時中、飛行機に関する研究を知るために、購入した書物の中で、貴兄の重量査問関係のものであります。

貴兄に贈呈したいと思っておりましたが、その機会なく過ごしました。（中略）中島飛行機設計の重量班長として外国におとらない御業績を残されたことは、貴兄と私だけが知ることになってしまいました。

この書物を読んで、貴兄も同じ水準で御研究されて居ったことを知り安心と満足を感じました」

戦後は航空機の世界から完全に手を引いた小山だったが、やはり欧米の航空機技術の推移には関心を抱き、戦前の日本と欧米の技術の対照を心にとどめつつ、一人で検証していたのである。

ところで、そのころ中島知久平について何度も小泉製作所、太田製作所、三鷹研究所を往復していた星野英が、軍からの連絡事項を伝えたり、設計の進捗状況を聞いたりした相手は、もっぱら小山だった。

海軍はあまり熱意がなく、陸軍は技術的に疎いため、結局のところ委員長の中島に任せっきりだった。そして、中島が全幅の信頼を寄せていた小山が中心となって、「富嶽」設計のすべてが進行していた。さまざまな案が錯綜したし、会議でも紛糾したが、最終的には全体をもっともよく知る小山に反対する者はいなかった。

ただ、このころ「富嶽」にすべてをかけていた小山について、外から観察していた星野は、「小山さんと若手の技術者の間にはやや溝があったように見受けられた」と当時の中島飛行機の様子を語っている。

実質的には中島飛行機が中心になって進行していたが、それだけでは手が足りないため、三菱、川崎などにも分担が決められ、作業が割り当てられていた。そのための打ち合わせに、星野は三菱、川崎にもおもむいているが、そのときの印象でも、他社との関係もスムーズではなかったようだ。陸・海軍協同試作と銘打ってはいたが、どうしても「中島の計画」との受けとめ方は拭いがたく、ほかの仕事も山のようにあったことから、両社とも「富嶽」に対して熱意に欠けるところがあったのは致し方あるまい。

中島の構想と現実とのギャップ

陸軍はすでに「富嶽」完成後の運用方法の検討に入っていた。その中に、燃料不足が深刻化してきていたことから、大量の燃料を食う「富嶽」をいったんスマトラのパレンバン石油基地付近に飛ばし、そこで燃料補給をしてから再び飛び立たせるという案も出されていた。

そうした検討とは別に、陸軍の用兵と中島との間で、戦法について意見の食い違いが目立つようになっていた。

「富嶽」の出動には、長い航続距離が必要である。だから、航続力のない戦闘機を従えていくことはできず、「富嶽」は単独で太平洋を横断、アメリカ本土爆撃に向かうことになる。その際、中島の構想では、「米本土に近づいてからは相手方のレーダーを避ける意味で、三千から五千メートルを高速で低空飛行し、ニューヨークを爆撃してドイツに飛び去る」というものだった。

それに対し、軍側は、「低空飛行による爆撃は無理だ。危険を回避する意味合いからも、一万メートルの高空から爆撃するべきだ」と主張した。中島は「気密室や過給器などの高高度飛行に伴う技術が日本は遅れているからむずかしい」として、高高度からの爆撃には大反対であった。

一万メートル以上の高高度飛行になると、外気の酸素は薄く、しかもマイナス数十度の低温である。そのため、パイロットや射手などの乗員が搭乗する部分を気密室にして、地上と同程度の室内の圧力、温度を一定に保ってやる与圧装置が必要である。

ところが、西村節朗は説明する。

「それまで、日本にはアメリカのような成層圏飛行する旅客機や高高度爆撃という考え方がなかったから、気密室や与圧の技術は持っていなかったし、当時の技術ではとても考えられなかった」

もちろん、これを完全に実現した飛行機は、中島はもとより日本のどこにも存在しないし、一、二年で実現できる見込はまったくといっていいほどなかった。それだけではない。仮に製作できたとしても、相手戦闘機の機関銃などで穴をあけられたらそれでおしまいである。だから、つくるとしても、外板も含めかなり頑丈な構造にしなければならず、装備する与圧装置なども大がかりになるため、機体全体が重くなることは必至である。そうなると積み込む爆弾の量は少なくなる。そこで考え出されたのが、現在の宇宙服のような気密服を搭乗員が着る案だった。西村は続けていう。

「常に高高度飛行しているわけではない。離陸後だんだんに高度を上げて、アメリカに近づくころになって気密服を着て爆撃し、終わって米大陸を飛び去ると高度を下げ、脱げばよい。そんな案を頭に描き、少々の不便さは我慢してもらうことを考えてました。しかし、気密服をどうやってつくればいいのかとなると、その技術の具体的な中身はなく、まだそこまでは手がつけられていなかった」

アメリカ大陸に近くなってからとはいえ、かなりな長時間気密服を着ることになる。食事や排尿をどうするか、気密服を着ているときの苦痛感には耐えられるのかといった未確認の問題も残されていた。

両者の見解の相違の根底には、結局は大出力の五千馬力エンジンの製作が可能かどうかの判断の違いがあった。もし可能ならば、敵戦闘機を振りきるほどの高速性を発揮し、低空飛行で飛び去ることができる。しかし、日本の技術水準からして五千馬力は無理だとすれば、飛行速度は低くなるため、敵戦闘機の追撃を比較的受けにくい高空を飛行すべきだということになる。

軍側の技術者たちの間では、三鷹研究所で進行中の五千馬力エンジンの開発は無理だろうとの予想が強まっていた。そのため、実務者レベルでは、昭和十九年五月に試作完成予定で進行していた三菱の三千三百馬力エンジン（実際は三千百馬力）空冷二列星型二十二気筒のハ50を搭載する計画も平行して検討されていた。試作エンジンが三台製作され、耐久試験が行なわれつつあった。

五千馬力を諦めることなく

陸・海軍から実現性なしとして見放された格好の五千馬力エンジン・ハ54の技術者たちは、陸海軍航空技術委員会が最終決定したあとも、五千馬力を諦めることなく中島飛行機独自に、「五千馬力を一馬力足りとも下まわってはならない」とする大社長・中島知久平の方針を堅持しつつ、いわばドン・キホーテ的な挑戦を進行させていた。

すでに三鷹研究所に移っていた小谷武夫や田中清史たちの設計は、最後の追い込み段階に入っていた。そのころ、研究部の戸田康明は、なにか問題が発生するたびに三鷹に呼び出された。

「小谷さんを中心にして、それこそ死に物狂いでみんなやっていました」

そう回想する戸田自身も、昭和十七年の終わりごろから協力し、一時中断ののち昭和十八年後半からまた田中の要請で取り組みはじめた。もちろん極秘であった。

「実験はほんの一部の人だけで進めていましたから、他の人たちは全然知らない。実験モデルなどが研究室に転がっていても、なんだかわからない。いつも開けっぴろげでやってましたが、根掘り葉掘り聞く人もいなかった。実験を担当した人たちでも、このエンジンについては知らなかったでしょう」

昭和十九年四月に開かれた陸海軍合同の説明会に提出された「昭和十九年三月一日現在に立脚せるBZ発動機進展計画」のスケジュール表によると、ハ54エンジンの全図面――具体的には「新設計部品の作成、現案を使用する部品の図面上の再検討並に改造」などの完成が五月二十日ごろとなっている。

その後、技術課題を抱える吸排気管あるいは冷却ファンなどの「基礎実験に基く要改造並に不安箇所に対する要準備部品等の設計」を九月末ごろまでに実施する。さらには「機体搭載機に対する要改造部品の設計」が六月二十日ごろからはじめて八月末完了という日程になっている。

すでに四月ごろからは給気系統、過給器の実験、機能強度の実験が行なわれていた。また一番の課題だった冷却問題では、地上と高高度での実験を開始していた。複雑な形状をしたエンジン周辺の吸排気管類の設計に必要となるエンジン全体の模型はすでに完成しており、機体搭載時のマウンティング（装着）実験もはじめられていた。エンジンの分解・組み立てに必要な治工具類も製作されていた。さらには試運転を行なうときの巨大な運転設備が田無の中島航空金属（中島飛行機の関連会社）に隣接した谷戸の運転場に建設されつつあった。

谷戸の運転場は、大正十二年（一九二三）に荻窪のエンジン工場が建てられたすぐあとで建設された。昭和十三年（一九三八）五月に武蔵野工場が建設され、エンジン生産が増加するにつれて、運転場の設備を充実させていた。

武蔵野製作所で部品が生産され、組み立てられた量産エンジンは、トラックで谷戸の運転場に運び込まれ、試運転された。そのあと軍の命令で太田製作所や小泉製作所に、あるいは横須賀や立川に運ばれ、機体に搭載された。中にははるか南方の前線へ直接送られることもあった。

昭和十一年（一九三六）、田無に工場建設のため、最初にたった一人で派遣され電気工事関係担当の田中孝重郎は次のように語っている。

「当時の谷戸は昼なお暗きうっそうとした雑木林の連続で、この中へ軍需工場を建てれば、敵に発見されないだろうということで、田無が建設地に選ばれた」（『中島航空金属株式会社と田無』）

また武蔵野製作所の運転工場長だった関義茂は、戦時中のころを次のように語っている。

「谷戸の運転場の敷地は五万坪もあって、設備は東洋一ですから大変なものです。あとで作った武蔵野製作所の設備と両方一緒に昼夜二交替でやっていましたが、多いときで月千五百台こなすものですから、相当に苦労しました」

武蔵野特有の雑木林がうっそうと茂った、いかにも静寂さを感じさせる風景とは正反対に、何台ものエンジンの運転音が昼夜なくあたり一帯に鳴り響いていた。関は続けていう。

「試運転の目的の第一は、組み立てられたエンジンが問題はないかをチェックすることにあります。もし、いきなりエンジンを回して、軸受けやシリンダーなどが焼きついたりする場合がありますから、まず最初は慣らし慣らし運転するわけです。低い回転数からゆっくりゆっくり回してだんだんなじませていって、そのあと飛行機に搭載したときの状態、たとえば地上状態でのあるいは高空状態での性能を確認するための模擬運転試験などをするわけです。ガソリンをたくさん使って、非常にシビアなテストをし、これなら飛行機に搭載しても大丈夫というところまで確認します。だから一台のエンジンにつき一日七〜八時間運転するんです。その後、また分解して部品を検査し、破損や異常な摩耗がないかどうかを確認して、もう一度組み立てて再度軽い運転をするのです。これでようやく出荷の運びとなります」

運転場関係の人員は武蔵野製作所側の百五十人を合わせて合計六百五十人ほどいた。

しかし、終戦近くにもなると、エンジン出荷が追いつかず、軍の命令で試運転はせずにいきなり出荷する場合もあったという。これでは前線基地でトラブル発生の確率が高くなるのも当然だった。

そして谷戸に、これまでの規模をはるかに上まわる運転設備建設の命令が出された。そのときの苦労を関は話す。

「アメリカ本土を爆撃するための『富嶽』の五千馬力エンジンを千台も作るから、その試験設備が必要だというので一生懸命作ったんです。もうすでに鉄とセメントがなくなってきていたので、ずいぶん苦労して集め、エンジン二台同時に運転できる大きな装置を途中まで作ったんです」

終戦を迎えたときも、この鉄筋コンクリートの巨大な建物はまだ残っており、一時は食糧倉庫に使われたが、米がなんと十万俵もおさまったという。

一方、「富嶽」の大型機体の組み立てを予定して建設されたといわれる三鷹研究所内の組立工場は、小型、中型機を組み立てる太田や小泉の工場と違って、中に柱がなく、両側から鉄骨の梁がアーチ状になって屋根を支えており、天井の高さは通常の建物の三、四階に匹敵する巨大な直方体の建物だった。

こうして、次のようなスケジュールが立てられた。昭和十九年十月一日からエンジン一号機の組み立てを開始し、一ヵ月で完了したあと、ただちに地上運転、性能、耐久試験に入る。続いて十一月に二号機、十二月には三号機を組み立て、翌昭和二十年（一九四五）三月から五月までに四号機から八号機までの合計五台を完成させる。そして、「富嶽」一号機の初飛行は昭和二十年五月に予定された。

一年早い終戦

「『富嶽』はまにあわないからやめろ」

昭和十九年八月半ばのある日、エンジン設計主任の田中清史は関根隆一郎技師長に呼ばれた。

「田中君、残念ながら今日でおしまいだ。『富嶽』はこの戦争にまにあわないからやめろといってきた」

田中はそのときのことを次のように述懐している。

「設計部隊全員の不屈の努力が実り、設計が完了し部品図も出そろった。クランク軸やクランクケースなどの素材もはいり始め、機械加工も一部の荒削りが始まっていた。そのころサイパン島が敵の手に落ち、その後いく日もたたず、突然計画は中止になった。……あれは終戦一年前であった。もうこれで終りだと全員がぼう然となった」（『中島飛行機エンジン史』）

設計者たちにとっては、「五千馬力、五千馬力」がいつも頭の中を支配する、息つくひまも、心休めるひとときもない一年半であった。田中はさらに述べている。

「これができなければ戦いに勝てないと信じ込んでいた私どもとしては、この瞬間に戦争に負けてしまった」

彼らにとっては、終戦が一年早くやってきてしまったのである。

機体関係の設計陣が集結していた小泉工場にも、計画中止が伝えられた。エンジン部門と同様、こちらも担当者たちが毎日夜遅くまで必死になって頑張っていただけに、その落胆ぶりは言葉にいい表わせないほどだった。松村健一らのグループに加わり、主翼設計を担当していた宮坂進は、

「中止を聞いたときは製図板に向かって図面をかいていましたが、思わず鉛筆を投げ出し、腕を組んで呆然としたまま動くことができませんでした。そして、空っぽになった頭の隅で、これでもう飛行機の設計はできなくなるのではないかと思い、悲しかった」（『さらば空中戦艦・富嶽』）

重量推算を担当していた百々もまた、次のように述べている。

「図面もかなり完成し、やり抜くんだという意気込みでまっしぐらに張り切ってやっていた。それだけに一瞬、力が抜け、せっかくここまでやったのにと、もうガックリ

でした……。一部の上の人は中止をうすうす知っていたかもしれませんが、われわれ実働部隊はそういう気配はまったく感じないでやっていました」

しかし、内藤子生はそのときのことを思い起こしながら、次のように語った。

「昭和十九年の四月の初めころはやる気旺盛で全体の空気として勢いがあった。でも、サイパンが落ちる少し前ごろになってくると、だんだんお付き合いで設計している分子が増えてきたから、そういう意味でサイパンが占領されたことをよく覚えている。それに、試作機の関係で士官が入れ替わり立ち替わりやってきていたので、話をしている中で、『富嶽』に対する軍中央の考えがわれわれにもしだいにわかってきた。だから、それほどショックではなかった。さらにいえば、前年、内閣顧問の藤原銀次郎氏などが行政査察にきて、『アルミを回収して節約して資材を使いなさい』というようなことをいっていたし、資材も逼迫してきていたから、中止となってもしようがないと思った」

戦闘機優先論

もともと軍関係には、「富嶽」の計画遂行に否定的な意見が多かった。試作命令を発令し、航空機生産のいっさいを取り仕切る立場にあった、軍需省航空兵器総局長官の遠藤三郎（中将）でさえも、その一人だった。試製富嶽委員会委員長である中島知久平の秘書的な立場にあった星野英は、仕事柄、陸・海軍や軍需省に足を運び、稟議書などの承認印をもらってまわることなどが多かったが、その彼にとって遠藤はかつて中国戦線にいたころの上官で、堅物《かたぶつ》ぞろいの陸軍軍人の中でもさばけた人物として星野も好感を抱いていた。ところが、「富嶽」に関する稟議書を持っていくたびに嫌な顔をされ、「富嶽委員会は大名行列だ。ふん、こんなもの」といった様子がありありと見受けられた。印は押してもらえたものの、星野には苦痛だった。

また、大社長の命令を忠実に遂行し、全力投球していた小山ら中島飛行機の幹部らは、遠藤中将から、

「お前たちは国賊だ。そんなもの（『富嶽』）やっていたら、満州でもどこへでもやってしまうぞ」

と恫喝《どうかつ》された。当時、軍部の意向にたてついた人間が、満州や南方戦線の激戦地へ飛ばされる例がしばしばあったからである。

航空本部の升本清は、当時の部内の実情を次のように述べている。

「中島飛行機製作所で生産される予定であった超重爆〝富嶽〟（六発動機付超大型米本土空襲機）も中止されてしまったが、その頃この戦爆の論争で航空本部内で強硬な主張を曲げなかった爆撃屋は、左遷されたという噂まで出た」（『燃える成層圏――陸軍航空の物語』）

陸軍大臣でもあった東条首相が決めた試製富嶽委員会ではあったが、航空機生産の行政的実権を握っている遠藤は、次のような趣旨の命令を発したという。

「いま戦地で飛行機を一機でも多くよこせと血の叫びをあげている時だ。だから、いつ完成するかわからない飛行機を造るために多くの技師が時間をつぶしていては困る。それよりも現用機を一機でも多く増産するために働け」（『巨人中島知久平』）

ちょうどそのころ、遠藤の談話をまとめた『飛行機増産の道ここにあり』が発行された。飛行機増産を広く国民に呼びかけた百ページ余の宣伝パンフレットだが、その冒頭には「前線からの叫び」と題して、次のように書かれている。

「マキン、タラワの戦友は玉砕しラバウルは毎日熾烈な空襲をうけている、マーシャルは敵の土足を以て蹂躙《じゆうりん》せられた。

勇士たちが敵機の跳梁《ちようりよう》する下で、地に潜んで切歯《せつし》扼腕《やくわん》して叫ぶのは『早く飛行機を送って呉れたなら』の一言である。日本の地に生活する者一人残らず戦に加わろう！飛行機増産の戦列に加わろう。（中略）一機でも多く飛行機を前線へ送れ、しかも前線では直ぐに欲しがっているのだ。（中略）国民の熱意には絶対に信頼している。然し現実に飛行機の数を数倍加せねばならぬ。

娘よ、思い切って戦いの職場に挺身して欲しい！

主婦よ、節電節ガス、空地利用に今一段の工夫をして欲しい！」

さらには、菊池寛の『航空対談』（昭和十九年三月刊）所収の「陸鷲の実践と育成」の中で、菊池寛の「これからはやはり戦闘機のほうが主体になりますか」との質問に、遠藤は次のように答えている。

「そうならなきゃいかんと思いますね。殊に日本としてはその方が賢明じゃないでしょうか。と申しますのは、敵側はなるほど爆撃機も随分有効に使えます。日本の心臓部はみな攻撃し易《やす》い所にあります。ところが向うの心臓部はどうかといえば、どうも今日本からすぐ飛び出して、ロンドンまで行けるわけはなし、ご承知の通り欧州大戦が勃発当時、あれ程準備しておったドイツの航空部隊が、ドーバー海峡を隔てゝ目と鼻の先にあるロンドンを盛んに爆撃してもイギリスは一向に手をあげない。況《いわん》やワシントンあたりの爆撃となると、油（ガソリン）の関係、飛行機の性能の関係から、そうたくさん行けない。行ってもバラ〳〵でしょう。そんなのが行って爆弾をばらまいてみたって、戦さの勝敗を決定する所以《ゆえん》じゃなかろうと思う。日本としては、爆撃機なんていうものは非常に損だと思う。どうせ製造能力、資材には限度があるんですから、同じ作業能力をもって、小さな戦闘機をたくさん造った方がいゝ。（中略）

今の戦闘機は非常に遠くまで行ける。爆撃機の行ける所は大抵行ける。そうなると、戦闘機というのは飛び出した時から攻撃力がある。敵が来ればどこででも任務が達成出来る。爆撃機はそうはいかん。目標まで行かなければ任務は達成出来ん。目標に達するまでに、天候その他で非常に苦心します。落すまでに非常に苦心しますが、落とす瞬間攻撃力があるだけです。

要するに制空権を獲得すれば、後は、例えば日露戦争の時は飛行機がなくてもロシアと戦って勝ちました。日本の海軍は、敵も飛行機なし、こっちも飛行機なしなら、恐らく勝つだろうから、天下無敵だと思います。先ず敵の航空を封じてしまうのが先決問題じゃなかろうか。そうなると爆撃機でやるよりは、戦闘機でやった方が有利じゃなかろうか。

殊に近来航空の諸施設が非常に掩護されて、飛行場に於ても、格納庫を地下に持って行くとか、蛸《たこ》の足のようにたくさんの道を作って林の中などに分散して置く。そうなると、これを爆撃機でやっつけるのは大変です。（中略）

そういうわけで制空権を獲得するのには、なんといっても戦闘機主体でなくちゃいかんです。（中略）陸軍に関する限りは戦闘機を主体にする。海軍は軍艦を沈めるために相当大きな飛行機が必要でしょう。しかし、これとても敵の戦闘機が非常にたくさんおれば裸では行けませんから、やはり戦闘機を持っていかなければならん。海軍に於ても戦闘機は非常に大切です。陸軍に於ては殊に大切。こう思っています。（中略）制空なくして国防なし、でしょうね」

戦闘機優先を主張する遠藤中将が論拠にした考え方について、当時、陸軍航空本部員だった升本清は、戦後、自著『燃える成層圏――陸軍航空の物語』の中で次のように回想している。

「日本爆撃機の劣勢は、航空工業力の立ち遅れている国が、航空兵力の優勢な国に対し勝利を占めるには、爆撃機の生産を犠牲にして戦闘機隊を拡充し、敵機を空中において乗員もろとも撃墜するのが最も効果的である、という根本思想にもとづいていたように思われる。

この『戦主爆従』論者の意見はミュンヘン会談当時（一九三八年）ドイツのルフトバッフェ（ドイツ空軍のこと）に比し、著しく立ち遅れていた英国空軍が、先ず防空戦闘隊の強化に力を注いだ結果、ドイツ空軍の英国爆撃を阻止し得たとなす論旨に裏づけられ、参謀本部でも航空本部でも爆撃機論者は力を失ってしまった」

だが、裏返せば、爆撃機の開発計画を遅らせてまで戦闘機を優先させたヒトラーの軍事政策の読み誤りが、英国爆撃を貫徹できなかった要因であったといい換えることもできる。

「……製作延期に関する意見」

遠藤三郎は参謀本部課長を経て、現地飛行部隊長、航空士官学校校長、陸軍航空本部総務部長などを歴任した、実戦経験をもつ戦闘機優先論者である。この対談でも、彼はもっぱら戦闘機を前面に掲げて戦法を展開している。あたかも中島の「富嶽」構想をとくに意識してしゃべっているかのような内容であるが、次に紹介する資料では、遠藤ははっきりと「富嶽」を槍玉にあげている。

防衛庁戦史室に『富岳其の他超遠距離爆撃機の製作延期に関する意見』と題する遠藤名の手書きの「極秘」文書が保管されており、昭和十九年三月二十六日の日付となっているが、ことの推移から判断して、実際に発令したのは数ヵ月後だったと思われる。

「対米戦捷の道は東亜の現疆域《きょういき》を確保し来攻する敵を撃滅して生還を許さざると共に国力殊に戦力を培養増強し以て彼れをして戦捷に対する希望を喪失《かっ》せしむるに在り之れか為め航空戦力就中戦闘機雷撃機並に偵察哨戒機の急速且画期的増強こそ戦局の現段階に於ける絶対無二の要件にして万一之れに欠くる処あらんか他の如何なる施策も画餅《がべい》に帰すへきこと極めて明かなり

翻《ひるがえ》って現下に於ける航空機の生産能力は前項の要求を満たすに足らす日夜全力を傾倒して其庶幾《ちか》からんことを努めつつある状況に在り」

まず日本軍を取り巻く状況を述べ、ここでもやはり激戦地に最優先して既存飛行機をできる限り多く送り出すことを強調している。続いて、こうした状況下での飛行機施策はどうあるべきかを提示している。

「然るに今富岳に就て見るに中島会社の研究に依れば之れか百機生産に要する『アルミ』量は四万屯（十九年度全配当量の五分の一強）にして月産三十機を得んとせは工員四万、機械二千八百台建坪六万坪の工場を要し而も更に機械工数七〇％鈑金工数三五％は之れを本工場外に依存せさるへからす之れ等は直ちに他飛行機の生産を減少するの結果を招来するものとす

右の如き犠牲を忍ひて製作せる飛行機を以て米本土を爆撃し得たりとするも地上目標に対する爆撃効果の如き戦捷《せんしょう》に大なる期待を懸け得さるは過去の戦例殊に欧州戦場の実相之れを明示して余す所なく而も我は敵戦闘機に捕捉せらるる公算極めて大にして我か志気を阻喪せしむるのみならす敵米国の戦意昂揚しある時期に於ける此の種攻撃の如き却《かえ》って敵の戦意を煽動するの逆効果さえなしとせす斯くの如き爆撃は敵の戦意喪失せんとする時期に於て始めて期待し得へきものにして未た其の時期にあらす、幼稚なる攻防の利害論に眩惑《げんわく》して目下各大飛行機会社の流行となりつつある此の種飛行機の研究製作に力を割き為めに現下焦眉《しょうび》の急にある飛行機の生産に累を及ほすか如きは厳に戒むるを要するものと信す」

日ごろから戦闘機を基本戦略に据えた戦略を唱えていた遠藤だけに、既存戦闘機を一機でも多く生産することが最優先されるべきだとし、逆に原材料を大量に消費する「富嶽」の製作は延期すべきであると主張しているわけである。

遠藤の考え方では、「富嶽」、TB機、キ91、キ74などの遠距離爆撃機によるアメリカ本土爆撃は幼稚な戦法であり、現実を見据え、状況に応じて対応する戦法ではない、一発逆転の賭けを狙うアメリカ本土爆撃は、かえってアメリカの戦意を扇動する結果を招き、逆効果であるとしている。

ただ、遠藤が発した文書は、事実上、「富嶽」などの製作中止命令であるにもかかわらず、あえて「延期」という言葉を使い、その表題にも「意見」と書かれている。しかも、軍需省航空兵器総局が発行する他の正式文書のようなタイプ印刷ではなく、手書きの私的な文書風な趣になっている。一度、軍中枢で試作を決定し、すでに数百人を超える技師たちが実際に作業を進めている現状と、最高指揮官である東条も賛成した「富嶽」に対して、真正面から反対を打ち出すことを避けたのだろう。

最大の原因はアルミ不足

以上の文書のあとに添付される形で、「超距離爆撃機の生産が十九年度既定計画飛行機生産に及ぼす影響」と題するタイプ印刷の調査分析した検討書がある。川西航空機のTB機を例とし、この文書が航空兵器総局の部員によって先に作成され、遠藤中将に提出されたのち、遠藤によって先の前文が書かれ、結論が出されたものと推測できる。

「一、資材
　T・B一機製作に要するアルミニウム所要量
　　機体一機当たり……………………二〇・二瓲《トン》（歩留まり既定五〇％）
　　発動機プロペラ……………………五・〇瓲
　　　　計………………………………二五・二瓲
　T・B一千機生産に要するアルミニウム生産所要量は二万五千二百瓲なるも其内一万瓲（概算）は屑として回収活用せらるべきものなり
　此の所要アルミニウム量は現在生産飛行機平均所要資材六千機分に該当す、而して本計画実施に当り資材の点より見て昭和十九年度の飛行機生産既定計画に及ぼす影響は昭和十九年十月末迄に生産せらるるアルミニウムをT・B機製作の為幾何消費すべきやの問題なる処右消費量は五〇六瓲に過ぎず之を既定計画飛行機の機数に換算し約百三十機なり」
　次の「二、生産設備」の項では、
「十月には藤原行政査察使の検討の結果適当なる行政措置に依り原材料の供給力を一応考慮外とし生産能力に関する限りに於ては三倍又は四倍即ち年産六万三千機の生産可能なりとの結論に達せり然れども主として原材料（アルミニウム）の供給力より制約せられて十九年度生産可能機数は五万機と判定せらるるに至れり

故に其の後約半か年建設の進捗したる現状に在りては生産設備は五万機の生産に対し相当余裕を有すべき理なり
尚現在航空機関係以外の生産に従事せる中小工場に対し計画的総合運用を拡大実施すると共に未完成工場等の転活用を併行実施せば更に一層超距離爆撃機生産の為の余力を増大せしむること可能と認む」
この結論では、生産設備の面で見る限りは余裕があり、ＴＢ機、「富嶽」などの大型爆撃機の試作・生産は可能であると分析している。さらに続いて次の項では、
「三、技術者、労務者の動員
所要人員
技術者…………三千人
労務者…………十三万人
技術者の動員は現在大学、研究所等に在職の技術者を動員し之れに加うるに入営、応召中の技術者を解除参加せしむることに依り其の主体を編成し之に既設飛行機工場の技術者の少数を指導者として参加せしむる事に依り所要の態勢を整うること可能なり。川西社のみにても大学専門学校以上の卒業者の内入営、応召中の者二八九名あり之れに中等工業学校卒業者を加えれば更に多数なり
故に各社を通じ入営応召中の技術者を解除することとせば其の数は莫大に上るべく、

所要技術者の充足は容易なるべし
次に労務者に就ては所要員数一三〇、〇〇〇人中五〇%内外は婦人労務にて差支えなきを以て学生動員可能概数男九〇万人女六〇万人中より之を取得すること容易なりと認む」

以上の結果からでもわかるように、軍需省の調査分析では「富嶽」などの試作・生産は可能とされている。ところが、遠藤が下した決定は中止であった。この食い違いについては、いくつかの理由が考えられよう。最大の理由はアルミニウムの不足である。

たとえ設備や技術者は確保できても、航空機に不可欠なアルミニウムの供給量が制約されることである。大型爆撃機の製作にアルミニウムを使えなければ、重量が過大になって、設計そのものが成り立たない。もちろん、このころ命令が出されつつあったアルミニウム不足の対策として、鋼板や木材製の飛行機は論外である。このように、日本の航空機生産のおかれた現状は実にきびしいものがあった。

こうした「富嶽」中止を求める要求がしだいに強まってきたころ、中島も反論のための根拠を示そうと、B４判六ページからなる「富嶽製産計画意見書」と、「Z戦策遂行に必要なるアルミ量」と題する七項目から成る表を作成している。

「一、富嶽多量製産決行の根本義

（一）現用飛行機製産阻害論は無意義、（二）戦勢の推移と勝敗に対する達観（中略）
四、現用飛行機製産に及ぼす影響
五、富獄と中級飛行機（下記）と戦力、製産効率比較
（一）N四〇（「連山」）との比較表、（二）Y二〇（「銀河」）、（三）呑竜、一式陸攻との比較表（後略）」

このころ中島飛行機で生産している海軍の陸上爆撃機「銀河」の爆弾搭載能力は「富嶽」の五十分の一である。同じ爆撃能力を得ようとすると、「銀河」は「富嶽」の五十倍の機数を生産する必要がある。そのときの両者のアルミ材料の必要量を比較すると、「銀河」は「富嶽」の六・九倍になる。それだけでは、工場設備、作業員数、飛行場数はもちろん、飛行機の乗員数は二十五倍、整備員数は十六・七倍、燃料は十倍にもなる。だから、「富嶽」のほうがはるかにアルミ材料、燃料の節約になるではないか――中島側はそう主張したかったのである。

「意見書」の作成年月日は記入されていないが、「富嶽製産計画」の表が含まれていて、その中に生産準備、生産着手の時期、それ以降の月別の生産数量が記載されている。ただし方針決定が昭和十九年六月になされた場合の計画となっており、すでにスタートが急がれている時期であったことを考えると、この意見書は反対意見が強くなってきた五月ごろに作成され、軍需省などへの説得に使われたのではないかと推測できる。

整理される研究試作の一つに

昭和十八年（一九四三）九月、米軍の攻勢に早急に対応するため、御前会議において航空機の大増産が決定された。

「南東太平洋方面における攻防戦の推移は、海洋作戦の様相を端的に示唆《しさ》するものであった。今や制海権の性格は完全に変化した。大艦巨砲主義を中心とする主力艦隊の対戦による制海権争奪の時代は完全に去った。基地航空と機動部隊との巧みな運用による制空権の獲得、維持、推進下に行う水陸両様作戦こそ海洋作戦の真の姿である。

（中略）

之が為昭和十九年度に於ける陸海軍所要機数は五万五千機なり。而して右所要数の必成を期する為には、国家総力を挙げて今後格段の努力を必要とすべし」（『大東亜戦争全史』４）

明治以来、日本が一貫してとり続けてきた大艦巨砲主義から航空重視への一大政策転換である。これを実行に移すために創設された軍需省も、具体化への作業を開始していた。昭和十八年十一月に発足した軍需省が、十二月二十九日付けで発表した航空兵器総局長官（遠藤中将）名の「昭和十九年度飛行機生産計画大綱」では、陸・海軍の合計は「生産目標五万機」とし、さらに、昭和十九年一月十五日付けで発行した文書「業務移管に際し関係会社に対する要望」の前文の冒頭では、次のように述べている。

「陸海両航空本部の管掌せる航空機及其関連兵器器材の生産調達等に関する事務は本一月十五日を以て軍需省航空兵器総局之を継承せり」と業務移管の形式的な通達がなされたあと、「今や戦局は是に重大にして航空機の画期的大増産を要求する極めて切にして而も愈々急なり　本職乏しと雖《いえど》も渾身《こんしん》の努力を致し関係各位の健闘に信頼し任務の完遂を期す　前途の難障固《もと》より予期する所なり然れども断じて行えば鬼神も避け旺盛なる責任観念の存する所先見創意必ず生ず　道は近きに在り　達せざれば已まざるの気魄《きはく》実行即ち之なり。（中略）今後の生産に関し企図する所の若干を開示して運営の参考に資せんとす」

　具体的にあげられた方策はいくつかあるが、たとえば、「一、生産目標に就て」では、「十九年度の生産目標は十八年度実績の約二倍半と決定せらる。之が必達に関し格段の努力を望む」としているし、「二、資材に就て」では、先のアルミニウムの不足による節約を説くとともに、「広範なる木材の利用を企図しあり格段の工夫を望む」としている。既存飛行機の素材を木材にしなければならないほど逼迫した状況では、大量にアルミニウムを消費する「富嶽」などの生産は、むずかしいといわざるをえないだろう。

　また昭和十九年二月二十三日に航空兵器総局から発行された「航空兵器緊急増産非

常措置要綱」では、その「方針」を「緊迫せる戦局に即応し作戦上重要機種に付即《つき》時緊急増産を図る。之が為特に期限を付し航空兵器増産を中核とする国家諸施策の非常措置を大胆果敢に実行す」として非常事態を告げ、続く「行政の刷新強化」の中では、陸・海軍の二本立てとなっていた機構の簡素化を図るための組織変更の通達が盛り込まれている。

第五項の「技術動員」では、「研究試作を重点的に整理し且つ之か生産移行の促進を図る」という趣旨の命令を発している。先の手書き文書と同様、ここでも遠藤は「富嶽」の正式な中止命令は出さず、軍需省が指定する軍需会社から試製富嶽委員会のある中島飛行機に派遣されていた技師たちに対し、「自分の会社の職場に戻って、飛行機生産に当たれ」との命令を出したのである。軍需会社法に基づく命令によって、設計作業から技術者たちに手を引けということは、実質的な中止命令を意味していた。これにより、「富嶽」は整理される研究試作の一つとなったのである。

遠藤のすぐ下の総務局長のポストについていた大西滝治郎（中将）は、日ごろから航空重視を唱えており、中島飛行機創設のころから中島知久平のよき理解者として、側面から援助した人物でもある。中島と親交があり、腹を割ったやり取りも交わしていた。

大西と中島の関係について、安藤成雄は次のように語っている。

「大西さんはエンジニアのいうことをよく聞いてくれた。富嶽中止決定の以前から、知久平さんのところにやって来て、『今、こういう空気で、だれがこういって、こういう画策をやっている』と四囲の状況を話していた。同時代に海軍軍人だったことのある知久平さんには、大西さんは親近感をもっていたのだろう」（『さらば空中戦艦・富嶽』）

しかし、その彼でさえも、こと「富嶽」に関しては、部下に対し、「こんなもの作ってもしようがない」と憚《はばか》ることなく洩らしていた。とはいえ、遠藤と同様、東条首相の賛同で進められてきた計画を頭から否定することもできず、「知久平さんがやるというならしかたがない」と黙認する形で、書類には認印を押していたという。

このころの事情について、陸軍航空本部で主に遠距離爆撃機キ74を担当していた酒本英夫（元少佐）は、戦後の手記『キ七四の審査』の中で次のように語っている。

「陸海軍合同でも米本土攻撃可能な本格的な戦略爆撃機を計画していたが或る研究会で軍需省の故大西滝治郎海軍中将より富嶽試作に依り陸海軍戦闘機が約千五百機減産になるがそれでも良いかと一喝されて富嶽試作も自然立ち消えとなってしまった」

また、軍務局長だった佐藤賢了も、

「マリアナを失陥した東条内閣の末期ごろから、敵の反攻、特に空襲が激化してくると、第一線でも本土でも、戦闘機を一機でも多く必要とされ、富嶽機のような大型機に大量のアルミニウムと技術陣と労務とを使う余裕はないとの意見が強くなってきた。そこで、海軍の荒鷲の育ての親、大西滝治郎海軍中将が米本土爆撃機の製作を中止すべしとの意見を強く主張した。中島委員長はじめ、関係者はガッカリしたが情勢やむをえないものとあきらめざるをえなかった。私はせめて敵に一太刀なりともむくいたいとの念願がはなはだ強かっただけに、これにはまったくガックリした」（『大東亜戦争回顧録』）と述べる。

中止命令が出されたのに対し、中島知久平はなんとかこの決定をくつがえそうと画策したと伝えられている。西村節朗は小山からの話として次のように述べている。

「知久平社長は『富嶽』に理解を示していた高松宮に接触し、軍部の考えを変えてもらうためのはたらきかけをしたと聞いている。なにしろ、大社長はこうだと思ったことはどんなことでもやり遂げようとする精神面で強い人ですから、あらゆる手段を尽くすのです」

しかし、決定がくつがえることはなかった。

「富嶽」の実質的な中止命令は、こうした経緯もあって、親しい仲の大西が中島に直接伝えた。すでに試製富嶽委員会の関係者は陸・海軍の「富嶽」に対する考え方の不一致、あるいは計画そのものへの反対、否定的考え方がしばしば表面化していたので、「くるべきものがきた」という覚めた受けとめ方であった。

陸軍航空本部総務部にいた岩宮満の回想——。

「陸海軍共同試作機の変り種に米本土爆撃機『富嶽』がある。これは昭和十八・四中島知久平代議士から安田航空本部長と東条陸軍大臣に意見具申され、九月に陸海軍航空技術委員会で審議採択されたものであるが、そのごの戦局の推移と他機種量産への影響等にかんがみ一年後の昭和十九・四後宮航空本部長（参謀次長で本部長兼任）の強い意向により関係者参集協議の結果中止となった。戦局の推移判断と技術行政の吻《ふん》合《ごう》の難しさを示した端的な一例である」（『続陸軍航空の鎮魂』）

防衛庁の戦史叢書『陸軍航空兵器の開発・生産・補給』にはこう記されている。

「陸軍は三月下旬、後宮淳参謀次長が航空本部長兼任になってから、『富嶽』の開発に批判的になってきた。その理由は、技術的に後一年では開発の目途がなく、その後の可能性にも疑問が多いこと、戦略的に短期決戦戦備への傾向が強くなったこと、軍政的に本機の開発継続は、他の研究、生産に大きな影響を与えることなどであった」

サイパン失陥と「富嶽」中止との関係

海軍航空本部員だった巖谷英一は『航空技術の全貌』（上）の中で次のように述べている。

「中島は陸海両製作所の設計能力を糾合し、陸海軍からも相当の応援を得て研究設計を始めた。然し最大出力二、五〇〇〇馬力の発動機（六機搭載の予定）の運転試験、全開高度一五、〇〇〇米で燃費の少ない排気タービン過給器の試作、超大型車輪の研究、軽量の主翼構造の研究、気密室の設計等数限りない困難な問題は、当時の技術水準から遥かに懸け離れていたので、早期実現の見込は極めて薄いものであったと云わなければならない。

もちろん、本機に関与した人々は熱心であって、ともすると熱を欠くその後の軍需省の態度や海軍の協力の不足等を指摘して、反対に発破を掛ける有様だったが、軍側は急を告げる戦局に戦闘機を始め、その場で戦力化する必要のある数多くの問題を抱えていて、この様に出来るかどうかも危ぶまれた飛行機に貴重な資材と労力を注ぐ事が出来なくなっていた。

昭和十九年七月六日、サイパンの失陥と共に戦備方針は急変せざるを得ない情勢となり、約半年以上の努力も徒労に帰したのである」

「富嶽」中止の決定的な要因は、サイパン失陥であるというのだが、はたして、軍需省の発行文書の中に、サイパン失陥と「富嶽」中止との関係が読み取れるものが、防衛庁戦史室に保存されている。それは、「富嶽」中止を中島に伝えた大西が、サイパン攻防をめぐる作戦について、昭和十九年六月二十一日付けで作成した「意見」書である。

「一、中南部太平洋方面に於ける敵反撃の急速なる進展は空母を中枢とする海上機動部隊の善用に依り達成せられつつあり

二、右機動部隊を撃滅することに依り敵の反撃企図を挫折せしむるか乃至は之か遂行を大いに遅滞せしめ得へし

蓋《けだ》し正規空母群の殲滅的損失は敵に取って精神的にも実質的にも最大の痛手なり

三、現在進行中の『サイパン』方面作戦は敵機動部隊撃滅の見地よりする絶好の機会なり

（理由）

(1) 敵は行動を掣肘《せいちゅう》せられ守勢の態勢に在り

我は右に反し自主的作戦を行い得る

(2) 我は基地航空兵力を参加せしめ得敵は其の利を有せす

(3) 現状に於ては我は至近の地に皈投《きとう》飛行場あり敵は有せす

(4) 彼我共に現在大いに航空兵力を損耗しあるも敵は補給上地理的に不利なり

四、『サイパン』の確保は将来作戦の大局上絶対に緊要なり

敵機動部隊の撃滅に依り本目的を達成し得へく又之に失敗せは遂に『マリアナ』全部次に硫黄島を喪失すへし

其の結果は本土に対する不断の空襲及南方海上交通に対する致命的の嚇威たるへし

本土空襲及南方航路の障害は我か軍需生産を激減すること必至なり」

当時の日本の戦力、置かれた状況からして、戦う前から勝敗は九分九厘、日本軍の敗退であることはほぼ予想がついていた。しかし、発行文書の作戦見通しとしては、日本にとって好機であるとする建て前を強調している。

ところがこれとは別に、もう一つの文書がある。このタイプ印刷された「意見」書のあとに、手書きで書かれている。

「サイパン喪失の場合を考慮し航空兵器生産上の緊急対策

一、サイパンの喪失は本土に対する敵の空襲並に南方海域に於ける海上輸送の妨害に画期的変革を齎すものと判断せらる

二、サイパンの喪失は遺憾ながら今や時日の問題と思惟せらる

三、現航空兵器生産計画はサイパンを確保し得る場合を前提として立案せられあり。従ってサイパンの喪失は之れが実行に大なる支障を来すべきは否み得ざる所なり

四、サイパン喪失後に於ける航空兵器の生産は左の特徴を有するに至るべし

(1) 敵の強烈なる爆撃下に於て実施せらるべきこと

(2) 生産用資材殊にアルミの極端なる制約下に於て実施せらるべきこと

而して生産機は之が運用に際し航空燃料に於て極端なる制約を受くべく他面我が攻撃目標の大部は比較的近距離に求め得べきこと

五、以上の特徴に鑑み今後に於ける生産機は小型機を有利とすへく極力之れが生産に徹底するの要在り

註

大型機は行動圏大なりと雖も敵制空圏（防空管制圏を含む）内に於て其の行動極めて困難にして夜間にあらざる限り目標到達前既に撃墜せらるる公算頗《すこぶ》る大なり　而して夜間は海上に於ける移動目標の発見困難にして運用上制約多きに反し小型機は行動半径少なりと雖《いえど》も体当り戦法を常則とする限り而して誘導機の利用を適切ならしむるに於ては任務達成上大型機に優ること数等なるべし

六、以上の理由に基き急速に増産すべき重点機種の選定に於ては戦闘機（必ずしも新鋭機に限らず）に徹底し其の他の機種に於ては必要最小限の製作を継続し若しくは製作中止し戦闘機急速増産に直ちに協力し得るものは挙げて協力し其の他は此の機会に疎開を敢行し生産用資材並に燃料の枯渇を避けると共に敵の空襲に対処し且戦闘機生産移行の準備を促進せしむ」

タイプ印刷の「意見」書の中の「敵機動部隊撃滅の見地よりする絶好の機会なり」とする内容とは打って変わって、「サイパンの喪失は遺憾ながら今や時日の問題」と、きわめて悲観的な覚めた見通しを述べ、その結果、日本本土は敵の空襲にさらされることは必至で、敵側が完全に制空圏を握ることになるというのである。

そして、そうした状況下では、もはや大型機は意味をなさず、燃料の制約からも、必要な航空機は敵が本土を爆撃してくるのを迎え撃つ近距離用の小型戦闘機の生産が必要であるとしている。

もう一つ注目されるのは、ここで「小型機は行動半径少なりと雖も体当り戦法を常則とする限り而して誘導機の利用を適切ならしむるに於ては任務達成上大型機に優ること数等なるべし」としている点である。この五ヵ月後の十月二十五日、大西は初めて体当たり特別攻撃の命令を自ら発することになるが、このときすでにその片鱗をのぞかせている。

ともあれ、こうした状況から、試製富嶽委員会の仕事は八月に入り中止されることになった。解散式は明治生命ビルにある第二会議室で行なわれた。技師たちにとっても、軍側にとっても、なんとも後味の悪い式であった。しかし、安藤の言葉にもあるように、形としては翌年まで存続しており、委員会の正式廃止も翌二十年の春ごろだった。昭和二十年四月二十八日の『大本営機密戦争日誌』には、次のように記されている。

「富嶽（遠爆）の処置に関し陸海軍、軍需省、関係会社参集協議の結果左の如く処置す

一、富嶽を予定通り製作せば、陸軍九四三機、海軍二三五機、計一、一七八機の現

計画生産に影響を与う
二、生産に影響を与えさる為には、職工一、〇〇〇〜三、〇〇〇名、工作機械一、〇〇台を増加するを要す
三、以上総合し現計画四五、〇〇〇機の完遂に邁進の為富嶽の製作は中止し研究問題として残すこととす」

「特攻機」設計への道

中島飛行機最後のエンジン

「富嶽」計画の中止を決定して一ヵ月ほどしたころ、持っていきどころのない思いに悶々とした日々を送っていた田中清史のところに突然、所長の関根隆一郎がやってきていった。

「軍人の宮様がこの発動機設計部門の視察と激励にこられるが、そのときは五千馬力の発動機はまだやっていることにして、お前からその設計概要をご説明申し上げろ」

田中は釈然としないながらも、当日、視察にきた宮様に対し、いかにもいま一生懸命設計を進めていますといわんばかりに説明し、案内役を果たした。

軍部は「富嶽」を実質的には中止させたが、先にも述べたように、正式決定としては発令していなかった。表面上は、まだ米本土爆撃を諦めたわけではなかったからだ。

また、第十一連合航空隊参謀で大本営海軍参謀もつとめたことのある奥宮正武（元中佐）は、堀越二郎との共著『零戦』の中で、次のようなきびしい見方をしている。

「陸海軍協同研究のB－29の倍に近い六発の富嶽は、基礎設計程度で終った。戦力化の望みのない、こういうものに手を出したことは、結果から見れば乏しい技術力の浪費にとどまった」

試製富嶽委員会の技術上の主務者となった安藤でさえ、自らが責任者として計画を推し進める立場にあったが、のちにはこう語っている。

「富嶽・米本土往復爆撃を目的とした遠爆であったが、資材の欠乏、本土決戦態勢への戦術転換などのため中止された。これも今考えれば、『キ91』のところで述べた通り大なる計画性の不備というべきである。

要するに爆撃機では最後の用兵思想の不明確と計画性の不備が目立つ」（『日本陸軍機の計画物語』）

また川崎のキ91について、安藤は次のように述べている。

「『キ74』の審査が進捗せず、富嶽の計画もたついているので、確実で実用性のある遠爆を早期に実現しようと昭和十八年（一九四三）五月に試作指示されたものであるが、昭和二十年（一九四五）二月に富嶽以外の大型機はすべて中止との方針が決定したため、開発が中止された。今から考えれば到底実現不可能な富嶽をやめて、むしろ本機を完成すべきであったと私は考えるが、当局は如何なる考えであったろうか。これも結局は計画性の不備ということになろう」（前掲書）

「富嶽」計画が中止と決まったとき、中島知久平は機体製作の若手技術者を集めて語ったという。

「富嶽の完成こそが今回の戦争の最後の切札と考え鋭意努力したが、もはや富嶽の実現は不可能となった。いまとなっては、このことが政府首脳に早期戦争終結の促進剤となることを願うのみである」

中島飛行機エンジン部門二十一年の歴史において、「富嶽」のハ54は、最後のエンジン設計となった。

後退への分岐点

太平洋戦争において、昭和十七年（一九四二）末ごろまでの日本軍は、事前の準備および地の利を生かして攻勢を続けた。ガダルカナル島の撤退以降は戦略的持久戦、戦略的守勢の段階で、国内生産力の百パーセント出しきっている日本にとって、消耗戦こそ最大の危険でもあった。

原材料・資源、とくに全面的な輸入に頼っているアルミニウムや石油に乏しい日本にとって、飛行機の大量損耗は決定的であり、加えて人的資源では、優秀なパイロットを次々と失って、補充がきかず、なおさら不利な形勢に追い込まれていた。

ヨーロッパ戦線を最重点において展開していたアメリカは、国内の航空機生産の急激な立ち上がりによって、南太平洋戦線に投入する余裕が十分に生まれ、一方、イギリスは一九四三年（昭和十八年）五月の北アフリカ確保、イタリアの降伏をきっかけとして、アジア戦線へ兵力を送り込む余裕ができてきた。

それに比べ、産業基盤の脆弱な日本の航空機の増産態勢は、人的、原材料面での制約も含め、計画どおりには立ち上がりを見せなかった。

ニミッツ司令長官が率いる米太平洋艦隊はギルバート、マーシャル諸島方面からの攻勢をかけ、マッカーサー司令官率いる隊はニューギニア北岸からの着実な反攻を続けた。一方、ビルマ方面からは連合軍の攻勢がはじまっていた。

日本軍を取り巻く情勢は、開戦から一年余ですでに大きく変化していた。緒戦の大攻勢の結果を受けて決定された昭和十七年三月七日の連絡会議での「今後採るべき戦争指導大綱」に準拠しつつ進めてきた戦争指導の変更を余儀なくされた。

こうした受動的、守勢の立場に置かれた日本軍は、昭和十八年九月初頭、世界情勢の総合的な「敵情判断」を行ない、それに基づく国軍の全般的作戦指導に検討を加えた。その結果、九月十五日に、従来の作戦方針に大きな変更を加えることを決定した。「大本営新作戦構想の狙いは、ガ島（ガダルカナル島）撤退以降引続き行われている南太平洋方面における敵との決戦遂行による激烈なる消耗戦から思い切って間合《まあい》をとり、いわゆる『絶対国防圏』を設定して不敗の戦略態勢を造成し、その間航空兵力を中核とする陸海戦力の飛躍的充実を図って、主動的に米英反攻の高潮に対決せんとするものであった」（『大東亜戦争全史』4）

「戦争指導大綱」の要領第一に、「万難を排し概《おおむ》ね昭和十九年中期を目途《めど》とし、米英の進攻に対処すべき戦略態勢を確立しつつ、随時敵の反攻戦力を捕捉破摧す」とある。この方針は、九月三十日に開かれた御前会議にはかられた。東条首相兼陸相以下、企画院総裁、海軍、外務、大東亜、大蔵、商工、鉄道、逓信、農林、厚生の各大臣、大本営より陸・海両総長および両次長、枢密院より原嘉道議長が出席して、午前十時に開会し、約五時間にわたって審議は続けられた結果、採択されたものである。

新作戦の中心は、いわゆる大艦巨砲主義を中心とする主力艦隊の戦闘によるこれまでの制海権争奪の作戦から航空戦力主体への転換である。至急飛行機の大増産態勢をとるとともに、絶対防空圏域内の航空基地を整備する指導方針であった。

戦線をあえて一歩後退させ、間合をおいて、その間に航空兵力の再建、強化を図り、米軍の攻勢を迎え撃つという作戦であった。そして、整備された基地航空と残る連合艦隊の総力を結集して臨んだのが昭和十九年六月のマリアナ海戦（あ号作戦）である。豊田副武《そえむ》連合艦隊司令長官が「皇国の興廃この一戦にあり」と訓示し、小沢治三郎機動艦隊司令長官が「今次の決戦にしてもし不成功に終わらんか、小沢部隊の艦船はたとえ残存するも、その存在の意義なきこと」との最後の訓示が、日本のおかれた状況そのものをあらわしていた。

ところが六月十九日、マリアナ沖海戦で日本海軍は空母、航空機の大半を失った。その三日前の六月十六日には、中国奥地の成都から飛び立ったB29が北九州の工業地帯を爆撃した。これがB29による初めての日本本土爆撃であった。

続いて七月六日、サイパン島を失った。マリアナ海戦敗北、サイパン失陥の二つの事実は、死守すべき日本の絶対国防圏が完全に破られたことを意味していた。日本本土爆撃を阻止する目的で設定されたぎりぎりのラインが突破され、連合軍の手に落ちたのである。もはやアメリカ本土爆撃を企図する余裕などあろうはずもなく、「富嶽」を作ろうとした日本本土の軍需工場自体を、いかにしてB29の爆撃から守るかが最大の要件となったのである。この段階での「富嶽」計画の中止は当然のことだった。

その意味において、昭和十九年（一九四四）六月は、圧倒的な物量作戦でもって大攻勢をかけてくる連合軍に対し、日本が一方的な敗退を強いられ、後退につぐ後退をたどる分岐点になった時期である。この敗退の責任、あるいは戦争指導方針をめぐって、国内の体制は大きく揺れることになる。

七月十三日、内大臣・木戸幸一は東条首相に対し、大臣と参謀総長・軍令部総長の分離、および島田繁太郎海軍大臣の更迭《こうてつ》、重臣の入閣を指示した。翌日、東条は参謀総長を辞任、後任に梅津美治郎《よしじろう》を任命、十七日には島田海軍大臣辞任、後任の野村直邦、米内《よない》光政ら重臣は東条内閣への入閣を拒否し、これにより十八日、東条内閣は総辞職、かわって二十二日に小磯国昭内閣が誕生した。

東条の賛同によって成立した「富嶽」計画は、その後ろ盾を失い、およそ一ヵ月後に、事実上の中止が決定された。「富嶽」に関係した技術者たちも、それぞれ別の仕事に専念することになった。

となると、ここで検証しなければならない重要なことが頭に浮かんでくる。それは、中島知久平が数度にわたり官邸に足を運んで、政府および軍の最高責任者である首相兼陸相の東条英機に対して、実現不可能とも思えるような奇想天外な「富嶽」計画を持ち込んで説得し、首尾よく了解を得ることに成功した。そして陸海軍および民間の力を結集しての巨大開発プロジェクトとして実行に移したのだが、もし、東条がこの計画に賛同していなければ現実化しなかったことは確かである。

この危急存亡の時期、急ぐべき幾つもの新鋭機開発を差し置いて、優秀な航空機設計者や物資を大量投入することになる、この計画に応諾した東条は、果たして「富嶽」

の実現可否について、どの程度の判断能力を持ち得ていたのかが問われてしかるべきだろう。

この疑問を解く材料は少ないのだが、かつて筆者は、東条の次男で、零戦や陸軍の傑作機といわれる四式重爆撃機「飛龍」（キ67）の設計を担当し、戦後初の国産旅客機YS－11の開発責任者を務めた東条輝雄にインタビューした際の言葉が参考になるかもしれない。

父がドイツ・スイスの大使館付き武官として単身赴任して以降、輝雄は家族とともに福岡県の実家に帰って暮らしたが、福岡高校の三年のとき、同級生たちの多くはすでに進路を決めていたが、彼はぎりぎりまで迷っていた。そんな姿を見かねて、几帳面で先々までも物事を決めておかないと気の済まない父親は問うたのだった。

「大学はどこを受けるつもりなんだ」

輝雄は「工学系に行きたいとの希望はもっていて、福岡高校では理科を専攻していたが、別に航空でなきゃいかんとは思ってなかった。むしろ、数学をやろうかな」が希望だった。

そのことを父に告げると、言下に「そりゃ、飛行機だ、飛行機だ」と決めつけるような言葉が返ってきた。

「おやじは航空だというより、数学に入れば、学校の先生になるよりしょうがないと思ったんだろう。そっちに行かせたくなかったんじゃないかと思う。それで、『飛行機だ』といやに言うものだから、飛行機に行っちゃった」

輝雄は難関の東京帝大の航空学科に入学し、三菱重工に入社したのだが、昭和十九年の初め頃だった。めずらしく輝雄は父と食事をする機会があった。その際、次のようなことを持ち出された。

「お前たちは従来の延長線上で飛行機を設計するだけでなく、全く違った角度から考えて画期的な知恵は出ないものかね。飛行機の重力を断ち切ることはできないものかね。燃料なしで飛ぶ飛行機は作れないのか」

真顔で問う父親に対して、「とんでもない。重力は万有引力といって総てのものにあるもので、それを切ったりなどできるはずがない。それに空気の中を飛ぶには抵抗がある。その抵抗に打ち勝つものがエネルギー、燃料ですよ。素人というのはこれだから怖い」(『文藝春秋』二〇〇五年二月号)と返した。

この突飛な発想をした父親は、もしかして中島知久平が持ち込んだ荒唐無稽ともいえる「富嶽」計画に触発されていたからかもしれない。あるいは、すでに日米戦は航空機決戦の様相を呈していたにもかかわらず、軍用機の生産機数では圧倒に差をつけられて劣勢に立たされ、追い詰められていた時期だった。それだけに、東条英機は苛立ちが募り、息子だからと、航空機に対する基本認識も伴わない思い付きをそのままストレートに持ち出したのかもしれない。

筆者がインタビューの際に受けた東条輝雄に対する印象は、「緻密な頭脳の持ち主で、言葉に無駄がなく、バランス感覚に優れている」だった。終始スマイルの表情で、ときには江戸っ子的なべらんめえ調のユーモアも交えながら喋る。それゆえ、事前に抱いていた「東条英機の息子」との先入観に伴う堅苦しいイメージとは違って、リラックスして質問を次々にぶつけることができたし、率直な答えが返ってきた。

そんな彼が父親について言及したのはほんのわずかでしかないことは知られている。なにしろ、戦後の東条家の家訓は「一切語るなかれ」であるからだ。たとえ発言しても、その内容は慎重を期していて言葉を選んでいたし、「父親を尊敬している」とも語っている。にもかかわらず、一国の首相である父親の航空機に対する無知さ加減を披瀝するような、あるいは誤解を招きかねないような「素人というのはこれだから怖い」との言葉をあえて口にした意味は何だったのだろうかと考えざるを得ない。

彼から見れば、航空機に関してはやはり「素人」の父であったといわざるを得なかったからであろう。大胆な憶測を交えれば、そうした人物が、戦争前の日本軍の基本戦略であった大艦巨砲主義とは違って、実際には航空機決戦となって雌雄を決する太平洋戦争の時代の国の最高指導者として二年九カ月間にわたり君臨し、指揮を取ったということである。

日米開戦直前の一九四一年十月、日米交渉がにっちもさっちもいかなくなった時の近衛文麿首相が無責任にも内閣を放り出して辞任した。この後、天皇の第一の側近である内大臣の木戸幸一が後継首相に対米強硬派の東条を推薦して、急進的な陸軍の掌握を期待し、これに天皇が賛同して東条内閣を誕生させたのである。

だが、当の本人は航空機の「素人」であったにもかかわらず、航空機が主役となった太平洋戦争の指揮を取った（取らされた）ことを、軍用機設計者の息子は最晩年に、世間に言い残しておきたかったのかもしれない。

時代はB29対策一本槍に

一方、Ｂ29による成都からの日本本土爆撃が現実のものとなり、サイパンからの爆撃ももはや時間の問題となってきた。このときにいたって大本営が選択した方策は、先の大西滝治郎中将の方針にあるごとく、「いかにしてＢ29を邀撃するか」を主目的とする攻撃機の開発であり、既存飛行機の改造であった。

防護性を備えた頑丈なＢ29を攻撃目的とするため、搭載機関砲の破壊力を増すための口径増大や弾薬の改善、空中爆撃などが検討されたのはもちろんだが、それとは別に、新鋭戦闘機の開発がすでに計画されていた。

昭和十八年半ばごろの時点で陸軍が現有していた一式戦、二式戦、三式戦などの第一線級の戦闘機は、いずれもB29の邀撃には性能的に不十分なものだった。そのため、もっとも待望されていたのが中島飛行機の飯野優を中心に進めていたキ84である。しかし、搭載された同じ中島飛行機の中川良一が設計した「誉」エンジンは不調が続き、いっこうに制式採用にいたらず、関係者をやきもきさせていた。

昭和十八年八月、東条首相兼陸相は、全飛行機の六〇から七〇パーセントを戦闘機が占めるとする最重点整備の方針を決定していた。同年十二月二十五日、陸軍航空審査部は「戦闘機に関する意見」を提出、戦闘機の種類を近距離戦闘機、高高度戦闘機、夜間戦闘機の三種類として、その他の目的に使用する戦闘機はこれら三種類を流用するという方式を決めた。いずれもB29対策を主な目的とした防空戦闘機であった。

この中の夜間戦闘機は、B29には当時、米英での発達が目覚ましい電波兵器（航法装置を含む）が装備され、夜間や悪天候にも影響されず爆撃が可能であろうと予測し、それに対処するために選ばれたのである。

これらとは別に、陸海軍の協同試作として、B29への体当たり特殊攻撃用のロケット機、ジェット機、いわゆる「特攻」兵器の開発が緊急課題になった。上昇能力が低く、B29が飛行する一万メートルの高高度に達するまでに四、五十分もかかる既存飛行機では対抗できないからである。比較的構造が簡単なこれらの新兵器は、一万メートルに達するのに十分程度しかかからず、良質な石油燃料を必要としないか、あるいは石油以外の燃料で飛行できるという特徴があった。さらに限られた原材料資源の中で開発されることが要求されていた。

これまで「富嶽」に全力を注いでいた中島飛行機の技術者たちも、こうした戦闘機の開発に力を注ぐようになった。ここにいたって、小山悌もこれまでの方針を変え、設計技師を各自が希望する職場へ自由に移動させた。一年先に登場する新機種の設計より、目の前の生産を最優先させ、一機でも多く前線に送り出そうとする考えであった。

太田製作所設計部の幹部（部長）クラスの小山、西村節朗、松田敏郎、太田稔はキ84生産促進のため、設計部を離れて工場に出ていった。小泉製作所の内藤子生も空力性能の設計から離れ、工場に移り、量産機「零戦」などの生産部門を担当するようになり、もはや設計部はキ84と「呑竜」の部隊だけになってしまった。その他の設計部隊は三鷹研究所に移動していたが、それも爆撃を避けて疎開をはじめようとしていた。飯野はキ84に二千七百馬力級のエンジンを搭載して性能向上を狙った近距離戦のキ117の設計を、疎開先の前橋工場（元織物工場）ではじめていた。

渋谷は「富嶽」のあと、太田製作所で特殊攻撃機キ115「剣」の基本計画を作成していた。当初はいわゆる特攻機で、片道飛行用だった。中島知久平の事前承認を得るため、青木邦弘と川畑清之が三鷹にやってきて概要説明を行なった。すると、中島はいった。

「最初から死ぬことがわかっている飛行機はだめだ。生還できる見込みのある計画に変更しろ」

「剣」はこの後、三鷹研究所に移った青木が担当し、小型爆撃機に設計変更して、わずか三ヵ月余で一号機を完成させた。切迫したその当時のことを感慨深げに振り返りながら、青木は次のように語った。

「B29の爆撃、さらには米軍の本土上陸作戦を前にして、飛行機製作はアルミ材を鉄板に代替するといった状況でした。物資が欠乏してきたため、省略の限りをつくした、簡素化の極限を狙った設計です。だから、技術的にはとりたてて語るようなことはなにひとつありません。日本の最後の飛行機のつもりで戦闘機を爆撃機に作りかえたつもりです」

資材面からも、構造はできるだけ簡単にし、胴体断面は円筒形状になっていた。離陸後は脚を切り放し、帰還のときは胴体着陸するよう機体下面の鋼板を厚くするよう設計されていた。終戦時には百五機が完成していたが、出動にはいたらなかったという。

渋谷はこれとは別に、ターボジェット戦闘機（特攻機）キ201「火竜」の試作に没頭した。ネ130またはネ230のジェットエンジンを搭載する襲撃機である。ちなみにネ230は中川良一が担当した。これには渋谷の部下で、Z機の基本設計でカンヅメになった加藤博美も加わったが、すぐに召集となって担当を離れた。昭和二十年（一九四五）八月下旬にモックアップ審査、十二月には試作第一号機完成という予定で研究が進められた。八月の終戦の時点では、設計がほぼ完了した段階だった。

蚕小屋で誕生したジェット機「橘花」

渋谷とともに「富嶽」の主翼を担当した松村健一は、福田安雄設計部長の指揮のもとで、近距離に近接し、航行中の敵艦船を攻撃することに適し、かつ大量生産が容易な陸上攻撃機として、ターボジェット機「橘花《きっか》」の機体設計に精力を注いだ。このころ日本近海に出没するようになっていた敵艦船への体当たり攻撃を目的とするものだった。

昭和十九年八月二十五日以降、松村ら十一名は海軍航空技術廠に泊まり込み体制で臨み、基本設計に没頭した。「富嶽」の連絡係をしていた中村勝治は、中島倶楽部で開催された試作体制整備に関する会議で航空本部長の和田操《みさお》が述べた所見を、『海鷲の航跡』の中に記している。

「アルミ材もガソリンも極度に不足してきた。連山の製作は中止し、今後は特攻的に

特殊攻撃機「橘花」

出動する飛行機と、邀撃機（局戦）との二つが必要である。松根油でも運転できるTR（タービンロケット）系統のネ20エンジンの局戦（局地戦闘機）をやりたい」

そのころまで大型攻撃機「連山」の試作が継続されていたことがむしろ不思議に思えるほどだ。さらに中村は、「まさに末期的な感を強く受けたのだが、それ程橘花に寄せる軍当局の期待は大きくなってきた」とも述べている。

「橘花」の機体一号機は、B29の爆撃を避けて疎開した群馬県世良田村の農家の養蚕小屋を改装した建物の中で完成した。中村は続けて述べている。

「蚕小屋とジェット機というのはまことに奇妙な取合せであるが、ここにはもう一つ意外な結び付きがある。それは大正六年のこと、海軍を退役した中島知久平機関大尉が、日本で初めての民間飛行機会社を創立した際、その旗上げをした建物というのが、群馬県尾島町前小屋部落の農家の養蚕小屋であったということである。わが国最初の国産民間機、中島式一型の設計が養蚕小屋で始められ、わが国最初のジェット機で中島最後の試作機となった橘花が、同じく養蚕小屋から生れたというのは何という奇しき因縁であろうか」（前掲書）

「橘花」のエンジン・ネ20を担当したのは、やはり「富嶽」のハ54を担当していた海軍の永野治、その上司の種子島時休《たねがしまときやす》（元大佐）であった。片やエンジンの運転場は神奈川県丹沢山系にある秦野の煙草工場の倉庫を改装して組み立て、運転を行なっていた。

翌年五月には早くも零号機、一号機を完成させた。終戦八日前には、海軍木更津基地で初飛行に成功した。これが戦前唯一、日本で初めてのジェット機が飛んだ瞬間であった。

しかし、戦局はもはや大詰めを迎えており、生産された二十台余のエンジンは使用されることなく破壊されることになる。

一方、中川はタービンロケット機（特攻機）に搭載する原動機ネ２３０の開発に奔走していた。日立と共同で試作するジェットエンジンであり、製作する茨城県日立に通いつめた。しかしこの地も、軍需工場爆撃を第一目的としていた米軍の標的となり、鹿島灘沿岸に接近した米艦隊からの艦砲射撃を集中的に受け、もはや製作もままならなくなっていった。

第九章

中島飛行機の終焉

成都から飛び立つ「超空の要塞」

忍びよるB29の脅威

昭和十七年（一九四二）五月、ドゥーリトル隊による日本本土爆撃が繰り返されるのを恐れて、大本営は中国本土において「浙江作戦」（せ号作戦＝飛行場壊滅作戦）を強力に展開、四ヵ月の作戦を終えて、ただちにもとの駐屯地に帰還した。だが、現地部隊にはこの作戦に対して疑問を抱く者もいた。たとえば、作戦に参加していた第十一軍司令官・阿南惟幾《あなみこれちか》中将は終始この作戦に批判的だった。独立飛行第十八中隊（司令部偵察飛行隊）の一人としてやはりこの作戦に参加した河内山譲（元少佐）は、そのときのことを次のように記している。

「われわれは地上軍が何年間占領する覚悟なのかと見ていたのに余りに機敏な反転作戦に吃驚《びっくり》した、というのが正直な所見だった。すなわち、日露戦争の奉天会戦時のわが総兵力に近い八十個大隊二十四万の兵力を使用し、我に倍する第3戦区軍を撃破したとしても、果たしていくばくの戦略目的を達したであろうか」（『司令部偵察飛行隊』）

確かに米軍側は引き続きB17、B24の部隊により、東部中国の飛行場から再度日本本土を爆撃する計画だった。アクイラ（鷲）部隊とドゥーリトル部隊の両隊が出撃する予定だったが、日本軍の機敏な「せ号作戦」で中止を余儀なくされ、彼らはエジプトに釘づけになった。その意味では、一定の効果はあったわけだが、反面、現地派遣軍が懸念していたことも現実化したのである。河内山はこう書いている。

「十七年秋季以降、南支那に対する在支米航空勢力が極めて活動的になり、進んで攻勢に転じた戦意に従来と異なる真剣味を感じ、われわれは来たるべき昭和十八年の行く末を容易ならぬものと案じていた」（前掲書）

昭和十八年（一九四三）二月、日本の中国派遣軍司令部は、それまで正式な軍の構成をとっていなかったシェーンノート准将指揮する米航空勢力の在支タスクフォース（CATF）が、第十四航空軍に昇格したとの情報を入手した。さらに第三飛行師団司令部も、B24が雲南に増加していることから、もっとも恐れていた対日反攻が開始されるのではないかと警戒した。

七月十日、黒田博通中尉を長とする一〇〇式司令偵察機（キ46）がジャムラ飛行場を離陸して、昆明に向かった。この季節にしてはまれにみる快晴で、敵機の邀撃も受けることなく、昆明市外と飛行場の写真撮影に成功した。現像すると、明らかに大型のB24が十四機、中型のB25が十六機、小型のP40が三十機確認できた。B25のほかに昆明で初めてB24が確認できたばかりか、飛行場も一新して拡充強化されていた。

B25はさらに衡陽にも進出し、日本が占領していた漢口に爆撃を加えはじめたのである。

中国軍はアメリカの武器貸与法案に基づき、インド、パキスタン、米アリゾナの訓練基地に人員を送り込み、養成訓練を行なってしだいに充実させ、そして十一月には、中・米混成航空団を創設した。こうして、目に見えて強化されてくる中国・アメリカの混成航空団の脅威に対し、昭和十八年末、大本営は次の二つの作戦を検討していた。

(1) 東南中国大陸の敵航空基地を覆滅して、日本本土空襲の企図を防止する。

(2) 中国大陸を縦断する南部―京漢線と奥漢―湘桂線を占領し、南方への海上交通が遮断されても、その後方線を確保できる大陸打通（南北海上交通遮断の対策）の陸上連絡回廊を作る。

これに対し、陸軍省では、航空兵力の急激な消耗をきたすおそれが十分にあるとして、作戦の実行を避けるべきだとの考え方が支配的だった。ところが、昭和十九年（一九四四）一月下旬、東条参謀総長は、日本本土に脅威を与える敵航空基地の覆滅に限定して攻撃する「一号作戦」を認可した。

これ以後、飛行場基地攻防をめぐって、日本の陸軍と中・米混成軍との戦闘が激化することになる。それだけでなく、一月二十四日から、中国奥地にある新津、彭山などの基地で、B29の離着陸が可能な長い距離の滑走路の建設が開始されていた。

ヨーロッパ戦線ではすでにドイツ軍の抵抗も時間の問題になりつつあったため、こちらはＢ17とＢ24で十分であるとして、Ｂ29を日本の戦略爆撃に集中させることが決定されていたのである。

「恐るべき雄牛」

昭和十八年八月、カナダのケベックで開かれた米英首脳によるケベック会談に、米アーノルド総司令官の計画案が提出された。内容は次のようになっていた。

「ウルフ将軍指揮下にある第五十八爆撃飛行団（航空団）が、日本を粉砕するため、中国基地から戦略爆撃を実行する計画を進めている。これが成功すれば日本の軍需産業は壊滅的打撃を受けるであろう。単純計算で七百八十機が一か月に五回出撃すれば、六か月で日本を破壊し尽くせるであろう。この結果連合軍の日本占領は一九四五年八月末までに可能となるであろう」

結果から見れば、きわめて正確な予想をしていたことになる。

大西洋を横断、延べ一万八千五百キロの長旅でインドのカルカッタに到着していたＢ29の部隊の第一陣が、一九四四年（昭和十九年）四月二十一日、いよいよ中国の成都に向かって飛び立った。このとき、警戒中だった日本軍の飛行第六四戦隊と第二〇四戦隊の戦闘機「隼」十二機編隊が、初めて二機のＢ29を目撃した。彼らは星のマークをくっきりと浮かび上がらせた見慣れない大型機Ｂ29の姿にとまどいながらも、上昇しながら追跡の態勢をとった。

しかし、Ｂ29は大型機にもかかわらず、スピードは速く、機体の上下、後部に強力な銃座を備えていた。「隼」の追跡に気づいたＢ29は、しだいに高度を上昇させた。六機の「隼」が集中して背後から銃撃を加えたが、爆撃機はなにごともなかったかのように悠然と上昇を続けた。高度五千八百メートルまで達したところで、「隼」はついに追跡を諦めざるをえなかった。

Ｂ29側から銃撃してこなかったのがかえって不気味だったが、実は第二十爆撃兵団のチャールズ・ハンソン少佐が操縦するこのＢ29の機関砲は故障していて使えなかったのである。もし故障していなかったなら、「隼」は少なからぬ被害をこうむっていたに違いない。

それにしても、銃撃を加えてもたいした損傷もせず高高度へと飛び去っていく、それまで見たこともない大型爆撃機の出現に、「隼」のパイロットたちは司令部に対し、「恐るべき雄牛」と報告した。

ところで、一号作戦をすでに展開していた第五航空軍司令部は、昭和十八年末ごろからＢ29が成都に進出してくる公算が高いと見ていた。なぜなら、超爆撃機が日本本土爆撃に使われるなら、中国の奥地の飛行場からであろうとの予想を抱いていたし、成都の近くに、これまでにない長い滑走路の基地が建設されつつあるとの情報を入手していたからである。

一九四三年（昭和十八年）十一月二十二日、エジプトで、ルーズベルト米大統領、チャーチル英首相、蔣介石国民政府主席による第一回カイロ会談が開かれた。この席上、ルーズベルト大統領は、B17やB24などより大型のB29の生産状況を明らかにするとともに、成都を基地としてB29を発進させ、日本本土を空襲する「マッターホーン計画」を初めて明らかにした。

成都では、翌年一月から、一日約三十五万人の中国人農民たちが動員され、千頭の牛、一万五千台の手押し車、三百人で引く二百トンもの石製のローラーが多数持ち込まれた。土砂を運ぶトラックは千五百台にのぼり、まさに人海作戦により、急ピッチで六つの飛行場が建設されはじめていた。地主は進んで土地を提供し、六十トンの重量に耐えられる二千五百メートル以上の滑走路、誘導路などが作られ、周辺には飛行場関連施設、燃料タンク、居住施設も建設されていった。

この中でもっとも問題にされていたのが、燃料の輸送、補給だった。なにしろB29一機に必要な搭載燃料は五千四百ガロン（約十五トン）で、百機以上が駐留する予定となっており、交通手段の乏しい中国奥地にどういう方法で大量の燃料を輸送するかが大きな課題となっていた。

これについては、消費した燃料を補給基地であるインドまで飛行して補充し、成都を中継基地として利用するという方法がとられた。また、それとは別に、インド成都間の燃料輸送を常時、米軍輸送航空団が行なっていたが、その量は一九四四年（昭和十九年）十二月までに約二万ガロン、延べ二千五百機にのぼっていた。

B29の日本本土爆撃を阻止するため、日本の第十四航空軍は桂林、柳州の各基地を攻撃し、占領したが、さらに中国軍を突破して成都に達するまでの兵力はもちえていなかった。もし仮に日本軍がB29を撃滅しようとするならば、さらに奥深く進み、広い地域までも占領しなければならず、地上軍が重慶進攻さえも諦めざるをえなかったこれまでの経過からして、日本軍に残された手段は、決死の覚悟で空からの爆撃を加えることしか残されていなかった。

長い航続距離を持つB29の出現は、これまで中国本土で展開してきた地上軍の作戦そのものを無効にしてしまうものだったのである。そして、「せ号作戦」のときに現地派遣軍が懸念していたのも、このことにほかならなかった。

B29の日本本土初爆撃

B29が成都に進出したとの情報を受けた大本営は、その航続距離からして、日本本土西部、とくに北九州が爆撃圏に入ったと判断し、内地空襲防止対策の検討を開始した。第五航空軍特殊情報部は、すでに「Ｂ29の日本本土爆撃近し」として大本営に情報は送っていたが、いつ実行されるかについては確証がつかめないままだった。

中国方面には、第五航空軍特情のほかに、電波警戒機を装備した第五航空情報連隊（南支方面）および第六航空情報連隊（中・北支）が展開していた。しかし、地域が広大であるにもかかわらず、電波警戒機の数は少なく、かねがね警戒網に隙間があることが懸念されていた。

六月十五日、漢口地方は暴風雨の荒れ模様に加え、雷鳴が響き渡っていた。漢口付近に配備してあった電波警戒機が上空を東に進む大型機を捕捉したため、第五航空軍司令部に報告した。このころ、Ｂ25、Ｂ24が毎夜のように頻繁に上空を通過し、上海を爆撃していたため、司令部はいつものこととしてとくに気にはとめなかった。その上、こんな悪天候のときに爆撃機が雲上を東進するなど、当時の技術的常識では考えられなかった。

この少しあと、西部軍司令部の当直者である幕僚の羽場光大佐は、済州島の警戒機から二度にわたって連絡を受けた。

「二十三時三十一分、彼我不明機、二百九十度六十キロおよび百二十キロ付近を東進中」

「二十三時四十六分、済州島北五十キロ」

情報に基づき、羽場は関係部隊に連絡して、この地域を飛行中の味方の飛行機があるかどうかの確認を急いだ。当初、羽場は地理的に見て大村基地の海軍機ではないかと疑ったが、この深夜に日本軍の飛行機が付近を飛んでいないことが確認された。しばらくして、報を聞いた参謀長の芳仲和多郎少将らが駆けつけ、しばらく状況を見守った。西部軍司令部はしだいに緊張が高まった。誰もが、もしや本土空襲ではないか、との思いでいっぱいだった。

「ただちに空襲警報を発令すべきだ」

そんな意見も出たが、空襲警報を発令したとき、八幡製鉄所は溶鉱炉の火を落とすことになっていた。いったん火を消すと、もとに戻すには何週間もかかる。ただでさえ逼迫してきている鉄鋼の生産をなんとか維持、供給しようと必死の増産態勢を続けているときに、安易に警戒警報を発令するわけにはいかない。それに中国の奥地から敵機が発進したならば、中国派遣軍からの情報通報があってもしかるべきだが、それもまったく届いてはいなかった。

そうこうしているうちに、午前零時二十分、捕捉している飛行機の速度が毎時四百キロでそのまままっすぐに東進しているとの情報が入った。当時、四百キロも速度を出せる日本の哨戒機はなかった。もはや疑う余地はなかった。

「北九州に向かう敵機に違いない」

　ここにいたって、零時二十四分、西部軍司令部は空襲警報を発令した。同時に、北九州の第十九飛行団長は、迎撃のため、複座戦闘機（二式複戦）キ45「屠竜改」の飛行部隊八機をただちに発進させた。電波警戒機は高度測定が出来ないため、推測高度で配置した。地上からは無数のサーチライトが夜空に向かって照射され、敵機を求めて左右前後に旋回していた。光芒がB29の一番機を捕らえると、ただちに三本のサーチライトが協力して光の帯を作って航路に沿って追いかけていく。キ45の三十七ミリ砲が発射され、B29が火を噴き、炎を引きながら飛び去っていく。製鉄所周辺に配備されている高射砲が満を持していっせいに火を噴きはじめた。

　地上部隊も迎撃部隊も、上空に飛来した爆撃機がB29であるかどうかの確信はなかった。このため、高射砲は迎撃隊の戦域からはみ出した敵機を狙って発射しているものの、今までの訓練のときと違って、B29の機体があまりに大きく、しかも高速であるため、目測を見過っていた。

　ことに、地上部隊は初めての本土空襲に冷静さを欠き、高射砲を乱射気味であった。これでは味方の戦闘機が被弾しかねず、地上からの射撃は一時中止され、迎撃機による攻撃が続けられた。やがて、B29はサーチライトの域外に消えて、戦闘は終わりを告げた。

　一方、先にB29を見逃した第五航空軍は、十六日午前四時三十分、当直だった参謀の前川国雄少佐が、中央からの緊急電報を受け取っていた。

「B29約三十機、北九州に侵入し八幡を空襲中」

ただちに参謀総長・橋本秀信少将に電話報告した。意表をつかれたことを知った橋本は、児玉真一中隊長を電話に呼び出した。

「一〇〇偵全機をもって空襲中の飛行場を捜索し、B29の帰還および着陸地点を発見すべし」

この命令にしたがい、一〇〇式司令偵察機が八方に向けて飛び立った。ところがこの日、揚子江以南の各飛行場は厚い雲に覆われ、捜索は不可能だった。ただ、北方に向かった石野三郎中尉が搭乗した機が、午前八時、河口北東を西進中のB29一機を発見した。背後から追尾中、B29が雲の中に隠れてしまったため見失ったが、同機の無線を傍受していた独飛五十五中隊の渡辺良栄中尉が偶然にも、内郷飛行場に着陸中のB29を目撃した。この報告を受けた第十六戦隊の九九式双発軽爆撃機（双軽）が出撃し、B29の撃墜に成功した。なんとか一機だけでも仕留めて面目を保った形だったが、その他の機影はまったく確認できないまま引き上げるしかなかった。このあと、通信情報により、B29の基地が成都であることが確認された。

激化する空爆

そのとき北九州を襲ったB29の数は六十三機だった。七十五機が二トン爆弾を搭載して成都を発進したが、七機が故障で離陸できず、一機は離陸後間もなく墜落した。四機はトラブルで途中で引き返した。日本の防空態勢が正確につかめないため、危険を避けてあえて夜間爆撃としたのだが、初めての日本空襲でしかも夜間だったので、正確な爆撃は期待できなかった。

B29は爆弾をすべて落として引き返したが、製鉄所への被害はたいしたものではなかった。日本軍が損害を与えたと見られるB29は七機だった。ただし、米軍側の記録では、日本の迎撃で確実に撃墜されたと判断したのは二機のみであった。また帰還途中、中国領内で三機が迷ったり山に激突したりした。B29にはレーダーが装備されているとはいえ、信頼性はさほど高いものではなく、広大な中国本土をまたぐようにして五千百二十キロメートルもの往復飛行をする作戦には、地上施設からの支援、誘導が必要だった。

B29による北九州爆撃は、一週間ほど前に緊急命令としてアーノルド総司令官から、現地のウルフ司令官に伝えられていた。米統合参謀本部が太平洋上で展開する「重要作戦」のための陽動作戦の目的で発令されたものだった。

目標は八幡製鉄所だったが、長距離飛行に必要な大量の燃料が確保できなかったため編隊飛行ができず、各機の単独飛行だった。それだけに、帰還途中で迷う機を出すことになったのである。しかし、この程度の被害は軽微といえた。このときの出動でもっとも重要なことは、日本本土を爆撃したことであり、やればできるという自信だった。

初の日本本土空襲をアメリカ国内の新聞は全段抜きで大々的に報じた。「日本の無力化も間近い」と全米中が沸いた。ノルマンディー戦線を視察していたアーノルド総司令官は、

「アメリカは日本にもっとも大きな打撃を加えられる、もっとも恐るべき飛行機を持つにいたった。これは日本の生産力を破壊するほんのはじまりにすぎない」

と、自信のほどを示した。成果は別として、初の爆撃に成功した第二〇航空軍司令部は、ウルフ司令官に対し、通達を出した。

『引き続き、日本の全域、および満州、スマトラの主要製油所施設を含む軍事目標をただちに爆撃できるように準備せよ」

六月二十七日、帰国したアーノルド総司令官も命令を発した。

「七月初め、十五機で日本本土を、七月二十日から三十日の間に百機をもって満州・鞍山の製鉄所を、八月初めには五十機でパレンバン（スマトラ）の製油所施設を爆撃せよ」

ところが、航続距離の長いＢ29での日本本土爆撃により、中国基地に蓄えられていた燃料のほとんどを使い果たしてしまうという事態におちいった。中国の部隊を率いる米のシェンノートは、このときのことを次のように記している。

「米軍側にもきわめて危険な時期があった。七月十七日ごろ、第十四航空軍は燃料不足のため五日間の飛行不能状態に陥った。このときパイロットは毎日古い練習機に乗り、待ち焦がれている燃料運搬車が独山から柳州のどこまで来ているかを偵察しに出ていたほどであった。もしこの時日本の空軍が一斉に攻撃していたならば、われわれは全滅していたに違いない。日本空軍が第十四航空軍を撃破できなかったのは、十八年夏以降、本気になって米空軍に挑戦することを止めた点にある。空中戦力が劣勢になり、戦法が消極的になると、航空作戦は戦略的利益を上げられなくなることを日本軍は知らなかった」（『司令部偵察隊』）

Ｂ29による日本本土爆撃を憂慮した中国派遣軍と第五航空軍司令部は、「北・中支全域の対空監視網の強化、邀撃捕捉の部署、九九双軽による成都進攻準備」を急いだ。具体的には、電波警戒機を増設し、中国大陸と内地との連絡情報網を緊密にして洩れのないように強化を図った。

航空軍の児玉真一中隊によるＢ29の基地・成都への捜索が行なわれた。航空軍による爆撃も行なわれ、Ｂ29を守ろうとする中・米軍との間で制空権を争う戦闘が行なわれた。しかし、フィリピン決戦に主力を傾注しようとするこの時期、日本は数少なくなっている遠距離戦闘機を、中国奥地の第五航空軍へ配備することなど望むべくもなく、効果はあがらないばかりか、むしろ被害を大きくしていった。

七月七日夜、成都を発進した十八機のB29は、再び九州の夜間爆撃を敢行した。佐世保、長崎、大村、八幡の各軍需施設への分散爆撃であった。さらに同月二十九日には、六十機が満州の鞍山製鉄所、天津付近の港湾などを爆撃した。翌八月二十日には、八十機が再度八幡製鉄所および八幡地区を爆撃した。九月八日には再び鞍山製鉄所を九十五機のB29が襲い、二百六トンの爆弾を投下していった。同月二十六日にも鞍山を爆撃した。爆撃が慣れてきたこともあって、B29の威力を遺憾なく発揮するようになった。

一方、B29のたび重なる爆撃に手を焼いていた第五航空軍は、六月二十六日に南方軍から編入された第八飛行団長・大西洋大佐（次いで青木喬少将）をB29攻撃専任として第九十戦隊の指揮に当たらせた。

飛行団司令部および第九十戦隊は、B29の攻撃戦法の検討を行ない、新戦法を決定した。まず最初、月夜に少数機が揚子江に沿って重慶付近に飛び、そこから培州を基準点として成都上空に飛び、先頭機が投下した照明弾の明りを利用して、後続機が目視で緩降下してB29を攻撃するというものだ。合わせて、出撃したB29の帰還を追尾して進攻する作戦も採用した。

しかし、この戦法は容易ではなかった。なにしろ部隊のいる漢口から成都までは千キロ、九九式双軽の航続距離は千四百キロでしかない。往復で六百キロ分の燃料が足りないことになる。そこで、窮余の一策として、飛行機の前後の射手席および操縦席付近と通信席の三ヵ所に合計六百五十リットル入りの増加タンクを取りつけた。そのため、機関砲などのすべての武装装置は取りはずされた。また、敵に察知されない工夫として、エンジンの排気炎を消すため、排気管の先に消炎管を装着した。

九月八日、天候の安定とともに第八飛行団は出動した。作戦は予定どおりに進行し、第一回目の成都爆撃では、Ｂ29を十四機炎上または撃破させ、成果はまずまずだった。なぜか敵戦闘機の追尾もなく、全機が無事に帰還した。航空軍はＢ29を爆撃したとして、総司令官らから賞賛の電報を受けた。そのほか、重慶や柳州などの飛行場も爆撃した。第八飛行団の七次にわたる成都爆撃によって、合計三十四機のＢ29を炎上させた。

しかしながら、四ヵ月にわたって続行された夜間爆撃によっても、Ｂ29の日本本土および満州、北支爆撃を断念させることはできなかった。その理由は――実は、第八飛行団が攻撃したＢ29はトラブルの発生で飛行不能な機体だけだった。

米第二十爆撃集団は、出撃から帰還すると、その都度すぐに給油して飛び立ち、安全なカルカッタの基地まで退避していたのである。

米軍にとって成都を基地とするB29の出撃は、燃料補給に手間取るため、決して効率性が高いものではなかった。それでも、成都からB29が出撃するマッターホーン作戦は、十二月まで続けられた。出撃に伴う損耗をはるかに上まわる量のB29が、すでにボーイング社で急ピッチに生産されていた。

こうして、B29の大編成部隊による日本本土爆撃作戦の態勢は整いつつあった。そして、そのための、効率の悪い成都にかわる別の基地が必要になっていた。

首都圏に迫るB29の機影

「B29の日本本土爆撃はいつごろから開始されると思うか」

サイパン失陥後まもないころ、天皇の大本営海軍部に対する質問に、軍令部総長は次のように回答した。

「約半年後、すなわち昭和十九年十二月早々には、東京はB29の空襲を受けるものと覚悟しています」

海軍部に確かな根拠があったわけではなかったが、飛行場の拡張工事、その他諸施設の工事期間から推察して、約半年後と予測したのである。事実、米軍の飛行場建設工事は着々と進行していた。東京から二千五百キロのサイパンは、爆弾を四トン搭載しても五千二百キロ以上の航続距離をもつB29にとって、往復してもなお釣りがくるほどだった。さらに、カルカッタからヒマラヤ越えで成都へ運ぶ航空燃料や爆弾の一ヵ月間分を、わずか一日三隻の輸送船で運ぶことができるサイパン基地は、日本本土爆撃には絶好の足場であった。

八月の半ば、硫黄島、父島が空襲を受けるにおよんで、拠点基地となりつつあるマリアナ方面の状況把握の必要に迫られた海軍部や連合艦隊司令部は、九月二十三日、「彩雲」による写真偵察飛行を強行した。同機は木更津を出発し、硫黄島を中継してサイパン、テニアン両島の写真撮影に成功した。そのフィルムには、三千メートル近くにもおよぶアスリート飛行場の延長工事が、映し出されていた。そのほかにも、数ヵ所の飛行場が建設中だった。その長さからして、B29用の基地と判断された。

米軍は、旧日本軍の飛行場を整備し、延長して使おうとしていた。飛行場整備の機動力は、日本軍とは比べものにならないほど迅速だった。翌一九四五年（昭和二十年）六月までには、サイパンに二ヵ所、テニアンに二ヵ所、グアムに三ヵ所の飛行場が建設され、このうちB29用の基地は五ヵ所だった。やがては五つの航空団、合計千機近いB29と数百機の戦闘機などが進出することになる。

米機動部隊による攻撃が一段落した十月三十日、今度はトラック島が「B29と認められる大型機八機」、「雲のため機種を判別し得ない大型機九機」の爆撃を受けた。実は、マリアナ基地には十月十二日からＢ29が飛来し、二十日には、アーノルド総司令官直属の第二〇航空軍の中に編成された第二〇、二一爆撃機集団が進出してきていたのである。

大本営海軍部は本土爆撃に備えた戦備編制改定を行なうとともに、十一月二日夜、米マリアナ基地の奇襲攻撃を敢行した。第三航空艦隊司令長官・吉良俊一中将の指揮下、一式陸上攻撃機十機（うち三機引き返す）が硫黄島を中継基地として出動した結果は、次のように報告されている。

「『サイパン』『テニアン』各飛行場奇襲に成功し左の戦果を得たり
『アスリート』飛行場……六か所炎上
『オレアイ』飛行場……全飛行場火の海と化す
『チャチャ』飛行場……三か所炎上
『テニアン』旧飛行場……二か所炎上火災、二か所大爆発」（『戦史叢書・本土防空作戦』）

これに対し、米軍も硫黄島の日本軍基地を叩こうと、十一月五日、Ｂ29の四十一機が初めて同島を爆撃した。日本本土爆撃をもくろむ米軍にとって、日本軍の中継基地としても使われている硫黄島は目の上のコブ的存在だったからだ。

米軍は島の形が変わるほどの艦砲射撃を加え、上陸作戦を敢行した。応戦する日本軍と激戦を繰り広げ、米軍側にも多くの犠牲を出す結果となった。

十一月六日、陸軍一〇〇式司令偵察機はサイパン、テニアン両島の写真偵察に成功した。十一月九日には「彩雲」がグアム島の写真偵察を行なった結果、B29と見られる飛行機の数を確認した。

第一飛行場……………大型機約二十機
第二飛行場……………大型機約五十機（掩体《えんたい》中のものを含む）
第三飛行場……………戦闘機約二十機

十一月十一日、軍令部特務班は第一部に対し、マリアナ方面でのB29に関する電報が活発化したとの警告を発した。十五日には、本州南方洋上に配備中の第二十二戦隊の監視の一隻が敵潜水艦の執拗な攻撃を受けた。これまでになかったことだっただけに、海軍部は日本本土爆撃の事前措置ではないかと警戒した。この後も敵潜水艦からの攻撃は相次いだが、こうした一連の攻撃は米軍側の新たな作戦展開を意味していたのである。

実は米軍第二一爆撃機集団のハンセル准将は、十月末、ワシントンのアーノルド総司令官に「第一サン・アントニオ」計画を提出していた。十、十一個航空団のB29約百機が、九千メートル以上の高度から、東京を昼間爆撃するとの計画であった。第一回目は、十一月十七日と定められ、目標の第一番目は日本の航空機用エンジンの三二パーセントを生産していた中島飛行機武蔵製作所だった。

「アメリカはＢ29を月に三百機生産をしている」とアーノルド総司令官が豪語したとの外電が日本にも伝わってきていたが、ボーイング社の近代的な巨大工場で生産されたばかりのＢ29の巨体は、ジュラルミンのボディをギラつかせながら大西洋経由でぞくぞくとサイパンに送り込まれ、日本の中島飛行機エンジン工場に照準を据えていた。

ちょうどそのころ日本から、夕日を受け、あるいは朝日を鈍く反射させながら、和紙でできた巨大な球形の物体が、大空高く吸い込まれるように次々と舞い上がっていった。Ｂ29のような最新技術を結集した工業製品でもなく、エンジンの爆音を響かせるでもなく、ただ風まかせの手作り兵器だった。その数、一万個にもおよぶ。

〝神風〟に託す風船爆弾

偏西風と「ふ号作戦」

昭和十九年（一九四四）十月二十五日、大本営陸軍部参謀総長はアメリカ本土攻撃を目的とした「ふ号作戦」を発令した。「ふ号」とは、米本土攻撃を目的として開発された秘密兵器、すなわち風船爆弾だったのである。

ちょうど同日、フィリピン近海では、軍需省から第一航空艦隊司令長官に転任していた大西滝治郎中将が初めて、米艦隊に対する体当たりによる特別攻撃を命令した。この前日、海軍が起死回生を賭けて挑んだフィリピン中部のレイテ沖の海戦で、日本最大級の戦艦「武蔵」が魚雷十一本、直撃弾十発、至近弾六発を受け、シブヤンの深海に没していた。装備、兵力とも圧倒的に優勢な米軍の攻勢の前に、絶望的な捨て身戦法を選択するにいたったのである。

風船爆弾も、体当たり特別攻撃も、いずれも〝神風〟攻撃であった。

散発的ながらも五ヵ月間にわたって続けられたB29による日本本土（北九州）爆撃に続き、今度はいよいよ首都・東京に対する本格的な戦略爆撃が開始されようとしていた直前、日本側からはアメリカ本土に向け、冬季の偏西風に託して風船爆弾を飛ばす――。

風船爆弾の研究が具体化した経緯については、参謀本部課長兼大本営陸軍部作戦課長だった服部卓四郎が『大東亜戦争全史 6』の中で次のように記している。

「昭和十七年四月、既にドゥリットルの我が本土に対する空襲が行なわれ、且つ爾後は益々その度を加えんとする状況において、進んでわが方からも米本土に対して航空その他の手段で攻撃を行ない、少くとも精神的擾乱の目的を達したいということは不断に大本営首脳の念頭を離れなかった問題であった。これがために一部民間当事者の熱心な努力と相俟《あいま》って片道飛行による太平洋横断爆撃機（富嶽機）を製作し、特に米国北部の重工業地帯の要部等を攻撃する企画もなされたこともあった。しかしながら当時第一線飛行機就中《なかんずく》戦闘機急需は真に焦眉の問題であった。一方この富嶽機の僅か数機の生産のためにも技術陣、資材、労力その他に亘《わた》り莫大なる現用機生産の犠牲を忍ばなければならぬ。これがため種々論議を重ねたが遂に涙を呑んでこの企画を中止しなければならなかった。かくの如き情勢において兎もかく少くも精神面において相当の成果をあげたものは以下記述する風船爆弾による米本土攻撃作戦（所謂《いわゆる》『富号作戦』）であった」

ここにいう片道飛行の太平洋横断爆撃機とはキ74－Ⅱ（立川飛行機）を指すものと思われるが、あるいは一時期、中島知久平の提案したZ機が片道飛行によるアメリカ本土爆撃機の候補として論議されたこともあったのかもしれない。ともあれ、風船爆弾も伊25潜水艦や「富嶽」と同様、ドゥーリトル隊の日本本土爆撃に端を発し、アメリカに一矢《いっし》報いる手段として、大本営が考えた作戦の一つだったのである。

風船爆弾の利用については、いくつかの方法が考えられた。陸軍は早くからソ満国境方面で小型の風船に爆弾をつけて飛ばし、敵陣の後方を攻撃するという作戦を研究していた。また、風船（気球）に兵を乗せ、やはり敵の後方に降下して送り込む方法も研究していた。

風船をアメリカ本土爆撃に使う「風船爆弾の研究発端」について、第一航空通信連隊長だった堀内旭元がのちに『陸軍航空の鎮魂』の中で紹介している。

昭和十六年（一九四二）十月ごろ、当時、堀内は陸軍航空本部保安課長として、航空通信気象に関する仕事をしていた。そんなある日、中央気象台長の藤原咲平が来訪、二人で気象の話をしているとき、藤原がこんなことをいった。

「日本上空には年間を通して亜成層圏を強い偏西風が吹いているのだが、これをうまく活用する方法はないものだろうか」

そこで堀内は、藤原に依頼した。

「そういう天の味方があるなら、宣伝謀略爆撃などに大いに活用できる。偏西風に関する資料を集めて見せてもらいたい」

二週間ほどして、藤原は一束の資料を持参して再びやってきた。アジアから太平洋、北米大陸をも含む広範囲な地図に亜成層圏の大気の流れがいっぱいに書き込まれた気流図である。それも、一ヵ月ごとに、一年間を通して記録した詳しい内容であった。

気流の流れはいろいろあって、よく見ると、季節によって変化のあることがよく理解できた。シベリア大陸から日本の上空を通って真東の北米大陸にいたり、西部の山脈にさえぎられてから真っすぐに東へと突き抜ける流れ、あるいは北米南部を流れるもの、北米大陸をぐるぐる回ってメキシコ湾に向かうものなど、いろんな流れがあることが一目瞭然であった。

藤原はこの気流図の製作や資料収集の経緯については多くを語らなかった。堀内は信憑性に若干の不安を感じたが、「いやしくも気象台長の持参されたものだ」と思い、不安を打ち消した。

漠然とながらなにか可能性を感じていた堀内は、さっそく教育部長の寺田少将に報告した。寺田は目を輝かせながら、図に見入っていた。

「君から安田総監に報告してくれ」

堀内は気流図をそっくり持って、今度は安田武雄総監に報告した。

「しっかりやるように」

安田は乗り気の様子で、堀内を励ました。

堀内は次に、同期生で軍務課長の真田穣一郎大佐にこの資料から得た着想について相談した。

「風船爆弾ならすでに完成して、ソ満国境に配備してある。そんな話は古いよ」

真田にそういわれ、意気込んでいた堀内はちょっとがっかりした。しかし、逆に、軍部が風船爆弾のアメリカ本土爆撃目的での使用はまだ考えていないこともわかった。

堀内は、「此の偏西風を活用して米本土にあまねく到達するような特殊弾の研究こそ即刻始めなければ手遅れだ」と考え、さっそく航空本部兵器部長に相談した。しか

し、

「堀内君、風船爆弾なんかに手を出すのは航空の邪道だよ」

と、一言で反対されてしまった。堀内は兵器部長からきっぱりといわれて、我に返ったような気持ちで、見方を変えて考えなおした。

「現に戦術的な二十～三十キロメートルの風船爆弾は完成しているならその関係者に従来の研究をもう一歩進めさせるだけで此の着想はすぐ実現しえるに違いない。航空本部の任務ならいざ知らず重大な此の時機に他のことを考えているのは確かに邪道だ」

(『陸軍航空の鎮魂』)

そう考えなおした堀内は、第九技術研究所に連絡し、資料を渡して「今後発展させてくれるように」と研究を頼んだ。所長の篠田鐐少将は快く引き受けた。

着想はひとまず、堀内の手を離れることになったが、同研究所をあとにしつつ、「この風船爆弾が早く成功して大東亜戦争に輝かしい終止符を打つ決め手になって貰えることを祈った」(前掲書)

和紙とコンニャク糊の風船爆弾

風船爆弾の着想は堀内だけでなく、いくつかの方面からそれぞれの提案があった。しかし、大本営として本格的に取り組んだのは、やはりドゥーリトル隊の爆撃があった昭和十七年（一九四二）四月十八日のあとである。具体的発案は、陸軍省軍務局参謀の国武輝人中佐だったといわれている。陸軍省が計画を立て、登戸の第九陸軍技術研究所で草場季喜少将が中心となって開発が進められた。このときの研究所長は工学博士の篠田鐐少将であった。

一方、陸軍の兵器技術本部から、出身校の東北帝国大学工学部電気科へ特別研究生として派遣され、超短波の研究をしていた武田照彦中尉は、昭和十七年（一九四二）九月末、第九陸軍技術研究所に赴任、第一科第一班長を命ぜられた。第一班は、いわゆる「ふ（富）号兵器」の主務担当部門であった。武田は草場に呼ばれた。

「君が超短波の研究をしていることは十分承知している。実は、富号という風船爆弾が参謀本部から非常に期待されているんだ。でも班長に適任者がいないし、電波関係の君の研究も役に立てたい。是非、これは君にやってもらいたい」

草場に口説き落とされて、武田は「ふ号兵器」の責任者となった。

武田は戦後、「ふ号兵器の開発」と題する手記を残している。

「電気を専攻する筆者にとっては、空気との戦争という全く場違いの仕事に急に変わったのはまことにきつかった」

武田は風船そのものではなく、それに吊す無線発信機の専門家として引き抜かれ、両方を含めた風船爆弾の開発を担当させられることになったのである。

「しかし、これは筆者だけではなく、同僚の一班の誰にとっても初めての研究であった。

さらにいうならば、世界中探しても渡洋無人紙風船の専門家等いるはずがなかった」

もともと一科一班は宣伝用の機材の開発を担当していた。たとえばソ連の攪乱を狙って、満州国境の川を越えて宣伝ビラを撒《ま》くといった作戦の機材を開発していた。このとき、小気球を作ったが、その原材料となった和紙とコンニャク糊《のり》が、のちに風船爆弾にも使用されることになったのである。

第九陸軍技術研究所の「ふ号」研究開発組織は、第一科長の草場が責任者となり、庶務班の中本少尉、第一班の武田大尉、第二班の高野泰秋大尉（特殊無線機）、第三班笹田助三郎技師（く号）、第四班大槻俊郎大尉（ら号）らがいた。

武田の研究班には折井弘東中尉、中村信雄中尉、久保田実夫軍曹のほか、寺尾信雄、野原熊男、岩橋等、坂井重雄ら技官が協力した。

そのほか、各分野の専門家、たとえば八木アンテナで有名な八木秀次、気象台長の藤原咲平なども顧問として名を連ねていた。さらに第五陸軍技術研究所（気球航跡の標定）、第八陸軍技術研究所（材料）、第二陸軍造兵廠（火薬、焼夷弾など）、陸軍気象部（ラジオゾンデ、気象）、軍医学校（経度信管）、中央気象台（太平洋気流）、海軍（共同研究）の各専門機関も協力した。

メーカーでは、国産科学、精工舎、藤倉工業、東芝、日本火工品、国華ゴム工業、中外火工、横河製作所、久保田無線、三田無線などが部品の製作も含めて協力した。

この中にある海軍との共同研究とは、アメリカ本土まで数百キロに接近した潜水艦から小型風船爆弾を飛ばして攻撃するという、陸・海軍共同作戦のことである。このほうが風船は小さくてすみ、機器装置も比較的簡単にできる。武田は昭和十八年（一九四三）「四月から二か月ほどはこの計画に忙殺された」。しかし、戦争の拡大とともに潜水艦の役割が重要視され、撃沈される数も増えるにしたがい、「潜水艦の余裕がない」との海軍側の事情で流用ができなくなって、実行には移されなかった。

昭和十七年（一九四二）秋から研究に取り組んだ武田が、まず開発上の大きな問題としたのは、次の四点だった。

(1) 西風のある高空まで上げるには、それだけ気球を大きくしなければならない。それは高くなるほど空気が薄く軽くなり、これが気球の浮力に直接影響するからである。

(2) 高空はマイナス数十度の低温になるので、地上でははかり知れない問題が起こる。昼間の高空では雲がないから、太陽熱を完全に受ける。そのため昼夜の温度差が大になる。

(3) 無人気球の飛行をどうやって確認するか。測定方法の問題。

(4)　風は真っすぐにアメリカまで吹いているか。途中で南北に曲がってしまわないか。

こうした把握しておかなければならない問題が多々あり、中央気象台から派遣されていた荒川秀俊が、太平洋から米本土にかけての偏西風や気象に関する基礎データの収集・整理を開始していた。世界で発表されている文献を集め、季節ごと、高度ごとの気流の正確な流れ、速度、上空の気温などに基づき、放球時期、場所、拡散分布、米本土到達までの時間などを割り出す必要があった。

風船爆弾の開発について、武田は次のように述べている。

風船爆弾

「この中に人が乗っていれば解決が大分楽なこともあるが、無人だから苦労する。とにかく奇想天外すぎて、昔からの文献資料というものが殆どない」(前掲書)

それでも昭和十七年

（一九四二）十二月、千葉県一宮海岸で、早くも五メートル気球に観測用の小さな無線機を取りつけ、飛行試験を行なった。続いて昭和十八年（一九四三）春、鳥取県米子で第二回目の飛行試験を実施した。このときは、登戸研究所の宛名を書いた葉書をつけて一定間隔で飛ばし、見つけた人に葉書を出してもらうことにした。その結果、茨城県までの七百キロメートルの飛行を確認できた。

到達距離をさらに長くするためには、一万メートルもの上空の偏西風に乗せなければならない。そのため、球に吊す重りとなる砂を入れたバラストの数をもっと多くするとともに、気球もうひとまわり大きくする必要があった。

技術的な課題はまだまだいくつもあった。たとえば、気球が上空に行くにしたがい、気温は低下し、気球内部の水素が収縮する。その結果、高度はしだいに下がってくる。さらに和紙の風船では、少しずつではあれ、どうしても内部の水素が漏れる。

そのほか、下降気流や無線機への影響も考慮しなければならない。高度が下がってくると、吊してあるバラストを自動的に少しずつ投下して、常に一定高度を保つ必要がある。こうした技術の開発と、実際の試験を何度も実施して確認していかなければならない。

再び一宮での試験が繰り返し繰り返し行なわれた。この間、武田とその部下たちは、「三〇七装置」と呼ぶ飛行保持装置を開発した。

「この発明によって、ふ号が太平洋を越えるようになったといっても過言でない」と、武田も述べているが、その原理は、気球があらかじめ設定された高度まで下がったら、バラストを一部投下して浮力を回復させるというものである。実際には、気温が下がりはじめる日没時にバラストを投下する。アメリカ本土に届くまでには二、三昼夜かかるため、二、三回のバラスト投下を行ない、北米大陸に達したところで最後に爆弾を投下するという仕組みである。

一方、第二班では高野泰秋大尉と井延実技手らによって新しい無線発信機が作られていた。電波の変調方式をこれまでのラジオゾンデのA3型からA1型に変えたことにより、到達距離が飛躍的に長くなった。

風船爆弾のヒントはアメリカにあった

最終的には、気球は十メートルもの巨大な直径になった。昭和十八年（一九四三）十二月に行なった実用試験では、百個の気球に実際に爆弾を搭載して放球した。その期間中に大本営陸軍部の参謀クラスが次々と視察に訪れ、期待をもって見守っていた。

そのとき武田の心の片隅には、「このような晴れの場面では、えてして失敗があるものだ」との懸念があったというが、「ふ号」もその例外ではなかった。気球が離陸し、数メートルまで上がった直後、視察者の眼前で爆弾を投下してしまったのだ。軽くなった気球は逃げるように舞い上がっていった。

幸い爆弾は破裂せず、大事にはいたらなかったが、武田はおおいに肝を冷やした。

もっとも、実験の過程ではそのようなトラブルはしばしば発生した。

風船爆弾の最大の問題点の一つは、信頼性が低いことであった。とくに上空では氷点下数十度の低温にさらされるため、機器装置が不調になりがちである。風船の気密性にも問題があった。そうした問題点を解決するため、昭和十八年末から十九年の前半にかけて、陸軍の各研究所から多数の専門家の応援を得て対策に取り組んだ。最盛時には総勢三百人ほどの陣容になっていた。

武田の専門は電気である。だから、どうしても気球の専門家の協力を必要とした。昭和十八年の夏、草場は陸軍兵器行政本部に勤務していた二宮善太郎（技術中尉）を登戸研究所に呼んだ。学生時代から化学を専攻していた二宮は、滝ノ川の技術候補生の第一期生として陸軍兵器技術本部に入った。気球を担当しているといっても、ゴム製の小型防空気球である。そのほかに防毒衣、ゴムボートなども研究していた。

「陸軍で気球を担当しているのは君だけだ。もう資材の手配はすんでいる。精密を要する気球だけに、ぜひ君のような専門家の協力がほしい。試作品はいままで直径六メートルだったが、今度は十メートルだから大変だと思う」

草場は二宮に計画書を見せた。和紙とコンニャク糊で直径十メートルもの気球を作るというのである。これには二宮も半ば驚き、半ば呆れた。彼は、「これは大変なものを引き受けてしまったぞ」と思いながらも、「アメリカ本土を爆撃するというならやらねばなるまい」と決意した。

二宮は、武田らが一宮で放球試験する分として、とりあえず二百個の生産を引き受けることになった。草場からの要請もあって、実際の製造は国産科学工業に発注された。同社では四苦八苦の末にようやく二百九個を製作・納入した。

工場内での満球試験——ふくらませて空気漏れのないことを確認したあと、一宮実験場で昭和十九年三月十日まで試験が繰り返された。結果はまずまずだった。

そんなある日、風船爆弾の効果について疑問を抱いていた二宮が、草場にこの作戦の動機について尋ねたことがあった。そのときのことを、二宮は次のように話す。

「『一つは国民の志気の昂揚だ。もう一つは、アメリカには落雷が年間に五万件ある。加えて風船爆弾による火災の恐怖、それによる相手国への心理作戦だよ』と、はっきりいいました。いまは結果論で、幼稚なものを飛ばしたとかいろいろ批判されますがね、アメリカに負けてじりじりと後退し、前途が非常に暗いので、なんとか精神的な歯止めというか、突破口をつくろうとあせった窮余の策だったんですよ」

そのとき草場はさらに、風船爆弾のヒントが実はアメリカにあったということも二宮に話した。

「アメリカのほうで、日本から気流に乗って攻撃されるかもしれない恐怖があることを、向うの気象学会で発表があった。それからヒントをえて本格的に研究したんだ。これはいいということで、こちらはそれを利用した」

草場は『風船爆弾と決戦兵器』の中で、次のように述べている。

「わが国の上空八千ないし一万二千メートルの高度には、冬期になると常に強い西風が吹いている。この西風がもしアメリカまで同じように続いて吹いているとしたならば、無人の自由気球をこの風に乗せて飛ばせたなら、アメリカ本土を爆撃できるであろうという考えが、期せずして各方面から提案された。これこそ神風だというので、急速に研究が進められたのがこの風船爆弾である」

気象関係者の間では、以前から偏西風の存在については知られていた。しかし、実際にこの風に風船を乗せてアメリカ本土を爆撃するとなると、不確定要素が多く、さまざまな疑問も出されていた。ところが、東京を爆撃したあと中国大陸に向かったドゥーリトル隊のうち、途中不時着して日本軍の捕虜になった搭乗員が、尋問の中でこう答えたのである。

「八千メートルより上を飛んだとき、強い気流にぶつかって飛行速度が極端に落ちた」

一方、海軍でも同様の研究を進めていた。巖谷英一元技術中佐は『航空技術の全貌』（上）の中で次のように海軍での取り組みを述べている。

「太平洋戦争の中頃、寒川の相模海軍工廠長金子吉三郎海軍技術少将は特殊の火器を吊下した気球を成層圏内に昇騰させ、気流を利用して北米合衆国内地に落下火災を起さしめんとした。即ち同工廠研究部長小川海軍技術大佐は中村竜輔名古屋帝国大学教授を嘱託として気球の設計に当り、藤倉工業株式会社で製作させた。成層圏に於ける気象変化の状況によるガス内圧の増加に対し充分に堪えることの出来る球皮を使用する構造形式のものであった」

しかし、海軍の気球は、結局、終戦までには実現しなかった。

無理な製造量要求

陸軍では、武田らの実験が本格化し、実用化に向けて大々的に走り出していた昭和十九年四月、二宮は兵器行政本部造兵部需兵課第三班の「ふ号」係への転属命令を受けた。需兵課長は佐々木大佐、第三班長は片山中佐、「ふ号」係には担当将校の篠原准尉以下七名の曹長、軍曹、軍属などがいた。業務内容は「ふ号」に関する生産調査、計画、発注などであった。

着任早々、二宮は佐々木大佐に聞かれた。

「軍の方針では、二十五万球くらい生産したいのだがどうかね」

二宮は現状を踏まえ、率直に答えた。

「資材面から考えてもその十分の一、二万五千球が限度です。さらにこれから設備を拡大し、人を集めるとなると、かなり下まわるものと思います」

実は、佐々木は陸軍省の佐藤賢了軍務局長から二十五万個を作るようにと命令されていたのである。先にも述べたように、佐藤はアメリカに一矢報いるため、「富嶽」や片道飛行のニューヨーク爆撃機の製作に非常に熱心だった。彼は『大東亜戦争回顧録』の中で風船爆弾に触れて、次のように書いている。

「米本土に一太刀なりとも報いたい念願から私はこの風船攻撃にははなはだ熱心で、放球基地を訪れ、ウイスキーなど持参して隊長以下を激励したりした」

しかし、原料の和紙やコンニャクの供給量からして、おのずと限度があり、とりあえず二宮がいったとおり、十分の一の二万五千個に落ち着いた。

それからしばらくして、班長の片山が電信連隊長に転出し、後任に金居少佐が就任した。

発注は国産科学工業だけではまにあわないし、また競争発注する意味もあって、中外火工にも出され、生産量を徐々に上げるように計画されていた。ところが着任早々の金居は、二宮に要求した。

「九月までに四千球できぬか」

「それは無理ですよ。せいぜいが八百球くらいです」

る。

「いや、どうしても四千球つくるのだ」

強引な要求である。二宮にすれば、八百でさえ精いっぱい頑張った結果の数字である。

「兵隊なら命令どおりに行動しますが、機械や設備に命令しても限度があります」

金居は声を荒だてた。

「おまえは何年監督官をやったのだ、考えてみろ！」

実情も知らずに、ただ無理強いすればなんとでもなると思っている班長の言葉に、二宮は憤然と立ち上がった。一瞬、周囲に緊張が走った。そのとき、篠原准尉が「中尉殿！」と叫んで、二宮を制止した。二宮も金居も黙ってしまった。

やがて八月三十一日を迎えたが、「ふ号」の生産は八百七球でしかなかった。二宮は今度は佐々木課長に呼ばれた。

「あの生産数はなんだ。お前は俺の寿命を縮めるつもりか」

すでに御前会議で、九月には千葉の気球連隊を動員・配置して、十一月まで四千球を使って訓練したあとアメリカ本土を攻撃することに決定していたのである。

またしても生産数の件で上官に怒鳴られたわけだが、しかしこのときには、二宮はもうカッとはしなかった。金居との一件があってからすでに数ヵ月がたっていて、「観念していたためか、割合冷静に事情を説明することができた」という。

佐々木大佐は二宮の理づめの説明に、「わかった。帰ってよい」とつぶやくようにいったが、御前会議の決定にそえないことを考えてか、顔は青ざめていた。

九月中旬、二宮は業務連絡で京都監督班に出張した帰り、京都駅で列車を待っているとき急に気分が悪くなり、うずくまって鮮血を嘔吐した。見送りにきていた者がただちに京都府立病院に運び込んだ。明らかに日ごろの無理がたたった結果だった。数日後、二宮は病院で、京都で初めての空襲警報を聞いた。

食卓からコンニャクも消えて

武田らは引き続き一宮に泊まり込んで実験を続けていた。そんな昭和十九年夏の夜、武田が投宿していた砂丘の上に一軒だけぽつんと立っている一宮館別館に、陸軍省軍務局軍事課員の国武輝人中佐がやってきた。陸軍省で風船爆弾によるアメリカ本土爆撃を発案した人物である。

戦時下とあって、夏というのに泊まり客は一人もおらず、静まり返っていた。部屋の中央にしばらく無言で対座したあと、国武が低い声でぽつりと口火を切った。

「二万発だ。それに必要な予算準備にかかる」

国武は無口なタイプで、その言葉少なく要点だけを語る内容には重みがあった。

「実用試験の結果、米本土に到着したという確証があるならともかく、まだはっきりしていないのに生産にはいるのはどうでしょうか。それに数も多すぎます。費用は全国家予算のほぼ一日分ではないですか」

武田は自らが開発してきた兵器の有効性に自信がないかのように受け取られかねない弁明に、口ごもりがちであった。自然の力に頼るしかない、世界でも初めての試みである。機器装置の信頼性にもまだ疑わしい部分が残されていた。非常時ゆえ、いきなり実戦に使われるのは致し方ないとしても、その規模、金額があまりにもとてつもない数字である。その責任のすべてが自分の研究成果にかかっているかと思うと、ことの重大さに気後れするのも無理なかった。

国武は終始無言ながら、射るような鋭い眼光で武田を見つめていた。

「一応、上司に報告してから……」

実施までまだ数ヵ月あることから、武田はそう答えるにとどめたが、このときの国武の訪問を、「大本営の意向を厳《おごそ》かに内示したものであった」と推察し、そのことによって、「ふ号を秘密作戦兵器としてよりも、この戦局に対する決戦兵器として見る考えが明らかとなった」（前掲書）と判断した。

このあと、すべての業務が急速に走り出すとともに、それまで取り組んできた武田の実験規模をはるかに超えて組織的、全国的となり、飛躍的に巨大な動きとなっていった。国武が来訪したのは、「富嶽」が軍需省の強い反対で中止と決定した直後だった。

当然そこには、「米本土に一太刀なりとも」と、「富嶽」にもっとも熱心だった国武の上司・佐藤軍務局長の強い意向がはたらいていた。たった一つ残された方法として、佐藤はアメリカ本土爆撃を風船爆弾に託すしかなかったのである。

むろん、解決しなければならない問題はまだいくつもあった。機器装置の信頼性だけでなく、コンニャク糊で貼り合せた和紙の球を十メートルにもふくらませて、どうやってガス漏れの検査をするのかといった問題もあった。しかも、秘密兵器のため、ことは極秘裡に進めなければならない。武田らは一宮の海岸で会議を開いた。

ガス漏れの検査のためには、屋根のある大きなスペースの建物が必要である。これについて、武田が真っ先に思いついたのは、両国の国技館だった。彼は熱心な相撲ファンの一人だった。彼が一同に提案すると、「同意。よし、いまからすぐ交渉にいこう」ということになり、草場、大槻、武田の三人は国技館へ向かった。

相撲協会の入り口で出迎えたのは、出羽の海理事長（元横綱・常の花）だった。かねてから国技館に通い、しばしば常の花の土俵入りを観覧したことのある武田には、いきなり横綱が目の前にあらわれたので、感激と驚きでいっぱいだった。もちろん、このころは相撲どころではなく、力士も徴兵や勤労動員で戦場や軍需工場に駆り出されていて、理事長が一人で留守番をしているような状態だった。相談の結果、出羽の海は快く国技館を提供してくれることになった。

国技館、東京・有楽町の日劇、宝塚劇場、浅草の国際劇場、有楽座など、その他、主として劇場が気球の製作、ガス漏れ検査の作業場として利用されることになった。陸軍兵器行政本部の監督のもと、全国から女子挺身隊、学徒動員など、主に若い女性が数十万人動員され、昼夜二交替の過酷な十二時間労働が強いられ、約一万個近くの気球が作られた。

気球の素材となる和紙の生産については、全国の手漉《てす》き和紙の生産地、高知県の土佐紙、鳥取県の因州紙、岐阜県の美濃紙、福岡県八女《やめ》の筑後紙、埼玉県小川町の小川紙などに割り当てられた。これにより、それ以前までに作っていた半紙や障子《しょうじ》紙などが生産中止となった。糊として使われることになったコンニャクは全国の商店から消え、一般家庭の食卓にのぼることも少なくなった。

風船爆弾の戦果は？

昭和十九年（一九四四）十月二十五日、大本営参謀総長命令で井上茂気球連隊長に対し、「ふ号機密作戦」によるアメリカ本土攻撃が発令された。

「一、実施期間は十一月初頭より明春三月頃迄と予定するも状況に依り之が終了時期を更に延長することあり。攻撃開始は概ね十一月一日とす。

但し十一月以前に於ても気象観測の目的を以て試射を実施することを得、試射に方《あた》りては実弾を装着することを得。

二、投下物料は爆弾及焼夷弾とし其概数左の如し。

十五瓩《キロ》爆弾…………約七千五百個

五瓩焼夷弾…………約三万個

十二瓩焼夷弾………約七千五百個

三、放球数は約一万五千個とし月別放球標準概ね左の如し。

十一月　約五百個とし五日頃迄の放球数を勉めて大ならしむ

十二月　約三千五百個

一月　約四千五百個

二月　約四千五百個

三月　約二千個

放球数は更に約千個増加することあり。

四、放球実施に方りては気象判断を適正ならしめて以て帝国領土並にソ連領への落下を防止すると共に米国本土到着率を大ならしむるに勉む。

五、機密保持に関しては特に左記事項に留意すべし。

1　機密保持の主眼は特殊攻撃に関する企図を軍の内外に対し秘匿《ひとく》するに在り。

2　陣地の諸施設は上空並に海上に対し極力遮断す。

3　放球は気象状況之を許す限り黎明《れいめい》、薄暮及夜間等に実施するに勉む。
六、今次特殊攻撃を『富号試験』と称す」
昭和十九年十一月三日から昭和二十年（一九四五）四月上旬にかけて、千葉県一宮、茨城県大津、福島県勿来《なこそ》の三ヵ所から、実際には九千三百個の風船爆弾が放球された。軍服姿の部隊長が八千キロ先の見えない敵に向かって、「攻撃開始、放て」の号令を発する中、十メートルもある風船を五ヵ月にわたって次々に飛ばし続けたのである。軍内部でも秘密にされるほどの極秘作戦であったが、その奇妙な光景は当然、発射基地近くの人々の目にするところとなり、噂として全国に広まっていった。
開発にたずさわった第九陸軍技術研究所の武田らだけでなく、大本営を始め陸軍上層部は大きな期待をもって見守った。佐藤軍務局長はそのころを回想して、こう書いている。
「風船が米本土に到達したか否か、その効果はどうであるかに深い注意をはらった。私だけでない。大本営は無線諜報、その他により、全神経をそばだてて戦果の探知につとめた」（『大東亜戦争回顧録』）
一九四四年（昭和十九年）十二月十三日付ニューヨーク・タイムズの要約記事を、三日後に上海で発行されている「大公報」が転載した。それを受けて、十二月十八日付の朝日新聞が「日本の気球爆弾米国本土を襲う　各地に爆発火災事件」の見出しで、次のように報じた。

「日本文字の記された巨大な気球が、去る十二月十一日モンタナ州カリスペル付近の山岳地帯に落下しているのが発見された。気球は良質の紙製で迷彩が施され、直径三十二フィート、容積一万八千立方フィート以上で、八〇〇ポンドの搭載能力があると推定される。

気球の側面には自動的に気球を爆破するためか爆薬が装置されてあった。気球は自由気球だが、決して天候観測用のものではない。気球に結びつけられてあった爆薬はアルミニウムと酸化物から出来た六インチ爆弾であった。この種の気球は順風に乗れば時速三百二十二キロの高速に達しよう」

風船爆弾が到達した範囲は広域にわたった。アリューシャン列島から、北はアラスカ、カナダ、西はカリフォルニア州、東はミシガン州、南はメキシコまで、北米大陸のほぼ全域で発見されている。当時、米西海岸防衛ウィルバー参謀長は『リーダーズ・ダイジェスト』の記事で次のように発表している。

「二百個近くが、ほぼ完全な状態で発見され、その他気球七十五個の破片が他の地域で拾われ、また空中に発した閃光で少なくとも百個の風船が上空で爆発したことを人々は観測している。少なく見積もっても九百個から千個の気球は、アメリカ大陸に到着した」

アメリカ本土への到達率は約一〇パーセントで、山火事、人身、家畜などへの被害も発生していた。しかし、人心の動揺もさることながら、米当局者がもっとも恐れていたのは、その気球に細菌兵器が搭載されていないかどうか、あるいは、やがては搭載されるのではないかという点だった。そして、それ以後、米側は風船爆弾に関する報道をいっさい禁止した。国民の動揺のほかに、風船爆弾がアメリカ本土に対して一定の効果をあげていることを日本側に知られたくなかったからでもある。

日本側は効果のほどを確信できないまま、莫大な資金、原材料、労働力の消費を考慮し、偏西風がおさまる四月をもって作戦を中止した。風船爆弾の成果について、武田は次のように語る。

「米機の日本本土空襲に対して、何とかアメリカ本土にも一矢を報いたいという、そもそもはじめの悲願は達成できたこと。そして、また秘密戦としての心理的効果については、戦後に米国側から発表された記事によると、相当の成果と見てよいのではなかろうか」(『写真記録・風船爆弾』)

佐藤賢了は戦後、風船爆弾について次のような評価を与えている。

「十一月の末から十二月にはいって、情報のなかにカリフォルニアの小さな町(町名は忘れた)の防風林に、原因不明の火災が起こって大騒ぎになったという報道があらわれた。私はテッキリこれは風船攻撃の戦果だと雀躍《こおど》りして喜んだ。さらに、ニューヨークのコニー・アイランド（遊園地）に大火災が起こったとの報があった。
しかるに戦後、米側の文書によれば、当時、米本土に達した気球は相当数におよび、森林、人畜などに損害をあたえたが、米軍当局はこれが内外にあたえる影響、なかでも、日本側のその後の戦果利用に資することをおそれて、いっさいの情報の発表および伝播を厳禁する処置をとったということである。（中略）勝った米国でも不利な戦果はヒタかくしにした。これは当然のことで、ひとり日本だけではない」（『大東亜戦争回顧録』）
日本から放たれた風船爆弾が、九千から一万二千メートルの上空を偏西風に乗ってアメリカ本土に到達した、同じ昭和十九年十一月二十四日、やはり同じ高度の偏西風に乗ったB29の大編隊が初めて関東、関西地方を爆撃した。中島飛行機はこのとき初めて空襲を受けた。そして、それはさらにエスカレートし、翌二十年三月十日未明の東京大空襲へといたるのである。

「爆撃第一目標」は中島飛行機

東京を目指すB29の大編隊

昭和十九年（一九四四）十一月一日、東京地方は積乱雲が立ち昇る秋晴だった。午後一時八分、東部軍司令部は「敵機、勝浦から侵入」との報を受けた。この日、午前五時五十分にサイパン島のイスレイ基地から飛び立った米軍F13（B29を改造して偵察機としたもの）が、東京空襲に先だって偵察写真を撮るため、関東地方に飛来した。かねてから東京空襲を予想して帝都防衛の厳戒体制に入っていた第十飛行師団の各部隊から「鍾馗」、武装司令部偵察機、「飛燕」、「屠竜」、「雷電」、「零戦」、「月光」がそれぞれ飛び立った。

関東地方には警戒警報が発令され、中島飛行機エンジン工場のある東京武蔵野一帯にも澄んだ秋空に警戒警報のサイレンが響きわたった。それが空襲警報に変わってしばらくしたころ、飛行機の爆音がしだいに近づいてきた。爆弾の炸裂音は聞こえてこなかったことから、武蔵製作所内のあちこちに掘られた防空壕に退避する者もなく、付近の民家では、窓越しに空を見上げている住民もいた。

やがて、晩秋の太陽に銀翼を輝かせながら、一機の飛行機がはるか上空を北西に向かって悠々と飛び去っていった。しばらくして、その飛行機はまた引き返してきたが、今度はその後方を数機の日本の飛行機が追いかけていた。しかし、両者の間隔は広がるばかりだった。あとに追いすがる飛行機は豆つぶぐらいにしか見えず、先頭の飛行機がいかに巨大であるかが、地上からも確認できた。

海軍の監視艇や八丈島などに設置された関東地方のレーダーは、F13が本州上空にさしかかる前に捕捉していなかったため、追撃が出遅れた。空気の薄い高空では飛行速度が極端に落ちるため、日本の戦闘機が一万メートル上空まで達するのに四、五十分もかかった。必死に追いつこうとする日本機を尻目に、排気タービン過給器を装備するF13は写真撮影を終え、悠然と千葉県の勝浦沖方向へ飛び去っていったのである。

F13は一万二千メートルを超える高空を飛行していたが、そのころ日本には、一万メートルを超える高度で偏西風に抗して満足に飛行できる新鋭機は存在していなかった。

二時間ほど続いた空襲警報が解除され、再び警戒警報に変わった。東京の住民にとっては、ドゥーリトル隊の爆撃から二年半ぶりの空襲警報だった。その夜は、灯火管制や厳重な取り締まりが各町内ごとになされた。すでに北九州の八幡製鉄所などがB29の爆撃にさらされていることを知っていたから、「やがて東京周辺、中島飛行機にもB29がやってくるだろう」との不安を募らせていたときだっただけに、「あのバカでかい飛行機がB29だそうだ」「爆撃のための偵察飛行らしい」との噂がまたたく間に広がっていった。

日本の戦闘機が必死に追いかけてもいっこうに間隔が縮まらないばかりか、むしろ引き離されていく現実を、彼らははっきり自分の網膜に焼きつけた。庶民にもB29の威力は十分に感じとることができた。この日から一週間ほどの間に、数回、警戒警報が発令された。いずれもF13による偵察飛行だったため、爆撃を受けることはなかった。

米軍の東京爆撃はすでに十一月十七日と定められていたが、直前の十五日になっても、イスレイ(日本軍は旧称のアスリートと呼んだ)基地には計画の百四十機は到着せず、ようやく三分の二の九十機がそろったところであった。それでも、かねてから第一目標に定めていた中島飛行機への爆撃は決行する予定だった。しかし、風雨の悪天候が続いたために、B29は発進できないでいた。二十二日になってやっと百十八機に達し、二十四日にはようやく天候も回復して、いよいよ出撃のときを迎えた。

第七三爆撃航空団司令E・オドンネル准将自らが操縦桿を握る一番機が飛び立ち、以下百十一機がそれぞれ二・五トンの爆弾を搭載してそれに続いた。一行は十数機ずつの編隊で、識別しやすい富士山を第一の目印として伊豆半島から北上し、高度を八千から一万メートルに維持して、富士山上空で進路を東に変えるという飛行ルートをとった。

午前十一時、小笠原諸島の対空監視哨が北上するＢ29の大編隊を発見、ただちに東部軍へ通報した。Ｂ29の進路に沿った各域の監視レーダーからも次々と通報が入った。各基地から迎撃機が発進し、警戒体制に入った。

地上には五百六十門の対空砲があったが、上空一万メートルまで届く十二センチ砲はわずかに三十門で、撃墜を期待するのは不可能だった。戦闘機にしても、操縦を巧妙にやって運よくＢ29に接近できたとしても、せいぜい一撃を加えることができる程度で、撃墜の可能性はきわめて低いと予想されていた。

中島飛行機への初爆撃

この日、朝から東京地方は突き抜けるような青空が広がっていた。中島飛行機エンジン部門の中島喜代一社長がちょうど武蔵製作所の視察にきていた。正午を少し過ぎたころ、武蔵製作所東工場（陸軍向けの旧武蔵野製作所）のほぼ中央にある食堂では、カウンター沿いに皿を持った大勢の従業員が順番待ちをしていた。この日の昼食は二個の蒸し芋だけだった。

ヒステリックなまでに増産命令が叫ばれ、熟練工や技術者の応召があるにもかかわらず、設備は拡張され、かわって徴用工、女子挺身隊、学生、転廃業者、素人工などが次々に補充された。もちろんこうした素人工の配置は製品の品質を落とすと同時に、三交替によるきびしい労働環境に耐えられずに欠勤者も目立つようになっていた。それでもエンジンの生産数は昭和十九年（一九四四）がピークで、一万三千九百二十六台生産された。

そんな状態だけに、ささやかな昼飯でも楽しみの一つで、しだいに近づきつつあるB29の爆音もかき消されるほど、食堂内はざわついていた。そして、やがてその雑踏の中でも爆音が聞こえるようになった、その直後、強烈な炸裂音とともに、建物全体がひっくり返らんばかりの衝撃に襲われた。不意を食らって食堂内は蜂の巣をつついたような騒ぎになり、われ先に飛び出そうとする従業員らで大混乱におちいった。

ちょうどカウンター沿いに並んでいた人事課の秋元重雄は、「腹が減ったら戦《いくさ》はできぬ」とばかり、とっさに手を伸ばして二、三個の芋をつかむと、自分の職場に駆け戻った。かねてから、「空襲になったら必ず窓を開けること。重要な書類等はリュックにつめて持ち出せ」といった指示が出されていたからである。ところが、秋元が戻ったとき、職場にはもはや人っ子一人いなかった。彼は人事関係の重要書類をすべてリュックにつめて、鉄兜をかぶり、職場を飛び出した。

構内では、カーキ色の作業服に戦闘帽、ゲートル姿の工員や徴用工、モンペ姿に日の丸を染めた鉢巻の女子学生らがそれぞれに防空壕に向かって走っていた。

秋元が一階のホールを駆け抜けようとしたとき、再び爆発が起こった。先ほどよりはるかに大きな衝撃だった。投下された二百五十キロ爆弾が時計台の先端に当たり、二階の屋上で破裂、床を破壊したのである。ちょうど真下のホールにいた秋元は、爆風の衝撃で意識を失い、三十分ほど倒れたままだった。

空襲警報が発令されると、本館三階上の防空監視塔に詰めている監視員が、敵機の接近状況を刻々とアナウンスで告げることになっていたが、たったいま落ちてきた爆弾が足もとを揺るがしたにもかかわらず、ひるむことなくアナウンスを続行していた。四十機あまりのB29の大編隊が、身の毛もよだつほど無気味な轟音とともに再び接近してきた。ひとしきり大きな叫び声のアナウンスが響いた。

「爆弾投下！　爆弾投下！」

従業員たちは、思わず顔を伏せた。防空壕の中でさえ、うなりをたてて地上へと落下してくる爆弾の大気を切り裂く音がわかった。次の瞬間、腹の底を突き上げるような激しい振動とともに、大地全体が激しく揺さぶられた。建物の窓ガラスはすべてが吹っ飛び、器具のぶつかり合う音、もうもうと立ち込める土煙……。構内のいたるところで悲鳴があがっていた。その間にも、監視員のアナウンスは間断なく続けられていた。

上空から見た中島飛行機武蔵製作所（米軍撮影）

「本館に爆弾命中、本館に爆弾命中」「西工場で火災発生」

中島飛行機周辺に設けられた十二門近くの高射砲が一斉に火を吹いた。上空ではじける音とともに、金属片がキラキラ光りながら飛び散った。もちろん、敵機からははるか下方での破裂だった。寄せては返す波のように、B29の編隊は爆撃を何度となく繰り返し、そのたびに大地を激しく揺さぶり、やがて、爆音ははるか遠くに去っていった。

犠牲者の捜索、工場の被害状況の把握が開始された。初めて体験した爆撃に、工場全体は混乱の極をきわめていた。直撃弾を受けた東本館前の防空壕では、無残にも女子学生八人が即死状態だった。ほかに合わせて死者七十三人、重軽傷者八十四人、建物半壊が三ヵ所、半焼が二ヵ所。無事だった工場も配電施設に被害を受けたため、この日の作業は中止、爆撃の後かたづけとなった。被害があったとはいえ、工場の生産に大きな影響をおよぼすほどではなく、翌二十五日には生産が再開された。

投下されたのは焼夷弾十二個、百五十キロ、二百五十キロ爆弾合わせて三十四個だった。

武蔵製作所では、それまでにも警報がたびたび発令されていたが、実際に空襲はなかったので、空襲警報が出ても工場から外へ出てはいけないとの指示が出されていた。警報のたびに工場から飛び出していたのでは生産性が落ちるというわけで、工員たちは工場内のあちこちに掘られた防空壕や蛸壷《たこつぼ》のような退避壕に身を寄せて警報をやりすごしていた。しかも、この日、本当の爆撃であったにもかかわらず、警報が出たのが第一回目の爆撃のあとだったため、よけいに混乱し、避難が遅れて、多数の死傷者を出してしまったのである。

その日の午前中にも、それまでと同様、陸軍の監督官は中川良一らに胸を張っていっていた。

「敵機は絶対に入れません。陸軍の戦闘機が工場の上空を傘のようになって守りますから、安心して生産に専念してください」

中川はこう述懐する。

「彼らは本気でそういった。われわれもそれを信じていた」

徹底をきわめた武蔵製作所への攻撃

この日の夜、武蔵製作所に駆けつけた中島知久平は、所長室に入るなり佐久間一郎に死者数を尋ねたあと、続けてこういった。

「こんな程度では空襲のうちには入らない。いまに東京は焼け野原になってしまうんだ」

Z機の構想以来、口癖にしていた言葉がいよいよ現実のものとなったことを、改めて強調した。中島を交えて、今後の見通しを含めた対策会議がもたれた。

その結果、爆弾の直撃を受けた本館二階床のコンクリートは鉄筋入りの三、四十センチの厚さにし、二百五十キロ爆弾が落ちても突き抜けないように頑丈にした。その下には空襲に対処する指令本部をつくった。それまで、警報時に工場の外に出てはいけないといってあったことがかえって犠牲者の数を多くしたため、「空襲警報が鳴ったら工場から自由に外へ出て、遠くへ逃げるように」との指示に変えた。

また、陸軍の監督官からも命令が出された。畑の真中に大工場がポツンとあるため、上空から識別しやすいので、目立たないように工夫する必要があるというのである。そこでさっそく、東京帝大で迷彩の研究をしている星教授に検討を依頼した。星は建坪の多くを占める元陸軍工場（旧武蔵野製作所）の波形屋根に迷彩を施す案を提出してきた。とはいっても、簡単にできることではない。なにしろ屋根の面積は七万三千平方メートルほどもあり、すべてにペンキを塗るとなると、何日もかかる。空襲は明日にもまたあるかもしれないから、ことは緊急を要する。東京中のペンキ屋をかき集めることになった。

国鉄に頼み込み、ペンキ職人を満載した専用電車を東京駅から三鷹まで走らせた。工場側では梯子《はしご》をかけ、スレート屋根を踏みはずさないようにいたるところに板を渡して準備した。千人を超える職人を動員した大がかりな人海作戦によって、一日で塗り終えることができた。

仕上がり状態を自分の目で確認するため、佐久間は企画部の椎野八朔とともに太田製作所に向かった。完成し、陸軍におさめるばかりになっている単座戦闘機を太田飛行場から飛ばし、上空から確認した。しかし、出来はそれほど芳《かんば》しくなかった。低空では比較的周囲の畑と判別しにくかったが、高空からははっきりと見分けがついた。これでは、B29対策としての効果はあまり期待できなかった。

はたして十二月三日、武蔵製作所に対する米軍の第二回目の爆撃が行なわれた。それはちょうど賞与の支給日で、秋元は西工場の四階にある廠長室で職員たちに賞与を手渡していた。そのとき突然、空襲警報が鳴り響いたため賞与の配布を中止し、すべてリュックにつめて本館の人事課の部屋まで戻り、逃げ場所を探して裏口に走った。

秋元が裏口を出て空を見上げた瞬間、日本軍の戦闘機がＢ29に体当たりした。なにかキラッと光るものが目に入った。しばらくすると、それはしだいに大きくなり、はっきりと見えてきた。日本側のパイロットが戦闘機から脱出してパラシュート降下をしているのだが、ロープが絡まっていたのか落下傘が開かず、クルクル回転しながら糸を引くように落ちてくるところだったのだ。やがてパイロットは鈍い衝撃とともに、秋元の目の前にある工具工場の屋根の上に落ちた。

このときの爆撃で、工場や寄宿舎から火の手が上がり、死者五十五名、重軽傷者五十八名におよぶ大被害を出した。この第二回目の爆撃の結果からも、迷彩の効果がなかったことは明らかだった。再度検討がなされた。

先にも述べたが、Ｂ29が工場近くに不時着したことがあり、搭乗員を捕虜にするとともに、彼らが所持していた地図や空中写真を押収した。それには、サイパンから富士山上空を経て中島飛行機に達するＢ29のルートが一目瞭然だった。

さらによく分析すると、武蔵製作所そのものより、工場から一キロほど離れた地点にあるＦとＨの形をした大きな建物がことさら目立ち、それが目印になっているらしいとわかった。それは武蔵中学校と石神井中学校の校舎だった。さっそく両校の屋根の形を変える作業が開始された。今度は大勢の大工が動員され、教室を切り取って建物の中間に何ヵ所か空き地を作るなどの工夫をした。

そんな混乱をきわめるさなか、寝耳に水の事件が起きた。佐久間一郎が陸軍の首席監督官・野田大佐から八王子地方検察局に告訴されたのである。野田の告訴理由は、武蔵製作所の東工場内にあったエンジンが爆撃に伴う火災で大量に焼けたのは、佐久間が米軍へ通報行為を行なっているからだというものだった。

あまりに根も葉もない理由であったため、嫌疑はすぐに晴れたが、その背景には、創立のころからくすぶり続けていた、中島飛行機を陸軍の直営化工場にしたいとする監督官らの狙いがあった。戦局がいよいよ追いつめられる中、直営化によってよりいっそうの増産態勢を図ろうとする軍と、軍の直営化では生産効率がかえって低下すると主張する中島飛行機側首脳陣との間での攻防であった。

昭和十九年(一九四四)十二月二十七日に三回目、昭和二十年(一九四五)一月九日に四回目の爆撃があった。四回目のときは四十八機のB29が来襲し、初めて五百キロ爆弾を投下した。

二月十七日の五回目のときはグラマンF6F「ヘルキャット」など艦載機の大編隊が飛来した。前日の午前中、九十九里浜沖三百キロに姿をあらわした空母を主体とする米第五艦隊の大機動部隊は、九百四十機(日本側の推算)もの艦載機を発進させ、関東一帯の空港、基地など軍需施設、交通機関などを攻撃、翌十七日に武蔵工場を襲ったのである。

それまでのB29による高空からの爆撃の命中率はそれほど高くはなかったため、生産に決定的ダメージを与えるものではなかった。しかし、二月十七日の艦載機による攻撃——急降下して低空からの機銃・機関砲掃射と小型爆弾投下は命中率も高く、銃弾を受けた工場は蜂の巣のようになり、スレート屋根はメチャメチャにされて、壊滅的打撃をこうむった。

実はその前日にも工場上空に艦載機が飛来していたが、なにごともなく飛び去っていたため、防空壕への退避命令は出ていたにもかかわらず、従業員は油断して、避難していなかった者も大勢いた。だから、人的被害も大きかった。空襲後の後かたづけでは、トラック数台分の遺体が運ばれた。死者の数はそれまで最高の八十人、重軽傷者は百十五人だった。

この日、佐久間は空襲を受けた三重県の松阪製作所に出張していて不在だった。夕方帰社した佐久間は、あまりにも無残に破壊され尽くした工場の玄関正面で、顔面蒼白のまましばし呆然と立ちつくした。

工場疎開と穴掘り

翌日、破壊された工場に雪が降り積った。従業員の多くが出勤してこなかった。佐久間は工場長ら幹部を集め、かねてから準備していた八王子の先の浅川（現・高尾）、栃木県の大谷、三重県の松阪の各地への分散疎開を実行に移すことを決断した。

疎開工場の中でも、武蔵製作所から中央線で五十分ほどの距離にある浅川は、栃木県の大谷と同様に地下工場だった。昭和十九年七月、東条内閣は総辞職直前の最後の閣議で、浅川や長野県の松代《まつしろ》などに地下壕建設の決定を下していた。こうした地下壕に関し、『昭和天皇3「松代大本営」』の中で、運輸通信省鉄道総局長官だった堀木鎌三は次のように述べている。

「東条内閣時代のことだが、星野直樹書記官長の提唱で、毎週何回も陸海軍を含んだ各省の局長クラスが、首相官邸の地下室に集まり、昼食を一緒にしながら連絡会議を開いていた。メンバーは十人ぐらい。（中略）この会合では、かなり思い切った意見の交換が行なわれ、戦局の推移なども真剣に討議されていた。十九年六月になると、B29の本土空襲も必至の状態になり、その対策が議題に上った。（中略）そのとき軍の人から、全国にトンネル式の地下施設、地下工場を造ろう、という提案があった。この案は相当大きなもので、政府機関や大本営も地下にはいるということや、万一の場合は、天皇陛下にもどこかへお移り願うことになるという話も出た。（中略）

サイパンの戦況などから、ぐずぐずしてはおれない。そこで全国に地下工場を造る。工事は鉄道が担当する。労力は動員学徒を使う、という大綱だけを表示し、十九年七月、東条内閣の最後の閣議にかけて、バタバタと決めてしまい、本部長に堀木氏、本部次長に稲葉鉄道監が就任、仕事を始めた。（中略）

そして、各省にそれぞれの希望を聞いたが、もちろん陸軍が一番積極的で、まず松代に大本営を収容する約四万平方メートルのトンネルを作るのをはじめ、東京都浅川―（東部軍を収容、約三万七千平方メートル）、愛知県小牧―（中部軍の一部を収容、約二万平方メートル）、大阪府高槻《たかつき》―（中部軍を収容、約一万七千平方メートル）、福岡県山家―（西部軍を収容、約一万二千平方メートル）の工事を要請してきた」

一方、軍需省では、予想されるサイパン島失陥にそなえ、昭和十九年五月下旬から七月末までに、五十五の主要な飛行機部品工場の分散計画を立てていた。東条は七月一日の陸軍省局長会議において「工場分散を積極的に行なうべきこと」として強い指示を出し、同省整備局長も「工場分散はある程度生産が落ちてもかまわずやれ」と指導した。

日本本土爆撃を不可避と見ていた中島知久平も、会社幹部に対し、次のように述べたという。

「半年後には空襲がはじまるであろうから、どうしても地下工場を、それも一万坪（三万三千平方メートル）程度のものを作る必要がある」

しかし、現実問題として、それぞれの工場には日々、過酷な増産命令が出されており、ましてや工場に駐在する陸海軍の監督官の立場からしてみれば、自らが担当する工場に出されている生産計画の目標値を下まわることには強い抵抗があった。

武蔵製作所が初めてB29によって爆撃された昭和十九年十一月二十四日の夜、それまで生産低下を理由に疎開に難色を示していた陸海軍の監督官と会社幹部との間で会議が開かれ、ようやく疎開を決定していた。それを受けて、武蔵製作所内に佐久間を本部長、天瀬金蔵を副本部長とする疎開本部が設置された。疎開先の候補地探しは、軍需省から工場分散指示のあった前年夏ごろからすでに進められていた。

シリンダー職場の職場長だった田上幸治は、佐久間の命令を受け、昭和十九年秋ごろから地下工場に適した地下壕を探すため、海軍少将・芳野任四郎とともに日立、伊豆、信州などに出向き、調査していた。また、杉本喜義ほか七名によって東京西部の五日市、浅川、福島市、栃木県の大谷なども調査された。その結果、浅川、福島市、大谷などへの疎開が決まった。

『富嶽』のエンジン・ハ54の設計主任だった三鷹研究所の田中清史は、設計中止になって一ヵ月半ほどしたころ、突然、武蔵製作所行きを命じられた。組立部門を一週間ほど担当したが、サイパンが米軍の手に落ち、疎開計画が具体化してきたころ、監督官から、

「工場疎開を担当しろ。地下壕には天皇陛下も入る予定だ」

と申し渡され、一転して浅川地下工場の〝穴掘りの工場長〟になった。その後、荻窪製作所の疎開先、浅川よりさらに奥に入った五日市に移動し、そこでも穴掘りを担当した。

戦後の米国戦略爆撃調査団の報告書によると、全国には地下工場が合計百十ヵ所にのぼっている。その中で浅川は、新たに掘られた地下工場としては四番目の規模で、総面積三十五万三千平方メートルである。軍によって強制接収され、大規模な壕が掘られた松代と同様に、当時地元ではもっぱら、「空襲を避けて大本営がくる」と噂されていた。

三ヵ所に分かれて掘られた地下壕は、工事関係者の間で、イ地区、ハ地区、ロ地区と呼ばれ、それぞれ碁盤の目状になった五、六十本の壕で形成されており、長い坑道で五百メートル近くもあった。幅四メートル高さ三、四メートルの素掘りの坑道には、一定間隔で杭木が立てられてはいるものの、岩盤や土がむき出しのままで、水滴が落ちたりしていた。

武蔵製作所から三十六ヵ所の疎開工場に運び出された工作機械は、合計三千二百五台にものぼっていた。浅川には全体の約一割にあたる三百二十九台が運び込まれ（予定では千二百台）、坑道に一列に並べられた。

ちなみに大谷の地下工場には武蔵製作所からの七百六十五台をはじめ、合計千五十七台の工作機械などが運び込まれた。移動してきた従業員の数は約四千人を数えた。月に三百から五百台（米国側資料による）のエンジン生産が予定されていたが、実際には部品不足などから終戦までに生産されたのはたった十台にすぎなかった。

浅川工場では、主にエンジンの重要部品であるシリンダー、プロペラ軸、クランク軸、歯車が生産されることになっていた。しかし、作業能率はきわめて悪かった。通路は狭く、工作機械一台置いたら、うしろには手押し車がやっと通れる程度の余裕しかなかった。その上、精密機器装置のエンジン部品がもっとも嫌う湿度が高く、天井から落ちる水滴や、周囲の岩盤からにじみ出てくる地下水は地面の両脇に溝を掘って流したが、湿気からくる錆《さび》の発生は深刻で、対策の施しようがなかった。

終戦後、この地下工場を調査した米軍関係者は、「こんな劣悪な場所でエンジン生産をしようとしていたのか」とまず驚きの声をあげ、こんなにしてまでも生産を継続しようと必死になっていた日本人に呆れたという。

構内に落ちた爆弾は六百六十発

こうした疎開作業が本格化する中でも、米軍による武蔵製作所への爆撃は執拗なまでに継続されていた。第六回目の二月二十五日には、それまでで最大のＢ29百三十機が飛来した。それも五百キロ爆弾に加えて、一トン爆弾まで投下した。それが機械工場に命中し、建物、機械が四方八方に吹き飛ばされ、そのあとに直径五十メートル、深さ十メートルもの大穴があいた。

さらに三月四日にもB29はやってきて、前回以上に多数の一トン爆弾を命中させた。数発の不発弾もあり、「時限爆弾かもしれない」と、従業員たちは急いで逃げ去った。こうなると、もはやエンジンの生産どころではなかったが、それでも武蔵製作所は終戦までにあと三回の爆撃を受けたのである。工場構内に落ちた爆弾の数は計六百六十発――。

運転工場と組立工場の工場長だった関義茂が終戦後、工場管理主任をしていたころ、元海軍兵曹長で武蔵製作所の守衛をしていた人がやってきていった。

「主任、戦争中の記録としてこういうものをとってあるんだけど、見てくれないか」

そこには何月何日、どこに何トン爆弾、どこに何キロ爆弾が落ちたといったことがこと細かに書かれていた。それらを数えると、合計で六百六十発だった。それも構内だけである。高高度からの爆撃のため、周囲七キロ近くにわたって散らばって投下されていた。なにしろ、中島飛行機の付属病院や寄宿舎なども、まったくあとかたもないほど破壊され、ガレキの山と化していたくらいである。それらまで合計したら、とてつもない爆弾の量である。

その後、やってきた米国戦略爆撃調査団の中に、中島飛行機に非常に詳しいエンジニアがいた。関は彼といろいろ話しているとき、「実は構内にこれだけの爆弾が落ちたのです」といって、守衛が作成したその記録を見せた。

「ワンダフル。ぜひこの記録をもらいたい」

アメリカ人技師はそれを持ち帰った。

一九四六年（昭和二十一年）六月の『米国戦略爆撃調査団調査報告書』によると、武蔵製作所だけでも二百五十キロ爆弾に換算して四百発にものぼっている。

「マリアナ基地のＢ29部隊は四四年十一月二十四日に始まって、三ヶ月専らその攻撃目標を航空機工場に集中した。その間生産は発動機三千八百十九台より千六百九十五台へ五十五パーセント減、（中略）かくて休戦の際には発動機の生産は月六百台、空襲前の十六パーセント、機体にあっても月五百機、同じく二十一パーセントという惨状にあった」

また同報告書によると、武蔵製作所の屋根面積百八十三万二千平方フィートのうち、破壊もしくは損傷した割合は六九・五パーセントにものぼり、爆弾投下量は二千六百トン半となっている。

一方、『米国陸軍航空部隊史』では、次のように分析している。

「四月十二日までに、第一の目標たる武蔵製作所に対しＢ29の攻撃は十一回行なわれた。そのうちの四回は気象のために全く失敗した。爆弾を投下することのできたのは七回のうち、最後の二回のみが中程度以上の成功を得た。二月十七日に行なわれた第五十八機動部隊の低空攻撃が、いかなる超重爆群の単一攻撃よりも大きな損害を与えたことは、同機集団をして少々困惑せしめたに違いなかったが、同工場を壊滅せしめたのは繰り返し行なわれた爆撃の累積効果によるものであった」

中島飛行機の終焉

時期は少し遅れたが、群馬県の中島飛行機機体工場もＢ29の爆撃から免れることはなかった。昭和二十年（一九四五）二月十日、午後四時過ぎ、太田製作所は第二一爆撃機集団のＢ29によって一回目の爆撃を受けた。『米戦略爆撃調査団報告書』によると、目標地域に爆弾四十四・二トン、Ｍ76焼夷弾三・四トンが投下されたと記されている。

この初爆撃だけで太田製作所の生産活動は停止し、ほぼ壊滅状態におちいった。その後二回目、三回目と爆撃は続いたが、工場はすでに各地に分散疎開していた。計三回の爆撃による死者は六十四名、負傷者は五十八名だった。海軍関係の小泉製作所、新鋭の宇都宮製作所も同様の爆撃を受けていた。

もっとも激しかった二月十日の太田製作所への爆撃の様子を、飯野優は『飛翔の詩』の中に綴っている。二月初め、飯野がたまたま疎開先から太田製作所に戻っていたときだった。工場の東南方向から飛来してきた一機のＢ29が、数日にわたって工場の上空を旋回し、引き返していったのを目撃していた。明らかに偵察飛行である。

設計部の残留者は川村仁衛門と庶務係の数名だけだった。飯野は連日のB29の侵入方向から見て、太田製作所への空襲は東南からだと推測したが、指定されていた設計部の避難場所が工場のちょうど東南方向にあたるため危険だと判断し、高山の東端、桐生方向へ避難するように指示して、車で太田を出発し、前橋へと向かった。

やがて伊勢崎の町に入る直前まできたところで、突然、空襲警報が鳴りわたった。飯野は車から降りて東の空を見上げた。

「太田工場の爆撃を了《お》えたあとなのだろうか、B29の一群が銀色の一塊りとなって太田工場上空付近を北西に向かって、可成《かな》りの高速で飛ぶのが遥《はる》かにのぞめた。丁度、孫悟空が銀色のきん斗雲にのって大空を駆ける姿の様に見えた」(『飛翔の詩』)

飯野は前橋に急ぎ、女子設計部員を太田のそれぞれの自宅に戻すべくトラックの手配をし、彼自身はただちに太田へ引き返した。

太田製作所に着いたときには、すでに夜になっていた。外から見る工場の破壊は、案外少ないように思えたが、暗い工場に入って目にしたものは、「爆風で提灯の様に外鈑が円框間、小骨間で凹んで、皺くちゃの様になった、おびただしい数のキ－84の胴体、主翼、完成機体の無残な姿であった」(前掲書)。

残っていた庶務係数名は指示されたとおり工場の東南に逃げていた。ところが、着弾地点が工場からかなり東南方向にずれていたため、避難地域に着弾して、かえって不幸な結果になってしまった。川村も工場の東南の空地に身を伏せた。周囲から土砂が雨のように降り注いできたが、幸いケガはなかった。

この空襲のとき、「富嶽」の設計を担当していた小泉製作所の長島昭次は、防空壕には入らず、小泉製作所の門外に出て一部始終を見届けていた。彼はそのときの光景を記録に残している。

「東方からB29が九機編隊、高度一万米で白線を引いて次々と来襲。二時間近くで合計十一編隊九七機が、二百五十kg爆弾を主にして焼夷弾も投下した。

工場近辺の防空隊高射砲弾は七、八千米で炸裂して全く届かない。そのうち戦闘機一機が追尾攻撃。ムチャだなと見ていると、編隊九機から曳光弾入りの扇状砲撃をかなめに受けて、急降下墜落した。

その後、実に不思議な事が起きた。九機密集編隊が爆弾一斉投下直後、一機が前機に追突し、両機とも失速してフラットスピン（水平錐揉《きりもみ》）状態に入る。旋転、小旋回をくり返しながらゆっくりと降下し、低空で急に機首が下って乾田に墜落した。私はかねて、フラットスピンは復元不可能な悪性失速で、乗員の自力脱出はできないと教わっていたが、全くその通りだった」（『飛翔の詩』）

いかにも技術屋らしい冷静で分析的な観察である。その小泉製作所もやはり数回にわたってＢ29の爆撃を受けた。生産ラインの真ん中に十メートルほどの穴があいた。爆撃を受けたときの様子を、内藤子生は次のように回想している。

「若い連中を追いたてて逃げました。利根川の土手から上空を見上げていると、日本の戦闘機が必死になってＢ29を追いかけていくのがよく見えました。澄みわたった青空のはるか高空を、Ｂ29の編隊が白い尾を引きながら悠然と飛んでいくのを見ていると、排気タービンがものをいうのだとまざまざと見せつけられるような思いでした。なにしろＢ17爆撃機の排気タービンは、うまくいかなかったのを十年も飛ばし、空中実験してようやくものにしたのですから」

こうした爆撃が繰り返され、東京・武蔵野のエンジン工場と同様に、機体工場も破壊され、使用不能となった。このあと、大谷の地下工場や養蚕小屋など、その他広く周辺の中小工場に疎開して細々と生産が続けられたが、疎開以前とは程遠い数字であった。

大正六年（一九一七）、中島知久平が群馬の地に創立した中島飛行機は、二十八年間の活動を日本航空史に刻み、そして、昭和二十年（一九四五）八月十五日の終戦を経て、永遠に消滅することになる。

終章

なぜ「富嶽」だったのか

航空技術の温存を考えて

敗戦からそれほど時間もたっていない九月のある日、「富嶽」の主翼設計を担当していた渋谷巌は、東京小金井の実家に身を寄せていたこともあって、ほど近いところにあった中島の三鷹の住まい泰山荘を訪ねた。

終戦二日後の八月十七日、敗戦処理を主目的として成立した東久邇宮内閣に、中島は軍需大臣兼厚生大臣として入閣したが、十二月にはGHQからA級戦犯容疑者に指定され、翌昭和二十一年（一九四六）一月には公職追放になった。

中島に対する逮捕命令が出ていたが、彼は糖尿病、高血圧を理由に、巣鴨収監に断固として応じなかったため、三鷹の泰山荘に自宅拘禁されていた。東京裁判の主席検事ジョセフ・キーナンはしばしば泰山荘を訪れ、中島の臨床尋問を行なっていった。そのころの中島は、もっぱら海外から送られてくる外国雑誌などに目を通す読書三昧《ざんまい》の日々であった。

一方、渋谷のほうは、終戦後、太田製作所の技術関係の責任者に任じられたが、GHQが「航空機の生産・研究・実験をはじめとする一切の禁止」を命令したため、航空機にかかわる生産活動はできなかった。太田工場などでは二百人しか残さないことになり、深刻化する食糧難のため、広大な工場の敷地を耕してイモ、トウモロコシ、カボチャなどを栽培していたが、やがて民需転換の具体策として自転車、リヤカー、電熱器のほか家具などの製造もはじめた。他の工場では残った資材を利用して弁当箱、ナベ、カマなどの台所用品、乳母車、衣類箱まで作っていた。あらゆる生活用品が不足していたため、それらはよく売れた。

しかし、つい昨日まで最先端技術である航空機の設計に全力を傾けてきた渋谷にとっては、とても気乗りのする仕事ではなかった。あんなに一生懸命にやったのに、負け戦《いくさ》になってしまって——というのが正直な気持ちだった。

決断するとただちに行動を起こす性格の渋谷は、九月に入ると太田を引き払って、さっさと東京・小金井の実家に帰省してしまった。とはいっても、ほかの仕事のあてがあるわけでもなく、また日本がこれからどうなるのか見当もつかなかった。

大社長はどんな見通しをもっているのだろうか——そう思って、渋谷はふと中島を訪ねる気になったのである。

「今後、将来どうしたらよいのでしょうか」

渋谷の問いかけに、中島はいった。

「いまは生産や研究が禁止されているが、三年から五年後には必ず飛行機は再開される。いまは作れなくても、技術力が落ちないようにしておいたほうがいい。自動車をやるか大学に行くかして、そのときを待つことだ。文部大臣に紹介状を書いてあげよう」

しかし渋谷は、戦時中に見学した日産などの自動車会社の技術水準をよく知っていた。航空機と比べるとやはり技術的にはかなり見劣りがして、これもまた気が進まなかった。また大学でも航空関係の学部は廃止され、教授陣が他の学部に移動しているのが実情であることも知っていた。

そうこうしているとき、鉄道技術研究所（鉄研）の中原寿一郎所長から「よかったらうちにこないか」との誘いを受けた。そこで、渋谷はひとまず鉄研に身を置くことにした。その後、昭和二十四年（一九四九）からは東北大学に奉職することになる。さらに終戦から七年過ぎた昭和二十七年（一九五二）四月九日、GHQによる「兵器、航空機の生産禁止令」が解除となり、再び航空機の設計にたずさわることになる。

「あの当時、日本の航空機工業が再開されるなんて、われわれ技術屋は誰も思ってもいなかった。それもたった七年後に。先がまったく見えない時代状況だったんだ、あのころは……。でも、知久平さんはちゃんと見通していた。もしかして中島知久平氏は、戦後にやってくる新しい航空機の時代を念頭に置いて、日本の航空技術を温存して置こうと、あえて不可能と思えるくらいの高い水準を狙った『富嶽』を大々的にやっておこうとしたのではないだろうか」

昭和二十一年（一九四六）になって、エンジン部門を担当していた新山春雄が中島を訪ねたところ、中島は彼の顔を見るなり、突然いった。

「君、原子爆弾を知っているかね」

航空機の新しい技術動向には詳しい新山も、原子爆弾については初耳だった。前年八月に広島と長崎に落とされた〝新型爆弾〟について、日本ではほんのひと握りの物理学者ぐらいしか、その理論的な内容を知ることはなかった。ところが、中島はすでに欧米からの情報、書物などから知識を得ており、新山は講義を受けることになった。「富嶽」の技術的責任者だった安藤成雄や星野英が訪れたときも、中島は原子爆弾の話をしている。その当時、まだ海のものとも山のものともわからないジェットエンジンについても同様で、自宅拘禁中の中島は、それら欧米の革新的技術をさかんに勉強していたのである。

そのとき、中島は新山に対し、次のように強調した。

「銀行からいくらいわれても、工場の工作機械や材料、資材は絶対に売却してはいけない。四、五年たてば、マッカーサーがエンジンや飛行機をつくってくれと必ずいってくるから」

しかし、新山は「再び飛行機をやれるとは思っていなかった」ので、売れそうな工作機械や資材などすべてを売却してしまった。やがて、四、五年たったころ、朝鮮戦争の勃発《ぼっぱつ》もあって、極東米軍は日本側にエンジンの修理、部品の提供を指示してきた。

中島知久平は、なにゆえにかくも……

航空機の技術が戦争を契機にして飛躍的に発展することは、これまでの歴史が示すとおりである。中島は、戦前、こんなことをよく口にしていた。

「戦争に勝っても負けても、中島飛行機はつぶれる」

日本の軍事工業は、一方的な軍備拡張政策の中で飛躍的に発展し、膨張してきた。その典型例が中島飛行機だったからだ。

近代化において、欧米先進諸国から後《おく》れをとっていた日本が、大々的なアジア侵略をもくろみ、国家の命運を賭けて太平洋戦争を起こした。この日本近代史上最大の事件のある時期、中島知久平は自らが発案した一大戦策をもって実現すべく行動を起こし、その「最後の切り札」として「富嶽」を実現しようと奔走した。

日本最大の航空機会社であったとはいえ、一介の経営者、あるいは一政治家、もしくは一技術者でしかなかった彼が、一時期とはいえ、国の命運を左右しかねない賭に出たのである。今日の常識ではとても測り知れない、それだけに、その真の意図について、あるいは「富嶽」に対し、いまもさまざまな憶測が取りざたされているのだろう。

たとえば、陸軍の航空エンジン技術を代表する絵野沢静一は、大正末ごろから中島と親交があり、同じ試製富嶽委員会のメンバーでもあった。その彼が当時を振り返って、こう述べている。

「彼中島知久平が企業家として、又政治家として、凡庸《ぼんよう》でないというのは、彼大東亜戦争も、愈々《いよいよ》中盤に進み、ガダルカナルでの敗戦となるに及んで、炯眼《けいがん》なる彼は、東条大臣に大東亜戦争の必勝戦策なるものを建言し、Z機と称して、かの米国のB36長距離爆撃機に対抗するものを造り、大艦巨砲主義を止め、全生産力をこれに集中すべきことを唱えている。併し、この必勝戦策が真面目に検討され出したのが、佐藤賢了軍務局長の時代で、このZ機が、陸軍で富嶽として取り上げられ、富嶽委員会が編成されたのが、昭和十九年二月であり、着手が余りにも遅く、B29の爆撃の来襲は、愈々本格化して来た時で、到底間に合う様なものではなかった。当時、立川の（陸軍）航空研究所で所長をしていた筆者なども、その委員に加えられ、委員長には中島知久平自らこれに当り、一時は、国の総力を之に注入するかの勢いを示したものだが、間もなく、軍需資材担当の責任者たる航空兵器総局長遠藤中将が資材政策の点から異論を唱え、僅《わず》かに木型模型を造った程度で中止となった。（中略）

この構想では、必要とあれば、日本から米本土、ニューヨーク、ワシントンを直接攻撃出来ることを狙ったもので、実現の可能性は別問題として、彼の気宇と着想とに敬意を表することを惜しまない」（『航空こぼれ話』）

一般的に、中島の『必勝戦策』や「富嶽」計画に対する否定的な見解が多いのは事実である。それとは別に、当時、この「富嶽」に関する論議、あるいは試作に関わった人々の間でいまもなお、次のような疑問が残されたままになっていることも事実である。

当時の日本の技術水準ではとうてい不可能と思えそうなZ機の実現に、なぜ中島知久平はあれほどまでに情熱を注ぎ込み、軍上層部にも強力にはたらきかけたのだろうか――。

昭和五年（一九三〇）に一応は中島飛行機の社長の座を退き、政界に身をおいていたとはいえ、長年、技術者として活躍してきた中島は、以後もずっと世界の航空機に関する情報は常に集めていた。会社の経営についても終始関わっていたし、「大社長」といわれ、絶大な権限も持っていた。Z機の並はずれて巨大な規模、五千馬力エンジンの製作のむずかしさも十分に承知していたはずである。それでもなおかつドン・キホーテ的とも思えそうな『必勝戦策』を掲げて、日本の陸・海軍を巻き込んで突き進もうとしたのは、なぜなのだろうか。これに関しては、さまざまな見方や憶測がある。

中島飛行機での「富嶽」に関する全体的な記録係、連絡役をつとめ、陸・海軍との会合などにも出席していて、全般についてもっともよく知りうる立場にあった中村勝治が、戦後、中島飛行機の技術者として最初に「富嶽」に関する論述を雑誌『航空情報』（昭和三十年八月号）に発表した。

中村はその中でまず、中島が当時見通していた将来の航空技術に関する予測の多くが、戦後から見て的確にいい当てていたという事実をあげている。たとえば、当時の技術者たちが見通しえていなかったジェットエンジンの重要性や成層圏飛行の見通しなどについてである。そのあと、次のように述べている。

「政治家になったとは云え、やはり、中島知久平氏は、Airmindを忘れない技術者であったと云える。しからば、かかる技術的センスを持った中島氏が、前述のような、到底実現しそうもない構想を発表した真意はどこにあったのであろうか。旧軍人出であり、実業界出身であり、かつ国策研究会の主宰者であった彼は、誰よりもよく、日本の実力を知っていた筈である。成行上、自ら富嶽試作委員長にはなったものの、その頃の彼の胸中は既に戦の前途を投げていたような気がしてならない。『戦いに妥協はない。必勝の条件はこれだ』と云って不可能な条件を示したということは、逆に考えるならば、日本の上層部や軍部に、早期に戦争終結の覚悟を促していたのかもしれない」

試製富嶽委員会の委員で、中島の秘書役をつとめた陸軍航空研究所の星野英は、常に近くから中島を見続けていたが、「富嶽」が中止になる少し前ごろの様子を次のように語る。

「九気筒四列の五千馬力エンジンがどうも無理だということになってきて、三菱の三千馬力級のエンジンを搭載する案が出てきた。その結果、知久平さんが狙った思惑から『富嶽』計画はしだいにはずれていき、だんだん小型化していった。米本土上空を低空飛行してニューヨークを爆撃するという知久平さんの構想も後退していったころから、だんだん意欲をなくされた。技術者と会議を重ねる中で、むずかしいということをだんだん感じていったのではないか。計画が知久平さんの手からしだいに離れ、実務担当者の力が増してくるようになって、計画そのものも風化し、お付き合いのような格好になった。でも、知久平さんはむずかしいことはよく知っていただろうが、それでも最初は作り上げられると思っていたのだろう。

知久平さんは、米国内には厭戦気分がかなり蔓延《まんえん》しているとの見方をしていた。だから、ニューヨークを爆撃して米国民をあっと驚かせればなんとかなるかもしれないとの読みがあったのだろう。確かに、第一回目は成功するかもしれないが、二回目からは相手も警戒するだろうから、あとが続かない。その後はどうするのかと突っ込まれたとき、必ずしも明快な答えは返ってこなかったように記憶する。それに、B29の日本本土爆撃が現実に迫ってきたあのころ、生産した『富嶽』を日本国内に置いていても爆撃されることは目に見えているとの議論もあった」

このように語る星野自身、その当時の正直な気持ちとして「『富嶽』を必ずやり遂げて見せるというほどには思わなかったし、作れると心の底から信じ込んでいたわけでもなかった」と述べている。

当初、米本土爆撃の計画を立てた『必勝戦策』の中では、ミシシッピー河流域のピッツバーグその他の工業地帯や飛行場を爆撃するという内容になっていた。そうすることで、アメリカの軍事的補給能力を叩こうとしていた。しかし、時が下るにしたがい、いつしか人心攪乱《かくらん》を目的にしたニューヨーク爆撃に変わっている。

飯野優は、「中島倶楽部での大社長の演説は実に雄大で、とてつもないことをいっておられた。でも、だからといって、そんなことできるのかな、というようには感じませんでした」との印象を述べたあと続けて、「アメリカの若者の間には性病が蔓延し、国内的にも戦争継続の明確な自信がないので、まずドカーンとやれば、俄然、人心が揺らぐ。それしかない」といった趣旨のことを強調していたことを記憶しているという。

中島飛行機の勤労部にいた神戸精三郎は『飛翔の詩』の中に、中島の次の言葉を記している。

「アメリカ建国以来二百年（百五十年）、日は浅い、然も人種の坩堝《るつぼ》といわれ多民族の国家である。このアメリカの一番の泣き所は多民族の分離にある。どうしたら分離することができるか？　それは一度でも二度でもアメリカ枢要都市に爆撃を加えることによって、各民族はばらばらとなり忽《たちま》ち内乱が起きる」

そのころ部長職にあった西村節朗は当時を振り返り、次のように述べている。

「あの当時の技術水準では、気密室の問題一つをとってみてもZ機の構想は非常に無理というべきでしょう。無責任といわれるかもしれないが、『とにかくアメリカのB29や六発の爆撃機ができる前にわれわれが作らねばならん』という中島社長の言葉を信じ、そう思い込み、使命感を持って取り組んだんですよ」

試製富嶽委員会の技術的責任者であった航空本部の安藤成雄は、昭和三十年（一九五五）七月、防衛庁技術本部嘱託として第六部でアドバイザーおよび技術調査に従事したが、「陸軍機の基礎計画をできるだけ正確に残しておきたい」として、『日本陸軍機の計画物語』をまとめ上げた。明治末から昭和二十年（一九四五）にいたる間に陸軍が計画、試作、あるいは量産した約百七十種にのぼる各機種の製作経過、性能データ表、性能曲線などが豊富な資料に基づいてまとめられている。

この中では、すでに紹介した航続距離、爆弾搭載量、エンジン総馬力、全備重量だけでなく、航空機の設計条件のきびしさをあらわす指標ともなる翼面荷重、等価馬力、実用上昇限度をプロットしたグラフがあるが、その中で「富嶽」だけが他の機種より極端に飛び離れて高い値になっているのが目につく。ただし、安藤がまとめたこの「富嶽」の数字は、当初、中島飛行機が計画したZ機よりかなり性能、規模をダウンさせた、陸・海軍の最終合意案の値であることを頭に入れておかなければならない。翼面荷重を例にとってみても、Z機は「富嶽」の最終案の二八・四パーセントもオーバーした値となっている。こうしたことからも明らかなように、中島が『必勝戦策』で計画したZ機は、当時としてはとてつもない飛躍を狙った航空機であったことがわかろう。

中島に対するさまざまな評価

中島知久平を理解する上で、一つつけ加えておくことがある。それは、著書『昭和維新の指導原理と政策』でも述べているように、中島が皇室を中心とする日本の国家的秩序が適正であるとの考え方をもっていたことは確かだが、だからといって、当時、軍部で支配的だったような反米主義者ではなかったということだ。

航空機技術では積極的にアメリカ企業との交流を図り、進んだ航空技術を導入し、生産技術を見習った。それだけでなく、次のような行動もあった。

昭和七年（一九三二）ごろ、商工政務次官だった中島は、前田米蔵商工大臣、加藤鐐五郎《りょうごろう》商工参与官らに向かって、「今後日本の進むべき国策を立てるため、米国のクーリッジ前大統領を日本に招聘《しょうへい》して指導を願ってはどうか」と提案したことがあった。さっそく、駐米大使に依頼して交渉した結果、クーリッジは承諾したが、二ヵ月後、「国内問題でアメリカを離れられなくなったから……」との理由で中止となったといういきさつがあった。このことは、のちに衆議院議長になった加藤鐐五郎が『偉人中島知久平』の中で回想している。

中島が熱を入れ、十数年にわたって休むことなく続けていた国策研究会による研究調査の成果報告書は、実に六百冊を超える量にのぼる。その内容は、日本の工業生産力、原材料資源の詳細な分析とともに、アメリカの工業生産力の分析、検討、あるいはそれらに関する両国間の比較、広く国際問題、民族問題、社会問題、農業問題など多岐にわたっている。

それはさておき、中島知久平の絶大な信頼を得て責任を託され、「富嶽」完成に向けて全精力を傾けた技師長・小山悌は、戦後「富嶽」に関して、次のように語っていたという。

「知久平さんの狙いの一つには、戦後に復活する日本の航空機工業のことも考え、たとえ戦争に間に合わないとわかっていても、あえて巨大な航空機の開発を行なわせていたのではないか」

戦時中の航空機開発に造詣《ぞうけい》が深く、昭和十七年、東京都立航空工業学校を卒業して陸軍航空技術研究所に勤務した航空評論家の碇《いかり》義朗は、小山の推測を念頭に置きつつ、「富嶽」について次のような考えを述べている。

「『富嶽』開発をスタートする時点で、知久平はすでに戦争に間に合わないことを自覚していたのではないか。しかし、少なくともこのような巨人機の設計経験は、技術者のポテンシャルを高めることになり、戦争の勝敗とは無関係に将来の日本の発展にプラスすること、『富嶽』は爆撃機であるが、平時には超大型旅客機に転換できるなら決してムダにはならない」（『さらば空中戦艦・富嶽』）

中島の息子・中島源太郎（現・衆議院議員）はつい最近、次のように語っている。

「知久平の狙いは爆弾を一発でも米本土に落として、講和をできるだけ有利に持っていきたいとする考えではなかったか」

これと同じ見方で、戦前、商工大臣をつとめ、戦後は大蔵大臣などを歴任した太平洋海運社長・小笠原三九郎が、戦前に中島知久平から聞いた話として、次のように述べている。

「シンガポールが陥落したとき『講和の良い時期が来た、それが判らぬ豎子は教うべからず』だといわれた言葉は今日も耳朶に残るのである。（中略）

いくら小型飛行機をたくさん作って見た処で、アメリカの物力に勝ち得るものではない、太平洋を横断して米国の軍用主要基地を爆撃し得る大型飛行機を作る必要は絶対的なものだ。大型が五機か十機あれば石油地帯も、主要地区も爆撃出来るし、アメリカでは日本機がどこへ来るか分からないから十万機や十二万機を本国に釘づけすることが出来るから、一切の力を傾けて大型機を作らねばならぬと強調せられ、幸いに五分五分の処で講和が出来れば真に国を救い得るのだがと幾度となく話された」（『偉人中島知久平』）

一方、「富嶽」のエンジンの技術的にもっともむずかしい冷却や吸排気管などの問題を主に担当した戸田康明はいう。

「なにしろ実質的には一年くらいでやったのですから、いまから考えると、なんとかなりそうだという気がしますが。それにしても中島知久平さんはとんでもないことをやろうとしたのですね。われわれ若手にはとても出てこない発想です」

また、渋谷巌は、「われわれはなんの疑いもなく、中島知久平を信じて行動していた」という。この二人の言葉は、大なり小なり中島飛行機の技師たちに共通する思いである。

たった一回ながら、終戦の八日前に日本で最初のジェット機「橘花」の初飛行に成功し、そのジェットエンジン・ネ20を日本で初めて開発した航空技術廠の永野治は、軍需省の設立と同時にそちらに移り、陸・海軍の別なく、試作エンジンを担当していた。もちろん五千馬力のハ54も担当していたが、その永野はネ20の開発経過についてはよく語っても、「富嶽」については言葉は少ない。五千馬力のエンジンを検討していたころについて、永野は次のように述べている。

「中島飛行機は僕の統制下にあったから、会社の人間が僕のところによく進言にきたものだ。たとえば問題になった吸排気管をどういう方式にするかなど、小谷課長以下、バカげた議論をやっていたから、僕が四列をどう冷却すればいいかの案を出してやった。ダクトを独立に持ってくる方式は、僕のサジェスチョンでもあるんだよ。

技術的に見ても、ハ54は決して無理じゃなかった。実現できた。第一、ベースになる二列のBHエンジンはすでにできていたのだからね。問題はそんなところじゃないんだよ。われわれも『富嶽』については議論した。そもそも『富嶽』は軍事的にはまったく意味がない。あの当時の航空技術で、こういうものが戦略的にどれだけの意味があるのかね。無駄使い以外のなにものでもない。

『富嶽』を提案してきたころの知久平さんは、少なくとも時の為政者よりは世界を科学的に見ていたが、もうかなり頭にきているな、といった状態だった。われわれはそう受けとめていた。日米開戦になり、緒戦は勝ち戦が続いたが、やがて日本本土が爆撃されることが現実化してきて、これは大変だ、なんとかしなくてはと考えるようになったのだろう。

だが、いろいろなファクターを総合して、ものごとをシステマティックに把握して出す結論ではなく、情緒的に把握していた。結局は自分の夢なんだよ。自分の好きなパス（道筋）だけを前面に押し出してきて、それに尾ヒレをつけて出してきたといったほうが当たっているだろう。もし力の限りこの戦争に貢献しようとするなら、もっと別の仕方があったはずだ。でも、当時はそうした人間がいっぱいいた。潜水艦で米国を爆撃するといったこともしかり、風船爆弾などにも一脈通じる。これは全国的な無駄使いにしかすぎず、どれだけ資材と予算を費やしたことか。もう僕ら、日本が嫌になっちゃうくらいだったな」

ここでは永野は「富嶽」に否定的な評価を示しているが、別の見方を述べたこともあった。

「無策であった軍に対する当てつけ的な意味もあったのではないだろうか。航空機技術を含む日本の航空工業についてはあれだけよく知っていた知久平氏が、Z機で米国を叩けるとまともに思っていたとはちょっと信じられない。不可能ともいえるほど巨大な『富嶽』に対し、軍が貴重で膨大な原材料・資材を大量投入することによって、かえって日本の現状の国力がどの程度であるかを明らかにし、講和、終戦を早めようとしたのかもしれないな」

『必勝戦策』に描かれた構想は中島の本心ではなく、真の狙いはもっと別のところにあったのではないかとする推察である。だが、永野はあるとき、さらに異なった解釈を口にしたこともある。

「海軍の航空機政策に飽きたらず、中島飛行機を創設して一大航空機会社を作り上げたころの知久平氏は、日本の航空界の特筆すべき人物だと思う。だが、Z機による『必勝戦策』を出してきたあのころの知久平さんは、ちょうど豊臣秀吉の晩年と似ているね。Ｚ機をつくって米本土を爆撃しようとする知久平氏の計画と、秀吉の（現実離れした）『朝鮮征伐』（の強行）とはよく似たところがあったように思える」

悪戦苦闘の中から生まれた独自の技術

ところで、敗戦から少したったころ、「富嶽」の基本設計を担当した内藤子生には、こんなことがあった。

航空機の生産禁止令によって、中島飛行機では最盛期には二十五万人を数えた従業員が四散し、数千人に減少していた。内藤は日本の航空界を代表する空気力学の研究者であったとはいえ、航空禁止となっては、高度な技術者はかえって「陸《おか》に上がった河童《かっぱ》」のような存在である。空襲で焼け残った機材を管理する倉庫番のような仕事をしていた。そんなとき、米軍の航空技術調査団が中島飛行機にやってきた。

彼らは内藤が基本設計した高性能艦上偵察機「彩雲」（ＭＹＲＴ＝「彩雲」のアメリカの暗号名）を飛ばすように要求した。そこで、エンジン部門の水谷総太郎も協力し、日本軍が使用していた燃料よりも上質な、米軍が日ごろ使っているものを給油して試験飛行した。ところが「彩雲」は、これまで内藤たちが記録していた最高速度を四十・七キロも上まわる毎時六百九十四・五キロを記録したのである。

外国からの全面輸入に頼っていた日本の石油は、戦局の拡大とともに入手できなくなり、備蓄量が乏しくなると同時に質的にも低下し、オクタン価が下っていた。そのため、せっかく高性能機を開発しても、十分な性能を出しきれずにいたのである。

戦争末期、米軍が占領したサイパン島や硫黄島を偵察する「彩雲」を撃墜しようと、米艦上戦闘機グラマンＦ６Ｆ「ヘルキャット」など高速の新鋭機で追跡したが追いつけなかったということは先に紹介したが、だからこそ彼らは「彩雲」を暗号名で呼ぶほどに注目していたのである。

そして、それを実際に飛ばしてみると、アメリカ海軍が一九四五年（昭和二十年）の夏か秋ごろに戦線に投入する予定にしていた最新鋭の艦上戦闘機Ｆ８Ｆ「ベアキャット」をも上まわっていることが判明したのである。

彼らは高速性を生み出す「彩雲」に搭載されているエンジン「誉」にも注目した。同じ程度の馬力を出すアメリカのエンジンと比べ、あまりにもコンパクトで高性能だったからだ。彼らは「誉」に「遅すぎたよいエンジン」として高い評価を与えるとともに、その性能の秘密を詳細に調査分析し、各種運転試験を実施して詳細なデータをとっていった。

内藤子生は「誉」について、次のような認識をしていた。

「『誉』のエンジンができたことによって初めて、『彩雲』のような要求性能の飛行機を実現できる可能性が生じたのです」

ともあれ、この飛行試験の結果は、設計した当の内藤自身にも驚きだった。「彩雲」は、高速性を最優先し、空気抵抗をできるだけ少なくするための軽量化、小型化を極限まで追求した結果、生まれたものだった。内藤はこれを住宅にたとえて説明している。

「戦後のサラリーマンの住宅新築のように、ベッドも洋服ダンスも洗濯機も冷蔵庫もあるが、それら全部を十五坪で済ませたというようなものである。小さいということは速力を出すためであったが、同時に母艦で場所をとらず、折たたまないでエレベーターに乗せられることも考慮された結果です」（『日本傑作機物語』）

現在から見れば、ものづくりにおいて、アメリカまでも凌駕《りようが》するようになった戦後の日本がもっとも得意とする技術――すべてを小型化、軽量化し、贅肉《ぜいにく》を徹底してそぎ落とし、すみずみまでも気配りの行き届いた日本製品の先がけであったといえる。

永野が日本初のジェットエンジン・ネ20の開発過程を振り返って述べている中に、次のようなくだりがある。

「鎖国状態に近かった戦時の日本では、外国技術界の消息は鉄のカーテンを通してのぞくよりも難しく、ジェット・エンジンの初期研究は、全く新世界の探検開拓に等しかった」（『世界の航空機』第五集）

超大型機の「富嶽」こそ実現にはいたらなかったものの、戦時中、欧米先進国からの技術導入が断たれた中で悪戦苦闘した技術者たちは、そうした努力の中から独自の「彩雲」「誉」などの技術を生み出していった。そして彼らは終戦後、GHQによる「航空禁止」の命令が出されたことによって、他の産業分野へと散っていったのである。

（了）

あとがき

「富嶽」についてまとめてみたいと思い、資料を集めだしてから、かれこれ十年近くになる。

二年半ほど前、中島飛行機エンジン部門のOBの集まりである「武荻会」の世話人、水谷総太郎、中川良一両氏にお会いしたとき、門外不出とされ、これまで外部にはまったく貸し出されたことのなかった「富嶽」の五千馬力エンジン『ハ54計画要領書』を特別のご好意でお借りすることができ、作業は一気に加速することになった。

第二次大戦中に開発された数ある日本の航空機の中で、いまだ全貌がつかめていない機の筆頭がこの「富嶽」であることは、専門家の間ではよく知られている。今日まで「富嶽」の再構成に挑んだ研究家は何人もいた。ところが、あまりの資料のなさ、当時の関係者たちの証言が得られないことなどから、そのほとんどが挫折したといわれる。

ところが、半世紀近い時の流れがかえって幸いしたのだろうか、「富嶽」に関係した何人もの技術者たちから貴重な話をうかがうことができ、ほとんど不可能とも思えていた試みが徐々に実現へと向かったのである。

反面、関係者らの記憶の食い違いなどがいくつもあって、作業はなお困難をきわめた。インタビューを通して、中島飛行機で重責を担った技術者たちの多くが、これまでに戦時中の貴重な体験をあまり語ってこられなかったことを改めて思い知ったしだいである。もっとも、いつ、どこで、といった記憶には曖昧《あいまい》な部分があっても、自らが悪戦苦闘して設計したときの計算値などは、半世紀を超えたいまもなお、一桁の数字まで正確に記憶されているのには、驚嘆を禁じえなかったものである。

ところで私が、「富嶽」、伊25潜水艦、風船爆弾など、日本がアメリカ本土爆撃を企図した事実になぜ着目したかについては、それなりの理由がある。

嘉永六年（一八五三）、ペリー一行が浦賀の沖に来航して以来、鎖国中の日本は開国を迫られ、やがて明治維新、近代化、富国強兵へと一気に突き進み、欧米列強に追いつけ、追い越せとばかりに、ひた走ってきた。そうした戦前型の〝背伸び〟姿勢の一つの終局点が、昭和二十年（一九四五）八月十五日であり、技術面での実例が「富嶽」ではなかっただろうか。それだけに、そのあたりを解明できれば、日本が抱えた矛盾がいっそう凝縮された形で見えてくるのではないかと考えた。

また、アメリカからの技術導入を経て、自力による国産開発、さらにはアメリカを上まわる規模の技術開発へと向かう図式には、やがては「日米ハイテク摩擦」へといたる戦後の過程を予感させるものがあった。

当時の時代背景の中で、誰も思いつかないような、とてつもないスケールのアメリカ本土爆撃機計画が、絶対的権力を握っていた参謀本部（軍部）から出されたものではなく、海軍を退役した一介の民間人によって構想されたという事実も、私には大いなる驚きであり、このような破天荒《はてんこう》ともいえる考え方が、いつ、いかなる土壌の中から生まれ、どのような経過をたどらざるをえなかったのかについて知りたいと思った。

中島知久平が、「富嶽」に限らず、現実離れしたとてつもない発想を、単なる夢想に終わらせることなく、旺盛な行動力によって現実化していく経過は、調べていくほどに、現代のわれわれの尺度ではとても測りきれない人物像だけが脳裏に蓄積されていったというのが、作業を終えたあとの正直な感想である。

たとえば、昭和十二年（一九三七）成立した近衛内閣の鉄道大臣として初入閣したばかりの中島知久平は、鉄道省の局長会議で日本と中国大陸との連絡交通路について、大風呂敷を広げて次のような趣旨の演説を一席ぶった。

「日本の鉄道も揚子江の岸あたりを目標に整備し、計画を樹てるべきだ。島国根性の鉄道観の放棄が先決だ」

だが局長クラスからすれば、「話があまりにも大きすぎて非現実的である。仮に実現するとしてもはるか先のことである。鉄道もろくに知らない新任の大臣が、勇ましい話でハッパをかけて励ますため、その場限りの大法螺を吹いている」ものと軽く受け止めていた。

ところが、時を経たずして、この話が現実してくるのである。最高時速二百キロを目指す「広軌新幹線」構想である。一般には〝弾丸列車〟と呼ばれ、朝鮮海峡に海底トンネルを通して、東京から北京まで達する壮大な計画であった。土地の買収も進み、昭和十五年頃から着工されて十九年まで工事が続けられたが、戦局の悪化で工事は中止された。この計画は、戦後の新幹線となって実現するのである。新幹線の計画や工事がスムーズに進展したのは、戦前の弾丸列車計画があって、中身がかなり煮詰められていたからだといわれている。

だが、その裏を返せば、政治家（軍）と軍需企業が一体となった軍産複合によって戦前昭和の時代の一方的な軍備拡大路線の波にうまく乗り、強大な権力を握って、自企業に利する強引な経営を押し進めて急成長する姿をも表わしていたともいえよう。

しかしながら、それらにもまして私が知りたかったのは、日本の近代化、工業化をひたすら担い、黙々と支えてきた技術者が、追いつめられた状況下で、実現不可能ともいえる大計画を前に、「国家の命運がかかっている」といい渡されたとき、それをどのように受けとめ、どんな思いを抱きながら取り組んでいったのだろうかという点である。そうした技術者たちの心境にこそ、もっとも強く惹かれて本書をまとめたといっても過言ではない。

それはあたかも現代の〝技術大国日本〟を担っている技術者たちの日常の仕事を極限化した姿ではないだろうか、とも想像されたからだった。

二年半前までの二十年余、石川島播磨重工業航空宇宙事業本部にあって、主に軍用のジェットエンジンの設計にたずさわってきた私には、アメリカ製戦闘機のライセンス生産など、日々の仕事を通して、アメリカの技術力とそのスケールの大きさをまざまざと思い知らされてきたという体験がある。

しかも、本書の執筆を急いでいるとき、おりしも中東で勃発した湾岸戦争において、大量動員した最新鋭機による、徹底をきわめたアメリカ（多国籍）軍の容赦ない空爆の前に、イラクの国土が一方的に破壊されていく光景を、テレビ画像で見せつけられた。

そのとき、本書の作業と重なり合って、私がふと思ったことは、「アメリカは自国本土の本格的爆撃を体験したことのない唯一の大国である」ということだった。そして、湾岸戦争後、アメリカ各地で催されたあまりにも自信に満ちた戦勝パレードの映像を目にしたとき、またもそのことを思い起こしたものだった。

それは四十六年前、対日戦に勝利したアメリカは国中が沸き立ち、ニューヨークでは大量の紙吹雪が舞う五番街を戦勝パレードしたときの映像とダブっていた。

独立戦争や国を二分した南北戦争は別として、二次にわたる世界大戦、さらにはアメリカが深く介入し、泥沼化して当事国が焦土と化した朝鮮戦争、ベトナム戦争のときも、常にアメリカ本土だけは無傷のままだった。

それを考えるにつけ、中島知久平の「富嶽」に託した「アメリカ本土爆撃」計画の並はずれたさまが改めて痛感させられるが、それと同時に、敗戦を体験するまでの日本も、現在のアメリカと同様、驕れる軍事大国であったことも改めて思い起こすのである。

取材でのぶしつけな質問に対しても、不快な表情をあらわにされることなく応じて下さった、「富嶽」に関係された技術者の方々、そして、本書成立に関して、さまざまなご指摘や貴重な助言をいただいた講談社生活文化局の古屋信吾氏、同学芸図書第二出版部の籠島雅雄氏に、心から感謝申し上げたい。

前間孝則

一九九一年十月

文庫版あとがき（講談社版）

本書は単行本で六百ページ近い量になっているが、筆者が予想していた以上に多くの読者を得ることができたと同時に、さまざまな読まれ方もしている。

その一つは、これまで全貌が明らかにされてこなかった〝幻の米本土爆撃機〟の計画がいかなるもので、どのような発想と時代背景のもとに生れ、結末をたどったのかとする、いわゆるノンフィクション、読み物としての興味からである。

二つ目は、〝戦後五十年〟という一つの歴史の節目を意識する中で、戦後日本の驚異的なまでの発展をどうとらえるかといった作業をしている研究者たちからの着目である。

後者は、戦前、技術水準の低かった日本が、荒廃の中からいち早く立ち直り、欧米をしのぐまでに発展して〝技術大国〟を築き上げてきた重要な要因の一つとして、戦時中に蓄積された（航空機）技術、技術者に注目したのである。

ところが、これまでの数十年を振り返ると、アカデミズムでは、鎖国状態にあった戦時中、暗中模索しつつ生み出した航空機の先端技術、あるいは唯一ともいえる、これらの流れ作業の量産技術、品質管理技術などを、真正面からとらえることを意識的に避ける傾向が強かった。もし、戦時中の軍事技術の蓄積が戦後の技術発展を容易にし、また基礎となったとする結論を導きだすなら、イコール軍事技術を礼賛する研究者と誤解されかねないからである。

もちろん、敗戦によってGHQから七年間の「航空禁止」を命令され、大きなハンディを背負ったことで、戦後日本の航空機産業（技術）が主要な産業にまで発展しそうにもないと判断して、専門的に研究しても、さして意味をもたない。あるいは、敗戦時に大半の資料が焼かれたことで、研究するにも、文献がきわめて少ないため、足で歩いて当事者から証言を引き出さなくてはならない。こうした研究方法はきわめて効率が悪く、また、アカデミズムの手法になじまない面もあった。だが、それ以上に、先のようなレッテルを貼られることを恐れて、いわば、君子故に危うきに近寄らなかったのであり、虎穴にはあえて入ろうとしなかった。

そのため、彼ら航空関係者（技術者）を歴史の証言者として、また、その後、戦時中の体験をどのように教訓化したか否か、といったことを引き出そうとする機会をもとうとはしなかった。また、広がりをもった歴史的観点から、当時の航空機企業や技術の実相までも究明して論議し、研究して、日本の近代史（昭和史）の中にどう位置づけるかという作業を欠落させてしまった。そして、大東亜戦争へと至ったことに対する反省と教訓から出発したとされる戦後における検証作業からも、もっとも肝心なものが抜け落ちたのである。

その結果として、戦後半世紀がたったいまも、戦中の航空機技術あるいは技術者に関しては、戦記物の読者や飛行機ファンだけを対象とする、限られた一部のジャーナリズムの世界へとおしやってしまい、その中だけでの論議に閉じ込めてしまうことになった。

前近代的な要素や矛盾をはらみながらも、当時、突出したハイテクとして一大産業を築き上げた航空機技術あるいは航空機技術者が、敗戦後、各種産業に散らばり、戦後の発展にいかなる役割を果してきたのか。とする歴史の事実を、先入観や価値判断抜きに真正面から検討し、検証されることも、ごく一部を除いてほとんどなされてこなかった。

本書では、米本土爆撃機「富嶽」の全貌を明らかにするとともに、それを作り出そうとした中島飛行機の発祥から消滅までの歴史、そして担った技術者たちにも焦点を当てている。日本近代史の最大級の事件である太平洋戦争が航空機決戦であり、その開発と生産を担った中島飛行機は、戦前、三菱重工とともに双璧を成していた。

ところが、この半世紀をさかのぼって見ると、中島飛行機に関するまとまった研究書は数年前に出版された三百ページほどの『中島飛行機の研究』（高橋泰隆著）一冊くらいしかないのである。それも、苦労のあとはうかがえるが、統計的数字を中心とした概要を伝える書物でしかない。

戦後五十年の間に、太平洋戦争へと至る軍部（ファシズム）の形成過程を追った研究や、思想、政治、経済、あるいは産業、企業などの歴史を追いかけた研究書は山ほどあるにもかかわらずである。

このことは、欧米に例をとれば、仮に、ドイツのメッサーシュミット社やイギリスのロールス・ロイス社、あるいは、アメリカのボーイング社やグラマン社、ゼネラル・エレクトリック（GE）社、プラット・アンド・ホイットニー社の戦前の研究がまったく書かれないということと同じ意味をもっている。もちろん、欧米では戦後、これらの企業、産業、技術の歴史が盛んに研究された。

なぜ、こんなことが日本にだけ起こったのであろうか。軍事技術とか民生技術とかに関係なく、また、好むと好まざるとにかかわらず、技術とは過去の蓄積の上に積み上げられていく。そのあまりにも当然のことが、「軍事技術」という一点で触れることを忌避されてきたことにある。

筆者は一九九四年末、当時の膨大な資料を発掘したことによって『弾丸列車――幻の東京発北京行き超特急』（実業之日本社）を発刊した。本書単行本の「あとがき」でも触れたが、日本の満州支配、中国大陸への進攻にともなって頻繁となった輸送を確保するために、大動脈を建設しようとする計画で、『富嶽』と似たテーマである。

　世界に誇る戦後日本を代表する技術の新幹線も、戦中にその原型があった。戦時中に五億五千万円の予算が帝国議会で承認されて着工され、時速二百キロで走る「広軌新幹線（通称・弾丸列車）」の国家的巨大プロジェクトである。当時の技術者たちは、戦後の新幹線が「弾丸列車の生き写しである」と強調している。

　たとえば、九四年の文化勲章受章者で、〝新幹線の生みの親〟と呼ばれる島秀雄氏は「弾丸列車」の車両開発責任者でもあった。そのため、島氏の活躍を含めての戦後の新幹線についてはは山ほど本が書かれても、「弾丸列車」についてまとめた著作は今日まで一冊も存在していなかったのである。当時の詳細な資料を発掘できなかったことも大きな一因であっただろう。

　また、本書ののちにまとめた『マン・マシンの昭和伝説——航空機から自動車へ』で取り上げたように、世界一の生産量を誇る日本の自動車産業はもちろん経済大国・日本のリーディングインダストリーである。戦前は極めて技術水準が低く、産業としての規模も小さかった。ところが、敗戦となり、「航空禁止」となって翼を奪われ、〝陸へ上がったカッパ〟となった航空技術者が、今日の自動車産業の発展の基礎を築き上げるのに大いに貢献した。その証拠に、戦後の代表的自動車（エポック・カー）のほとんどは、戦前、軍用機開発を手がけた航空機技術者をリーダーとして開発されているのである。たとえば、中島飛行機の流れを汲むスバル（旧富士重工業）のスバル360、自動車レース五十連勝のプリンスの初代スカイライン、トヨタの初代クラウン、パブリカ、カローラ、ホンダの初の四輪車や日本初のF1グランプリ優勝マシンなどなどである。こうした事実は、掘り起こしていくと、他の産業でも数多く見受けられる。

人を殺すことを目的とする兵器として開発された戦時中の航空機技術を、その動機においてまでも評価するかどうかは別として、戦後、花開いた技術の系譜をたどり、また、担った技術者の軌跡を追いかけると、軍事技術の果たした役割は無視できない歴史の事実であり、技術史上も見逃すことができないのである。

アメリカに例を取るならば、戦後の花形となったナイロンが軽くて丈夫なパラシュートのために、また、現在のコンピューター社会を形づくっている電子計算機が原爆開発（マンハッタン計画）のための膨大な計算を処理するために開発された。これらにおいても、生み出す意図や動機がどうであれ、技術とはそうした性格をもつものであることを、歴史の事実として醒めた目で認識しておくことは重要である。

ひるがえって、現在を見るならば、十数年ほど前まで強調されていた、高度な先端的軍事技術が民生品へとトランスファーされるスピンオフの流れは、今では逆になっている。民生技術が軍需品に吸い上げられる時代となって、スピンオンしていく技術の変貌がある。

このように、技術そのものを追いかけていくと、取り巻く時代背景によって大きく変化していることに気がつかされる。こうした事実からして、狭量な先入観や、一時代を支配したものの見方や価値観で紋切り型にきめつけてしまったり、表層的だけの硬直化した見方は避けねばならないことがわかる。そうでなければ、現在も姿を変え、変化していく技術の実相や、生み出す技術者を見る目さえも曇らせ、見誤って、肝心の歴史認識までも歪ませてしまうことになるのである。

やや理屈っぽいことをあえて書き記したのも、この何年かにわたって取材に協力して頂いた技術者の方々の訃報が最近、ポツポツと届くようになった時代を迎えてしまったからであろう。彼らから十分な証言を引き出すこともなく、また、戦中の体験を経て、その後の五十年においてどのように考え、内面化してきたのかを十分に読み取ることもなく、半世紀の時を経過させてきてしまった事実を思い起こすからだ。

ここで、司馬遼太郎氏が『文藝春秋』（一九九四年四月号）の「日本人の二十世紀」で指摘している言葉を引用させて頂こう。

「明治・大正のインテリが軍事を別世界のことだと思い込んできたのが、昭和になって軍部の独走という非リアリズムを許した」とし、日露戦争以後、「リアリズムの希薄さ」「日本の知識人の教養に軍事的知識という科目はなかった」といい切っている。

そのことは、先に指摘したように、そのまま、戦後においても当てはまるといえよう。
戦後の日本において、大いに論議された防衛問題も、その正面装備を生産する防衛産業や関連企業を、防衛（軍事）技術の内実を明らかにする形で研究したまともな著作は残念ながら、これまでに一冊も発刊されていない。

だが、こうしたことの重要性については、むしろ外国の研究者が着目している。マサチューセッツ工科大学（ＭＩＴ）の政治学部長であるリチャード・Ｊ・サミュエルズ氏は、戦前、戦後の日本の航空機産業（防衛産業）および技術などを政治的観点も含めながら分析している。

一九九〇年に邦訳されて大きな反響を呼んだ『Made in America』（邦訳、草思社）に関係した氏は、一九九二年から九三年の間、日本に滞在して精力的に歩きまわって聴き取り、筆者にもアプローチがあったが、拙著『富嶽』などからの引用も含めて膨大な日本語の資料を読み込んだ。そのあと、数年をかけて大著『Rich Nation Strong Army-National Security and the Technological Transformation of Japan』、邦訳『富国強兵の遺産』（六一三ページ、ジョン・ホイットニー・ホール・ブック賞、有沢広巳記念賞受賞、三田出版会）をまとめ上げた。

この本の作成過程で、三か月間ほどの作業協力を求められ、渡米を要請され、そのあと「米国の大学を講演して回りたいがどうか」という提案もあった。

敗戦国の日本の研究者が、自らの国の歴史を批判的に検証する上で成すべきであった欠落部分を、戦勝国のアメリカの学者が着目して、足で歩いて証言を引き出し、数多くの日本語の文献を渉猟して、まとめ上げたというのはなんとも皮肉な話である。

先にも述べたが、筆者は『富嶽』をまとめたあと、一九九三年、『マン・マシンの昭和伝説——航空機から自動車へ』上・下巻を、一九九四年は『ＹＳ－11　国産旅客機を創った男たち』（いずれも講談社）をそれぞれ発刊した。これらは『富嶽』の続編ともなっていることを最後に付け加えておきたい。

（一九九五年／再録にあたって一部加筆した）

草思社文庫版あとがき

一九九一年に単行本として刊行された本書は、筆者のノンフィクション第二作目であるが、その内容構成の広がりやボリュームからして、いささかスマートさに欠けているといわざるをえない。長く全貌がつかめないままとなっていた「富嶽」に関連する情報や記録、存命だった多くの当事者たちから得た証言をとにかく、ふんだんに盛り込むことを第一としたからである。

「富嶽」はセンセーショナルな題材であるだけに、それまで何人もの書き手が挑戦したものの、資料の少なさと、十分な証言が得られないなどの理由で、断念されたとのことだった。

だからこそと、発奮してあちこちを駆け回り、断片的なものも含めて当時の資料を渉猟し発掘もしたのだが、取材や資料探索の過程では、その難しさを痛感させられた。

だが、幸いにも筆者が取材を始めた頃、関係者は高齢化していて現役（優秀な方々ばかりだったゆえに高位の役職に就いていた）を退いていたため、最大の難関の一つがクリアできた。以前ならば、アメリカ側の受け止め方を気にして、自身が属する企業に思わぬ迷惑を及ばさないかとの懸念もあって、証言することを差し控えていたのである。アメリカに依存（従属）することで、戦後の日本経済が急成長を遂げていただけに無理からぬことであった。だがそれも、「敗戦からすでに半世紀近くが経ち、しかも、今の立場となれば気を使う必要もないだろう」となって、率直に語ってもらうことができ、本書が実現したのである。そればかりか、意外にも、敗戦時に当事者が密に持ち帰っていた資料が出てきた。未曽有の戦時下において、精魂込めて設計した資料&データを自ら焼却することに躊躇したからだ。

単行本の原稿がゲラとなって送られてきて、初めて目にしたタイトルは『富嶽――米本土を爆撃せよ』であったのだが、すぐに編集担当者から電話があった。「このタイトルおよび副題でいかがでしょうか」と確認を求められたのである。

確かに中島知久平が目論んだこと、そのものが副題となっているのだが、やたら物騒でストレートな表現である。自分の著作ながら、いや、それだからこそ、ためらいや抵抗を覚えたというのが正直な受け止め方だった。

筆者が提案していたのは『幻の巨大米本土爆撃機「富嶽」』だったからだ。三十年近く前の、当時の世間一般の空気としては、今の時代よりも、（太平洋）戦争そして兵器や軍事（軍事技術）に対するアレルギーや拒否反応が強かったからである。このため、本文庫では変更することにした。

今回、草思社文庫として発刊されることとなり、あらためて当時を振り返ってみると、筆者の受け止め方や意識が、その頃とはかなり変わってきていることに気づかされた。たぶん、読者もそうではなかろうかと推測するのだが、それはなぜだろうか。

圧倒的な「非対称」が生み出す絶望

一九九〇年頃の世界情勢は、戦後半世紀近くにわたって続いてきた米ソ両大国による東西冷戦体制が崩壊した直後で、これから世界の大きな枠組みがどう変わっていくのか、先行きが見通せない時期だった。大方の見方としては、一九九一年一月に起こった「湾岸戦争」を主導して、イラクに対して圧倒的な強さを世界に見せつけた「アメリカ一強の時代が到来する」といわれた。

ところが三十年近くを経た現在から見れば、いまだアメリカは「世界の警察」を自認する強大な国であることに変わりはないのだが、長期スパンで見れば、確実に凋落傾向が続いてきたことは否めない。

それと反比例して、ソビエト連邦の崩壊にともなってタガが緩んだことも一因であるが、民族的、宗教的な軋轢も含み込みながら、東欧、中東、西アジア、中央アジアの各地では地域紛争が活発化した。なかでもイスラム世界は絶えずヌエ的な状態が続き、血を掻き立たせている。それまでには予想し得なかった大規模テロも世界各地で頻発させて、先進諸国を怯えさせている。

欧米の先進諸国内でも新自由主義（マーケット至上主義）の台頭やグローバリゼーションの波が押し寄せる中で、軒並み格差が広がり、分断（中流の没落）が深まって左右勢力の対立も鮮明となっている。その修復や歩み寄りはかなり先まで望めそうにない状況に陥っている。それとともに、〝自国第一主義〟が台頭してきて、米、ロ、中といった大国についていえば、戦前とは異なる形態だが、「帝国主義の時代」へと逆戻りしつつある。

そればかりか、現在は大きな転換期であるとして、「ポストキャピタリズム」といった言葉さえ聞かれる時代となってきた。

となると、半世紀近く続いた、かつての米ソの二大強国の対立の数十年は、緊張をはらみつつも、今から思えば、それなりに安定した時代であったことを思い知らされる。

日本を取り巻く東アジア情勢でも、国家主義的な中国の急速な経済・技術面での台頭とともに軍事大国化し、それまで誇ってきた「経済大国日本」「技術大国日本」の地位が脅かされ、北朝鮮も含めて軍事的緊張を日々感じ取らざるを得ない状況となっている。三十年前とは大きく様変わりしてしまったのである。

しかも近年では、世界から孤立する北朝鮮が、核や米本土にも到達する長距離弾道ミサイル（ＩＣＢＭ）の保持をちらつかせ、アジアやグアムの米軍基地、あるいは米本土をいつでも攻撃できることを匂わせながら、アメリカを交渉のテーブルに引き出そうと、しきりに牽制している。

一方、二〇二〇年一月三日、アメリカの無人機ドローンによる爆撃によって、国民的英雄であった革命防衛隊のガセム・ソレイマニ司令官を殺害されたイランは激高し、これまた中東に展開する「米軍基地などの爆撃が現実化するのではないか」と騒がれ、やはり実行に移された。

さらには、「米国との全面戦争に発展するのではないか」とも取り沙汰されて、一時は世界に緊張が走った。根底には古代ペルシャ時代の末裔であるとの誇りに基づく帝国意識もあるイランの、熱狂的な民族的、宗教的エネルギーからして、このままでは収まりそうにはない。これからも予断を許さない日々が続き、小規模なゲリラ戦が繰り返されて、そのたびごとにアメリカは消耗を強いられていくのだろう。やがては、ベトナム戦争のように、この地域からの撤退を余儀なくされるのではなかろうか。

こうした一連の動きは、東西冷戦の時代には見られなかったことである。

「『貧困な世界』は自分に対して圧倒的に非対称な関係に立つ『富んだ世界』から脅かされ、誇りや価値をおかされているように感じている。（中略）圧倒的な政治力・軍事力・経済力を存分に行使して、『富んだ世界』は『貧困な世界』を小児化してしまおうとしているから（中略）『貧困な世界』は、それを屈辱とも冒瀆とも暴力とも感じている。このような圧倒的に非対称な状況は、テロを招き寄せることになる」（中沢新一『緑の資本論』）

二〇〇一年九月十一日、イスラム過激派のテロリストは、ハイジャックした旅客機でニューヨークの世界貿易センタービルに突っ込み、一万人近くが死傷した。いわゆる、世界を震撼させた「同時多発テロ」である。だが、これらも含めて、「米本土爆撃」といった言葉が、三十年前よりは現実化しつつあるといわざるを得ない。

たとえ「貧困な世界」の小集団であっても、現代では小規模な無人機などによって、いつでも「富んだ世界」の軍事施設や原発などへの爆撃や自爆テロが可能な時代となっている。それだけ世の中は不安定化し、軍事（技術）面での変化による緊張感が増してきて、そのことをわれわれは無意識のうちにも感じ取っているのだ。

それがゆえに、筆者自身、かつてほどは、この副題に違和感を抱かなくなってきたのではないかと思えて、内心、本書を書き綴ったことに、いささか身震いを覚えるのである。しかもそれは、七十数年前の「富嶽」計画に、そっくり当てはまるからだ。大戦下、米軍の圧倒的な攻勢を前にした中島知久平や日本軍が陥った心理情況であって、その下で、この計画が唐突にも持ち出されたのだった。

もともと先を見通す力をもち、しばしば、常人の発想を大きく超えて自説を大言壮語し、しかもそのことを実行に移そうとする中島知久平は、太平洋戦争下、ミッドウエー海戦での大敗北を機に一転、日本は圧倒的に不利な状況へと追い込まれて敗戦は必至と見た。その焦りにともなう危機感から、一矢報いて講和に持ち込む手段として、米本土を爆撃するとの、荒唐無稽ともいえる「富嶽」計画を立案した。それも当初、企図していた米軍事施設や軍需工業地帯を爆撃するとの目的から、次第に、最大効果を得るためにニューヨークの爆撃へと比重を移して、アメリカの人心を混乱に陥れることを狙ったのである。

戦時下とはいえ、それはまさしく「圧倒的な非対称が生み出す絶望」や「非対称から生まれた野蛮」な無差別テロといえよう。

アメリカ側においても、大戦末期になると、日本本土を爆撃する過程での自軍の犠牲が予想以上に増す中で、カーチス・E・ルメイ将軍はジレンマを募らせた。それまでのB29による日本の軍事施設や軍事工業地帯を狙った爆撃から攻撃の対象をエスカレートさせて、容赦のない「東京大空襲」など大・中都市を無差別爆撃して一般市民を大量殺戮することで「戦意を喪失させる」戦略へと比重を移していったのである。そらはヨーロッパ戦線でも同様の経過を辿っている。

三十年前の執筆時には思いもしなかった、戦中の歴史の一出来事である「富嶽」計画が、はからずも、今の時代の軍事的な状況と共通性をもってきたことに気が付かされたのである。その現実感をどう受け止めるべきか、と戸惑いを覚えつつ、この「あとがき」を今綴っている。

現実に戦争が行われている地を歩く

単行本ではそんな物騒な副題のノンフィクションであったが、発刊翌年、講談社ノンフィクション賞の最終候補作（三作）の一つに選ばれたとの電話を受けた。でも、筆者は先のような受け止め方で、しかもまだ駆け出しと自認していたので、反射的に「とてもこの副題の自作が受賞するはずはない」と予想したが、やはりその通りであった。

ところが、選考委員の一人、立花隆氏は、世間一般や筆者のような軍事的アレルギーはさほど感じていなかったのか。それともリアリスティックな思考の持ち主のせいか、「紛糾」した選考会では最後まで拙著を推してくれたという。

あれから年を経るに従い、筆者も立花氏の考え方に次第に近づいていった。とにかく、最初から生理的な次元での「忌み嫌うべきもの」と決めつけたり、軍事的アレルギーが先に立つことを払拭して、事実として、また歴史としてクールに直視し、正面から向かい合うことの重要性を認識するに至っている。

いうまでもなく、太平洋戦争そして敗戦は、日本の近現代史において、幕末・明治維新と並ぶ歴史的な二大事件である。特に前者においては、国を挙げての総力戦体制をとったわけだから、そこには日本および日本人（民族）の深層意識や行動様式なども含めたあらゆるものが注ぎ込まれ、また噴出していて、ここから汲み出すべき歴史的教訓や学ぶべきことは無尽蔵といえる。

「あとがき」としては脱線して相応しくないかもしれないし長くもなるが、草思社文庫には筆者の著作が本書を含めて五冊が収められることになり、これらの著作に共通する執筆動機やその姿勢にも密接に関連してくるため、この場を借りてあえて記しておきたい。

筆者の物書きとしてのスタートは四十代前半である。その頃活躍中のノンフィクション作家と比べれば、二十年は遅い。それまでは、ジェットエンジン設計者として二十数年を送ってきた。

日本経済の高度成長が最も華やかなりし頃、これといった取柄もない筆者レベルの技術屋が企業社会で生き抜いていくためには、より高度な技術を身に着ける必要があるとして、機械系では最もハイテクといえるジェットエンジンの世界を選択したのだった。しかし、いざこの事業部門に身を置いてみると、防衛需要がかなりの売り上げを占めていて、いろいろな疑問が頭をもたげてきて、思いめぐらせる日々であった。

もともと読書好きで、仕事とは別に幅広いジャンルを乱読していたとはいえ、所詮は技術・工学系だけに専門に徹するしかない。だがそれはおのずと視野の狭さを招くものと痛感せざるを得なかった。このため、夜間の大学に通って文系を専攻し、単位取得など全く考慮外で、ただ基礎的・原理的なことを学ぶこととした。

それとは別に、外部の研究会に参加して歴史や思想史関係の研究をし、さらには宗教社会学や神学などの講座（無教会系の「キリスト教夜間講座」）にも通った。その過程で、仕事を通して身に着けてきた技術系の強みを発揮する意味からも、昭和史や産業技術開発史および技術・文明史などの本を読み込んでいった。折に触れて、戦前の著名な技術者たちへのインタビューも重ね、関係資料の収集にも務めていた。

四十三歳になるとき、無謀とは知りつつも「何とか文筆で飯を食っていけないものか」との願望から意を固め、満を持して退社した。もともと勤め先でははみ出し者だったことに加え、幾つかのきっかけも後押しをしたからだ。

その一つとして、三十六歳の時の旅があった。勤めていた会社の夏の休みにひっかけて二十三日間、インドのニューデリーから、長年続いてきた印・パ（インド・パキスタン）紛争地帯を経由して、さらに中・印（中国・インド）紛争地域となる高地、チベット圏のラダックの奥地へと足を延ばした。

若い頃、マックス・ヴェーバーの一連の著作（中でも宗教社会学そして『プロテスタンティズムの倫理と資本主義の精神』）などを愛読し、キリスト教に深く心酔した時期もあったからだ。カール・マルクスと並び称されたりもするマックス・ヴェーバーは、前者が経済学に重きを置いたのに対して比較宗教社会学の手法によって、主な「世界宗教」を対象とした研究を行い、いずれも大著をまとめ上げて大きな功績を残した。

アジアでいえば、『儒教と道教』や『ヒンドゥー教と仏教』などの著作においても、『世界宗教の経済倫理』という観点から、宗教が果たす重要な役割に着目して、経済社会構造の形成との不可分な関連性を明かした。それも、人間の内面からその行動様式を明らかにした点においても大きな特徴があり、その点において筆者は強い魅力を感じた。

そのため、いずれの拙著でも我田引水ながら、主要人物たち（技術者や軍関係者）の（内面の）エートスやモチベーションに着目して作品をまとめ上げていく手法を強く意識しつつ取り組んできたつもりである。

ヴェーバーは五十六歳で急逝したため、予定していた原始キリスト教、カトリックそしてイスラム教へと続く壮大な研究計画は完成しなかったが、世界の宗教者や共同体の行動原理を理解する上で示唆に富む内容となっている。

こうした興味関心の対象の一つとして、後述するチベット仏教やイスラム教があった。密教の流れを汲む空海が開祖した真言宗の「胎蔵界曼荼羅」や「金剛界曼荼羅」

のルーツが、この地方のチベット仏教（ラマ教）寺院にあって、壁面を埋め尽くしていることから、それらの見たさもあった。

つい数年前までは紛争地帯だったゆえに立ち入りが禁止されていたが、解除されたことから奥地に分け入っていくと、民家はもちろんのこと、樹木一本も生えていない岩だらけの褐色の山々が連なる合間に、突如、鉄条網で囲われた軍事基地が目の前に出現する。門兵がこちらを認めて、手にした銃を向け、思わず心臓がドキドキと高鳴る。背後に林立する無数の無線用アンテナが、周囲の荒涼たる光景とはあまりにもミスマッチで、「こんな無人地帯に軍事基地が何か所もあるのか！」と言葉を失うのである。

もちろん、その帰りに回ったインドの聖地ベナレス（ヴァーラーナシー）など各地を巡ることも目的であった。日本とはあまりにも異質な混沌とした生命力に溢れるこの国とその人々にじかに触れ、全身で感じ取ってみたかったからだ。

上司から、「いい年齢して、こんな長期休暇を取って海外を遊び歩いた社員は前代未聞だ……」といわれつつも、その二年後には、「会社を馘になっても構わん」との覚悟で、さらに多い三十日間にわたり、イラン・イラク戦争下の真夏のイランへと向かった。戒厳令下にあったトルコの要衝の都市イスタンブールから陸路で各地を回り、〝国を持たない、国を持てない〟トルコのクルド人が大多数を占める地域なども経た千五百キロのバス旅で縦断し、灼熱のイランに入国したのである。

反米一色で、しかもイラクとの泥沼化した戦争によって若者が百万人も戦死しているといわれたイランだけに、途中の乗り合いバスには、包帯をぐるぐる巻いて松葉づえをつき、目を真っ赤にした放心状態の十代の負傷兵士が何人も乗り込んで来た。十字路での信号待ちの際には、外国人ゆえに、自動小銃を構えた革命防衛隊員によるボディチェックを何度も受けた。

「何の目的でイランに来たのか？　どこへ行くのか？　今日はどこに泊まるのか？」などと尋問されたりしたものだった。

大きなザックを抱きかかえながら、出稼ぎや難民とともに広場で野宿したこともあった。途中のイランの主要都市、タブリーズ近郊の軍事基地では、至るところに土嚢で周囲を固めた高射砲が空に向けて長い砲身をズラリと並び立たせていた。頻繁に離着陸する戦闘機や輸送機が、四十度を超える灼熱の乾ききった空気を切り裂くバリバリバリといった爆音を響かせる。筆者の仕事柄見慣れていた、日本の自衛隊基地で耳にしていた爆音とは、緊張感もあるせいか、大きく違っていた。

やがて辿り着いた首都テヘランのビジネス街は、ホメイニー政権の反米そしてイスラム化（イスラム回帰）政策によって、アメリカをはじめとする外国の商社や出張所などがすべて引き揚げていたため、表通りから一歩入ると、一帯は人っ子一人いないゴーストタウンが広がっていて不気味な雰囲気を漂わせていた。

宿泊した薄暗い照明のカスピアンホテルの斜め前には、通りを隔てて、あの四百四十四日間にわたり館員が人質とされたアメリカ大使館があって荒れ放題となっていた。二キロほど離れたテヘランの大バザールに足を向けると、なぜかホテルのレストランで見かけた不自然な素振りの男が二十メートルほど隔てて目に留まり、「偶然か、それとも外国人ゆえ、尾行されていたのか」と思って、ぞっとしたこともあった。

緊張を強いられる場面は旅の途中で何度も体験して、常に神経を張り詰めていたのだが、その最たるものは、イランにトルコから入国する前日のことだった。

筆者の所属する会社の主たる事業は、アメリカのジェットエンジンメーカーであるGE社やP&W社などと技術提携して、自衛隊機のエンジンをライセンス生産している。

その技術者がなにゆえこの戦時下のイランに、GパンにTシャツ姿で大きなザックを背負い、中には二十本ほどのカメラのフィルムも入っている状態で、入国しようとするのか。ビジネスマンならばこんな格好ではなく、それも週一回の旅客機の直行便で首都のテヘラン入りするはずであろう。この荒涼たる土漠地帯の陸路国境から出入国するのは現地人ばかりのようで、イラン入りする観光客も外国人も見当たらない。それはあまりにも不自然である。

問題は、入国する際に隠し持つ闇ドルが見つかった場合のその後であった。戦時下で極度のインフレとなっているにもかかわらず、イラン政府は外国通貨との交換レートを変えようとしないため、そのままドルを持ち込むと三分の一の価値しかない。それに反して、国外に脱出を急ぐ金持ちたちは、イラン通貨を持ち出しても紙屑だから、闇でドルを買い漁るため、市中では七倍にも高騰していると聞いていた。

ならば、「リスクを冒してでも持ち込まなければバカみたいだ」と覚悟を決めたのだが、見つかれば、筆者は「ただの観光客だ」との言い逃れは通用しないだろう。ザックの中には、テヘランのホテルに泊まる際に不可欠な、身分を保証してもらう日本の商社のテヘラン出張所（一社しか残っておらず、それも数人だけ）で提示すべき会社の身分証明書と普段の名刺を入れていた。

名刺の裏に英語で書かれた社名と所属名から、ジェットエンジン設計者とわかり、それは軍事技術者でもある。この時、初めてそのことを真の意味で気づかされたのだった。親密な日米関係から、アメリカの軍事企業と深い関係にある日本の技術者だとわかれば、どう見ても不審に思われるはずで（スパイではないか）、その後の扱われ方は想像もできない。

入国前夜、夕日を浴びて遠くに浮かぶ雪をかぶった『旧約聖書』の神話のアララト山（五千百六十五メートル）の山頂を見つめながら、「命の安全を優先して闇ドルの持ち込みは断念すべきか否か」と迷いに迷った。そんなことを思いめぐらせていると、その夜はなかなか寝付かれなかったのだった。

「なるようにしかならない」と意を決し、持ち込むことを決め、まだ夜が明けやらぬ頃、ホテルを後にして国境へと向かった。ペルシャ湾岸の積み出し港であるカーゴ島は、イラク軍機が盛んに爆撃しているため、物資はイスタンブールからの陸路、アジアハイウエーを通って、この国境のドグバヤジット（イラン側はバザルガーン）に大型ダンプが集中する。検閲待ちで数十キロの車列が続いている。ひとたび、緊張が走れば、国境は閉鎖されて一週間ほど待たされることも珍しくないという。

ところが幸いなことに、「百円ライターも分解しろ」といわれると聞いていたバッゲージチェックは難なくパスしただけでなく、「ジャポーン、ようこそ」と歓迎の声をかけられて、入国できたのだった。

反米ゆえに、全面的に依存していた米軍および米軍事企業の関係者全員がイランを去っていた。このため、兵器マニアであった前政権のパーレビー国王時代に大量購入した最新鋭の米製戦闘機F14トムキャット（七十七機）、そして米戦闘機ファントム（百七十七機）などは、イラン人の手ではとても飛ばせない。だから、旧式の米戦闘機F－5タイガーなどしか配備しておらず、それも数が少ないし、交換部品も手に入らず、ますます稼働機数を減らしていた。

当然、制空権はイラク側にあった。ソ連の支援を受けたイラク軍のソ連製戦闘機ミグ23などが時折、テヘランを爆撃していたが、幸いにも筆者の滞在中には出合わなかった。

イラン革命時に四千人近くが死亡したテヘラン中心街の広場や、その際の拠点となった、外国人の入場が難しいモスクにも足を踏み入れた。

やがて、イスタンブール経由の変則なチケットを何とか手に入れ、早朝発の便で出国しようとした際には、空港警察とのちょっとしたトラブルから、一睡もできなかった。

それでも無事出国し、途中、機がドバイに立ち寄ると、包帯を巻いたさまざまな人種の負傷兵が大勢乗り込んできて横たわっていた。中東あるいはアフリカで戦っていた傭兵であろうか。あえて照明を薄暗くしたすぐ目の前の貨物室に、殺気立った幾つもの目だけが光っていて、不気味であった。

乗り継ぎ待ちで数日間滞在したパキスタンのカラチもまた、政情が不安定で戒厳令が敷かれていた。入国の可能性を探ったお隣りの国のアフガニスタンでも、樹立した親ソ連の社会主義政権がイスラム教徒を弾圧する急進的な改革を強行したため、これに反発する全国各地の部族が反政府闘争（アフガニスタン戦争）を繰り広げて、これまた泥沼化していたため、大変危険であるとして、入国は断念せざるを得なかった経緯もあった。真夏の三十日間におよぶ西アジアの旅で、もともと痩せている筆者の体重はこれまでに経験したことのない、一挙に六キロ減となっていた。

一カ月ぶりに出社すると、上司からは、「無事に帰ってきたからよかった。仕事はいっぱい溜まっているから、早く処理してくれ」と御咎めなしで、ほっとすると同時に拍子抜けだった。「世間知らずのいい年齢した男が、野次馬根性で三十日も休んでイラン入りし、なんとか帰って来られたからいいものの……」、と呆れ返っていたからだろう。

この旅の帰り道、この体験が一つの踏ん切りとなり、いよいよもって会社を辞めることになるだろうと思った。

極限の戦時を生きた技術者たちの違和感

なぜこんな旅のエピソードを、あえて「あとがき」で長々と書き綴ったのか。

もっともらしい理由を述べるつもりはないが、それは長年、防衛産業に勤めていて、事業所全体を見回しても、世代的にいっても、太平洋戦争下での軍用機（兵器）生産を経験した人間は一人も存在しない。当然である。かつては、首脳陣も含めて経験者は何人もいたのだが。

それでも、この工場では日々、粛々と自衛隊機のジェットエンジンが生産され、出荷されている。それも秒単位で管理される流れ作業の民需品の自動車生産工場などとは別世界で、〝親方日の丸〟だけに、実にゆったりとしたテンポである。

「平和な日本における、こんなのんびりした生産の実態で、果たして一朝有事の際、混乱を来たさないのだろうか。本当に機能するのだろうか。でもこの工場の人間は誰一人としてそんな疑問はもっていないようであるし、長年勤めていても、一度もそんな話は聞いたことがない。私自身も似たようなものであるが……」

工場の中を歩くたびに、そんな思いを持ち続けていた筆者だが、緊張する戦時下での体験や切迫する精神状態をまったく知らず、また知ろうともしない現実がある。それでも仕事の上では何の支障も来たさない。

確かに平和であって、事が起こって、自分たちが生産したジェットエンジンが実戦に供されることがないに越したことはないのだが。そうした疑問を解く鍵の一つとして、実際のインドの紛争地域や戦時下イランへの入国動機があった。

工業製品あるいは耐久消費財などの民需製品をつくる技術者は、少なくともそれがどのように使われ、それをユーザーがどう受け止めていて、問題はないのかを知っておくべきだといわれる。ユーザーの立場に立ってのモノづくりの姿勢である。

だが兵器の場合は、特に日本では、戦後七十数年、実戦経験（戦闘）はほとんど皆無であって、メーカーの技術者たちはいざという時、その使われ方の実態は知らない。

自衛隊の訓練での使用、あるいは戦闘機ならば警戒任務でのスクランブル（緊急発進）飛行などはあるが、実際に殺るか殺られるかの消耗する戦闘ではないからだ。ならば、兵器を生産する技術者たちは、一度も実戦からの、戦場からのフィードバックもないまま、ただただ日々の生産を決められたとおりに遂行しているにすぎないのである。有事における緊迫化した状況下での生産も、一度も経験したことはない。

一般のモノづくりの著作などを読み進めるとき、ほとんど実際の開発や生産を経験したことのない著者が書き綴った作品を読んでいて、微妙なズレや違和感を覚えるときがある。いわゆる〝現場感覚〟の希薄さである。

それは、太平洋戦争時の経験をしていない筆者が、当時の時代の航空機（軍用機）開発や生産についてノンフィクションを書き上げる際に生じるズレと全く同じことであろう。

兵器や軍用機の開発・生産に従事しているならば（あるいはそれを題材にして執筆するならば）、せめて戦時下の緊張感とはどういうもので、その一端でも身体で知っておく必要はないのか。

この頃のイランは、反米および反西洋化を掲げて、彼らとの全面対決の姿勢を打ち出し、歴史の歯車を逆回しするような宗教国家の樹立を推し進めるイスラム化政策だけでなく、「イラン革命の輸出」と叫んでヒズボラ（神の党）が先兵となってゲリラ的な活動により湾岸諸国へと浸透を図ろうとしていた。

そればかりか、国内は爆撃を受けつつ、イラクとの大規模で泥沼化した戦闘を展開して大勢の死者を出し、旧政権や急進的な民族組織のモジャヘディンハルクなどの反体制派との闘争も続けている。

日本ならばどれ一つが起こっても、国は大騒動になって混乱をきたすであろうが、イランはそれでも前へと突き進みつつある。この民族的、宗教的なとてつもないエネルギーは一体どこから生まれ出て来るのであろうか。

そんな疑問や自身へのこだわりも一つにはあって、インドやイラン行きを決めたのだった。でもそれを実行し体験したからといって、何が違うのかと問われると、返答に窮するのだが、何かが違うとしかいいようがない。

ただ一ついえるとすれば、インタビューを受ける立場の、戦前・戦中の航空機（軍用機）技術者が常に抱くであろう違和感や疑問についてである。

彼らの本音として、「戦後の平和ボケした時代に育った世代に、あの未曽有の混乱と緊迫感、切羽詰まった戦時状況下での、軍用機開発や生産、トラブル対策で奔走した体験を語っても、果たしてどれだけ実感として理解でき、本当に伝わったといえるだろうか。技術者の置かれた時代状況も精神状態もあまりにも大きく異なっている。ただ戦記物が好きだとか、マニアックな興味からの取材ならばお断わりである」との受け止め方である。

結果としてだが、取材をする側と、される側の意識の隔たりを少しでも埋めるものとして、またこうした題材をあえて描こうとする書き手のこだわりとして、この旅があったともいえる。

さらには時代とともに、当事者たちはみな高齢化しているだけに待ったなしである。もし亡くなれば、聞き出すべき過去の歴史の貴重な証言は永久に失われてしまう。インタビューだけでも最優先しなければとの強い思いが先に立っていた。

だから退社後、一時、先端技術の調査分析を行うシンクタンクに身を置いていたこともあってか、出版社から「ジェットエンジン開発・生産に従事した設計技術者なのだから、現代の最先端を行く研究開発およびその研究者を取材しての雑誌原稿を書いてくれないか」といった要請があった。その一つ、『週刊朝日』では最大の五ページをもらって一年近く連載した「未踏技術に挑む」を除いては原稿は最小限に止め、禁欲していた。これらのテーマについては、いつでも取材する機会があるからだ。

とはいっても、本書のようなテーマを作品化するまでには時間も手間もかかる。それも、続けて作品をまとめ上げていくとなるとなおさらである。足元の現実問題として、フリーランスの書き手である筆者の営業政策上からするときわめて効率が悪い。ましてや長編となるとなおさらだし、初版だけで終わったならばかなり厳しい状態に追い込まれる。

破壊し、破壊され、消尽されるためだけの存在

それはさておき、軍事力とか兵器とかは、相手（敵国）との関係性でその性能や仕様、性格づけがなされ、開発・生産されるものだから、いわば相対的なものでもある。

それと同時に兵器の場合、その使われ方や使い手（兵士や軍隊）の気質や行動様式、精神構造、そしてその国独特の軍事戦略や戦術なども反映している。その国の組織形態や国民性、民族性（アイデンティティー）、あるいは文化などとも密接に関係してくる。

読者は意外に思われるかもしれないが、これらを多面的にとらえて膨らみのあるノンフィクションを描こうとするとき、いわば外国（敵国）も念頭に置いての比較文化人類学的な見方も頭に入れておく必要がある。筆者はそのことを強く意識して、これまでの作品を書き綴ってきた。

単に敵機と競い合う研ぎ澄まされた軍用機の性能や技術水準、活用形態、機能美といった派手で一般受けし、わかり易い面ばかりに着目して、その開発や生産について論じるだけでは十分でない。併せ持っている負の側面やそのおぞましさにも着目してスポットを当てる必要性がある。でも、原稿枚数の大幅超過から、軍用機生産の苛酷な労働現場の実態や、当時の労務管理の非人道性といった面への言及は少なくならざ

るを得なかった。

もっともらしいいい方をすれば、先の問題意識も含めて、著名なJ・ホイジンガが描いた文化人類学の名著『ホモ・ルーデンス』やロジェ・カイヨワの『戦争論』などで定義付けられた戦争や兵器（武器）についての観点である。

またストックホルム国際平和研究所の研究員を務めたメアリー・カルドーが定義づける、現代の兵器は「バロック的な軍事技術」との観点も念頭に置く必要がある。それは兵器がより大型化しより複雑化して高価になり、「退廃的な」とか「世紀末の」「装飾過多」となった技術であるとする指摘であって、戦前日本の軍用機開発の行き着く先の終局点として超大型の「富嶽」がそうであった。

筆者の場合、前述したインドチベット圏の仏教やイランのイスラム世界への関心の一つには、次のような興味があった。

兵器は相手を攻撃し、また自らを守る道具であると同時に、最たる消耗品であり浪費そのものである。破壊し、破壊され、消尽（蕩尽）されるためだけに存在し、これを使って生産することは全くない。だが、作り上げるのには経済性を無視して、飛びっきり金も時間もかかる最先端技術の結晶でもある。

世界の過剰性（原始蓄積）を絶えず「消尽」すべきものとしてあるとの観点から自身の世界観をつくり上げて展開したフランスの哲学者バタイユの著作『呪われた部分』

の第三部、「歴史的資料（二）、軍事企業社会と宗教企業社会、征服社会―イスラム教、非武装社会―ラマ教」への関心もあった。

「蓄積された富はほんの一瞬しか価値を持たないということだ。エネルギーは結局浪費されるしかない（中略）すなわち生物や人間に根本的問題を突きつけるものは、必要性ではなく、その反対物、『奢侈』である」（同書「緒言」、生田耕作訳）し、その奢侈を消尽する最たるものが兵器であり戦争である。

しばしば聖戦を唱えるイスラム社会は絶えず戦争を繰り返して消尽する社会であると。チベット仏教の世界は、国民の三人に一人が僧であって、彼らは宗教的世界で生きるため、全く生産はせず、ただ消費（消尽）するだけであるからと、いっこうに蓄積も発展もなされず、そのために社会は変わらない、とバタイユは指摘するのである。

イラン行きについては、以前から愛読していた世界的なイスラム（神秘）思想研究の権威、井筒俊彦の著作に感銘を受けていたことも後押ししていた。イスラム（およびギリシャ哲学）思想と東洋思想の橋渡しも進めてきた奥深くて壮大なスケールの学問体系をもちながらも、平明かつ含蓄のある言葉で綴られた文体に魅了されたからである。

今から三十六年前、宗教的あるいは軍事的な面においてことさら、直感的に不気味さ、そして〝どう見ても不可解だ〟と感じさせて筆者を突き動かし、旅へと向かわせたイランのあの民族的・宗教的な猛烈エネルギー。それがじわじわと浸透して中東地域の力のバランスを掘り崩して、現在では「シーア派の三日月地帯」が形成されつつあり、そして核開発も含めてアメリカに脅威を与えつつある。これもまた、「米本土爆撃」の脅威といえよう。

こうして振り返ってみると、この「あとがき」で引用した歴史に名を残した一連の人物たちは、晩年に少しばかりやりとりさせていただいた技術研究者出身の吉本隆明氏もそうだが、いずれも体系性、および独自の世界観を有する大物思想家（研究者）である。筆者はそうした人物に惹かれる傾向が強いようである。

＊

本文庫の発刊は、筆者の第一作からちょうど三十年目の節目に当たり、この間に上梓した三十作の九割近くは自身による構想テーマを作品化したものであるが、ここで振り返ってみたい。

すでに述べたことと併せて、拙著が扱ってきた近現代史（昭和史）にまつわる一連の企画テーマには一つの共通性がある。それは、これまで誰もが本格的には取り組んだことのない、空白となっていた歴史事象を取り上げているということだ。あるいは、筆者自身の問題視角から構想し構成していったモノづくりにまつわる産業技術史的観点から、技術者およびそのエートス、あるいはその小集団が担った開発史・技術史を、かなり長い時間軸を踏まえつつ辿るノンフィクションである。本書ももちろんその一冊である。

そうでなければ筆者は、時間をかけて多くの当事者に取材したり、大量の資料を渉猟し、また収集するに値する手応えが感じられないからだ。それも、日本の歴史上においても大きなテーマであって、しかも時間軸を超えて、現代的な意味合いも内包しているとの問題意識から、いまなお生きた教訓として学びうる事象であることが不可欠な条件でもあった。それは自分の生きてきた、特に昭和の時代（昭和史的観点から）を遡って、どのような様相であったのかを、技術・産業史的な側面から明らかにしたいとの試みでもあった。

たぶん、この三十年間に書き記した一連の著作において、ほんの少しでも自負できるものがあるとすれば、一貫して持ち続けてきたこのような執筆姿勢で臨んできたことであろう。それには、生業も含めて、さまざまな面で切り盛りする必要があったカミサンの理解と許容力があったればこそである。しかも、この一連の危険な旅には、彼女自身も独自の問題意識からの強い興味関心を抱いていたこともあり、同伴してサポートしてくれた。若い時代に単独での何年かのアメリカ体験があったからだろうが、感謝したい。

そしてなにより、これらの著作の多くは出版社泣かせの長編であったが、幸いにもいずれも理解のある優秀な編集担当者に恵まれて、実現に漕ぎつけることができた。

とりわけ、本書を含めて草思社文庫として採用していただき、また単行本『技術者たちの敗戦』『悲劇の発動機「誉」』『満州航空の全貌』『日本はなぜ旅客機をつくれないのか』『日本のピアノ100年』（共著）の出版の際にも、責任者の藤田博氏そして故加瀬昌男社長の支援によって陽の目を見ることができた。あらためて深く感謝申し上げたい。

二〇二〇年一月二十五日

前間孝則

主要参考・関連文献一覧

『飛翔の詩』（宇都宮中島会編集委員会編　一九八九）
『中島飛行機エンジン史――若い技術者集団の活躍』（中川良一・水谷総太郎　一九八五　酣燈社）
『富士重工業三十年史』（富士重工業社史編纂委員会編　一九八四）
『必勝戦策』（中島知久平　一九四三）
『ハ54計画要領書』（中島飛行機株式会社発動機設計部　一九四四）
『報告番号180292　第二次計画　六発爆撃機』（中島飛行機太田製作所第一設計課　一九四三）
『六発付遠距離爆撃機』（中島飛行機小泉製作所）
『巨人中島知久平』（渡部一英　一九五五　鳳文書林）
『偉人中島知久平秘録』（毛呂正憲編著　一九六〇　上毛偉人伝記刊行会）
『中島知久平氏と其革新政策』（水島彦一郎　一九四〇　猶興書院）
『革新時代の党領――中島知久平を研究す』（山北太郎　一九三七　上田屋書店）
『飛行機王・中島知久平』（豊田穣　一九八九　講談社）
『中島知久平抄録』（中島源太郎　一九八一）

『富嶽に関する日記』（中島知久平）
『佐久間一郎伝』（加藤勇　一九七七　佐久間一郎伝刊行会）
『技術余話　技術者魂――栄光の歴史を明日へ』（中川良一　一九九〇　日刊自動車新聞社）
『中島飛行機の想い出』（斎藤昇　一九五六～一九六七　輸送機工業社内報）
『地下秘密工場――中島飛行機浅川工場』（斎藤勉　一九九〇　のんぶる舎）
『三鷹研究所と「つるぎ」』（青木邦弘　一九九一）
『中島飛行機武蔵製作所と田無』（座談会記録・田無市立中央図書館編　一九七九）
『中島航空金属株式会社と田無』（座談会記録・田無市立中央図書館編）
『中島飛行機工場戦時中の思い出手記』（田村徹　一九八〇）
『戦争を伝える』第三集（田無市立中央図書館編　一九八一）
『飛行機工場の少女たち――女学生勤労動員の記録』（東京都立武蔵高女青梅寮生の会編　一九七四）
『戦争と平和を考える――戦争と武蔵野市中島飛行機を中心に』（夏季市民講座記録の会・武蔵野市教育委員会編）
『三鷹市民の戦争体験記』（三鷹市東教育会館わだちの会・歴史講座学習会編　一九八四）
『群馬県の百年』（群馬県立歴史博物館監修　一九八二　煥乎堂）
『大泉町史』（大泉町史刊行委員会編　一九八三）
『中島飛行機の研究』（高橋泰隆　一九八八　日本評論社）

『戦史叢書』（防衛庁防衛研修所戦史室編　朝雲新聞社）の左記
『大本営陸軍部』『本土防空作戦』『本土方面海軍作戦』『本土決戦準備(1)』『支那派遣軍』
『中国方面陸軍航空作戦』『海軍捷号作戦』『比島捷号陸軍航空作戦』『陸軍航空兵器の開発・生産・補給』『陸軍航空の軍備と運用』『海軍航空概史』『ハワイ作戦』『大本営海軍部・連合艦隊』

〈防衛庁防衛研究所戦史部保管資料〉
『大西滝治郎資料』『遠藤三郎中将関係資料』『木村少佐メモ』『木村昇関係資料』『安藤成雄技術大佐資料』『真田日記』『熊倉少佐メモ』『大型爆撃機に対する戦闘の参考』（陸軍航空本部総監部　一九四三）
『航空こぼれ話』（絵野沢静一）
『酒本英夫少佐記述資料——キ74審査資料』
『大本営航空情報綴』
『陸軍航空技術研究方針』
『軍需省兵器総局関係資料』
『航空兵器諸元表綴』（陸軍航空本部部員・岩宮満少佐資料）
『米空軍航空機情報』（東京師団司令部）

『試製飛行機一覧表』（陸軍航空本部）
『誉発動機11型（ＮＫ９Ｂ）――実験経過に成績概要』（一九四四　海軍航空本部）
『栄発動機20型取扱説明書』（一九四三　海軍航空本部）
『実録太平洋戦争』全七巻（伊藤正徳他監修　一九六〇　中央公論社）
『ニミッツの太平洋海戦史』（C・W・ニミッツ　E・B・ポッター共著　実松譲・富永謙吾共訳　一九六六　恒文社）
『戦藻録』（宇垣纏　一九六八　原書房）
『日本本土防空作戦――B29撃滅作戦秘録』（渡辺洋二　一九七九　現代史出版会）
『山本五十六』（阿川弘之　一九七三　新潮社）
『第二次大戦の米軍事戦略』（福田茂夫　一九七九　中央公論社）
『太平洋戦争への道』６・７（日本国際政治学会太平洋戦争原因研究部――長岡新次郎・秦郁彦・福田茂夫共著　一九六三　朝日新聞社）
『ドキュメント昭和・世界への登場――オレンジ作戦』（ＮＨＫ「ドキュメント昭和」取材班　一九八六　角川書店）
『飛行機設計50年の回想』（土井武夫　一九八九　酣燈社）
『川崎重工・岐阜工場50年の歩み』（川崎重工航空機事業本部編　一九八七）

『立川飛行場物語』上・中・下（三田鶴吉著・西武新聞社編　一九八四　けやき出版）
『大東亜戦争全史』全6巻（服部卓四郎　一九五三　鱒書房版）
『現代史資料・太平洋戦争5』（一九七五　みすず書房）
『ドゥーリトル日本初空襲』（吉田一彦　一九八九　三省堂）
『日本戦争経済の崩壊――戦略爆撃の日本戦争経済に及ぼせる諸効果』（アメリカ合衆国戦略爆撃調査団報告書　正木千冬訳　一九五〇　日本評論社）
『日本軍事工業の史的分析』（小山弘健　一九七二　御茶の水書房）
『井上幾太郎伝』（井上幾太郎伝刊行会編・発行　一九六六）
『日本創成論』（糸川英夫　一九九〇　講談社）
『粗にして野だが卑ではない――石田禮助の生涯』（城山三郎　一九八八　文藝春秋）
『飛行界の回顧』（長岡外史　一九三二　航空時代社）
『航空年鑑　昭和16・17年版』（大日本飛行協会編　一九四三）
『航空発動機の生産と生産管理』（野村大度　一九四三　山海堂）
『国際事情叢書第三編・世界の航空機工業』（タイムス出版社編集部編纂　一九三九　タイムス出版社）
『米仏の航空工業』（駒林栄太郎　一九四四　大日本飛行協会）
『米国戦争資源の分析』（一原有常　一九四二　紀元社）

『多量生産方式実現の具体策』（日本経済連盟会調査課編　一九四三　山海堂）
『現代航空工業』（勝田不二雄　一九四二　朝日新聞社）
『航空機工業の能率増進』（橋口義男　一九四三　山海堂）
『航空機用材料』（田尻秀男　一九四一　科学主義）
『亜成層圏飛行』（野村秀夫　一九四一　改造社）
『世界民間航空大観』（航空局編　一九四三　大日本飛行）
『航空工場読本』（厚生研究会編　一九四四　新紀元社）
『航空機多量生産と材料資源』（荒木鶴雄　一九四三　山海堂）
『航空対談』（菊池寛　一九四四　文藝春秋）
『航空社談』（菊池寛　一九四四　文藝春秋）
『飛行機増産の道ここにあり』（遠藤三郎　一九四四　番町書房）
『科学的管理法』（F・W・テイラー著　上野陽一訳・編　一九六九　産業能率短期大学出版部）
『航空機用可変速過給器』（中村孝一　一九四三　山海堂）
『世界優秀飛行機総覧』（日暮時郎　一九四二　山海堂）
『日本の航空宇宙工業戦後の歩み』（三輪哲編　一九八五　日本航空宇宙工業会）
『岩波講座・世界歴史』現代5・6（荒松雄他編　一九七一　岩波書店）
『岩波講座・日本歴史』現代1～4（家永三郎他編　一九六三　岩波書店）

『日本航空事始』（徳川好敏　一九六四　航空同人会）
『航空技術の全貌――わが軍事科学技術の真相と反省』上・下（岡村純編　一九五三　日本出版協同社）
『機密兵器の全貌――わが軍事科学技術の真相と反省2』（志賀冨士男編　一九五二　興洋社）
『日本海軍航空史』1～4（日本海軍航空史編纂委員会編　一九六九　時事通信社）
『日本海軍航空史年表』（海空会・日本海軍航空外史刊行会編　一九八二　原書房）
『海鷲の航跡――日本海軍航空外史』（海空会・日本海軍航空外史刊行会編　一九八二　原書房）
『日本民間航空史話』（日本航空協会編　一九六六）
『陸軍航空史』（秋山紋次郎・三田村啓共著　一九八一　原書房）
『日本陸軍機の計画物語』（安藤成雄　一九八〇　航空ジャーナル社）
『日本傑作機物語』（航空情報編集部編　一九五九　酣燈社）
『日本軍用機の全貌』（今井仁編　一九五三　酣燈社）
『日本航空史　明治・大正編』（一九三六　日本航空協会）
『日本航空学術史（一九一〇―一九四五）』（日本学術史編集委員会編　一九九〇　丸善）
『日本航空機総集』1～7（野沢正編著　一九六二　日本出版協同社）
『戦闘機疾風』（碇義朗　一九七六　白金書房）

『疾風――日本陸軍最強戦闘機』（鈴木五郎　一九七五　サンケイ新聞社）
『さらば空中戦艦・富嶽』（碇義朗編　一九七九　徳間書店）
『陸軍「隼」戦闘機』（碇義朗　一九七三　サンケイ新聞社）
『零戦（新装改訂版）』（堀越二郎・奥宮正武共著　一九七五　光文社）
『零戦燃ゆ』全三巻（柳田邦男　一九八四～一九九〇　文藝春秋）
『幻の新鋭機』（小川利彦　一九七六　白金書房）
『ダグラス式DC3旅客飛行機取扱解説』（宮本晃男編著　一九四〇　育生社）
『機上手記――試験飛行』（北尾亀男編　一九四二　建設社出版部）
『陸軍航空の物語――燃ゆる成層圏』（升本清　一九六一　日本出版協同社）
『航空機の諸問題』（糸川英夫　一九四四　明治書房）
『悲劇の翼A―26』（福本和也　一九九〇　朝日新聞社）
『川西龍三追懐録』（新明和興業編纂　一九五六）
「中島飛行機発動機20年史」（関根隆一郎『航空情報』一九五二年七月号所収　酣燈社）
「夢と消えた米本土攻略計画」（有馬寛〈中村勝治〉『航空情報』一九五五年八月号所収　酣燈社）
「謎の巨人機『富嶽』」（入江俊哉『航空情報』一九五五年八月号所収　酣燈社）
「日本の運命が三度賭けられた話」（野村外代雄『世界の航空』一九五二年三月号所収）

「空冷36気筒機関の思い出」（田中清史『内燃機関』一九七二年七月号所収）
「彩雲」（内藤子生『文藝春秋』臨時増刊号「太平洋戦争日本航空戦記」一九七〇年十二月号所収　文藝春秋）
「米本土爆撃機『富嶽』の正体」（中里清三郎『丸』一九五九年八月号所収　潮書房）
「ニューヨーク爆撃秘密計画に賭けた男たち」（『週刊文春』一九七二年八月十四日号所収）
「第二次大戦日本機ストーリー『中島・富嶽』」その１・２（秋本実『航空ファン』一九九一年六・七月号所収　文林堂）
「量産の時期をあやまった〝隼〟の悲劇」（太田稔『丸』一九六〇年十月号所収　潮書房）
「技師長の見た〝隼〟誕生の秘話」（小山悌『丸』一九六〇年十月号所収　潮書房）
「航空機から自動車へ――内燃機関技術者の回想」（中川良一『日本機械学会誌』一九八二年二月号所収）
「超大型爆撃機『富嶽』のエンジン――五〇〇〇馬力への挑戦」（水谷総太郎『日本機械学会誌』一九八二年九月号所収）
「空冷シリンダーの設計に関する諸問題」（戸田康明『機械の研究』一九五六年六月号所収　養賢堂）
「列強の空軍」（『アサヒグラフ』一九三九年七月号所収　朝日新聞社）
「世界一の威容を誇るダグラス超重爆撃機」（服部貞一『航空時代』一九四〇年一月号所収）
「連山設計製作報告(1)～(3)」（中村勝治『航空情報』酣燈社）

「金森大尉の日誌覚え書き——イ23潜水艦出撃す」（宮野成二『THIS IS 読売』一九九一年一、二月号所収　読売新聞社）
『太平洋戦争航空史話』上（秦郁彦　一九八〇　冬樹社）
『米本土爆撃記——初めて公開された爆撃担当者の秘録』（藤田信雄　一九五五　土曜通信社）
『太平洋戦争ドキュメンタリー——米本土を叩いたただ一人の男』（藤田信雄　一九六七　今日の話題社）
『太平洋戦争実戦記2』（藤田信雄　一九六四　土曜通信社）
『今日の話題一〇二集・伊25潜戦場絵日記』（岡村幸　一九六二　土曜通信社）
『伊25号出撃す』（岡村幸　一九五六　潮書房）
『証言・私の昭和史3・われ米本土爆撃せり』（東京12チャンネル編　一九六九　學藝書林）
『艦長たちの太平洋戦争』正・続編（佐藤和正　一九八四　光人社）
『日本海軍潜水艦史』（日本海軍潜水艦史刊行会編　一九七九）
『潜水艦隊』（井浦祥二郎　一九五三　日本出版協同社）
『東条内閣総理大臣機密記録——東条英機大将言行録』（伊藤隆・廣橋眞光・片島紀男編　一九九〇　東京大学出版会）

『大東亜戦争回顧録』（佐藤賢了　一九六六　徳間書店）
『東条英機と太平洋戦争』（佐藤賢了　一九六〇　文藝春秋）
『佐藤賢了の証言――対米戦争の原点』（佐藤賢了　一九七六　芙蓉書房）
『亜細亜の共感――戦いを通して見た中国』（辻政信　一九五〇　亜東書房）
『航空戦史シリーズ・東京奇襲』（T・W・ローソン著　野田昌宏訳　朝日ソノラマ）
『東京裁判』上・下（東京裁判刊行会編　一九六二　朝日新聞社）
『東京裁判――もう一つのニュルンベルク』（アーノルド・C・ブラックマン著　日暮吉延訳　一九九一　時事通信社）
『陸軍航空の鎮魂』（航空碑奉賛会編　一九八二　同会刊）
『陸軍航空の鎮魂・続』（航空碑奉賛会編　一九八二　同会刊）
『大本営機密日誌』（種村佐孝　一九七九　芙蓉書房）
『大本営参謀の情報戦記――情報なき国家の悲劇』（堀栄三　一九八九　文藝春秋）
『真珠湾までの三六五日』（実松譲　一九八二　光人社）
『真珠湾攻撃その予言者と実行者』（和田頴太　一九八六　文藝春秋）
『司令偵察飛行隊――空から見た日中戦史』（河内譲　一九八八　叢文社）
『海軍技術者たちの太平洋戦争「海軍空技廠」技術者とその周辺の人々の物語』（碇義朗　一九八九　光人社）
『海軍空技廠――誇り高き頭脳集団の栄光と出発』上・下（碇義朗　一九八五　光人社）

『太平洋戦争と陸海軍の抗争』改訂新版（高木惣吉　一九八二　経済往来社）
『戦後改革』1〜8（東京大学社会科学研究所編　一九七四〜七五　東京大学出版会）
『日米関係史概説』（増田弘　一九七七　南窓社）
『人種偏見――太平洋戦争にみる日米摩擦の底流』（ジョン・W・ダワー著　猿谷要監修
斉藤元一訳　一九八七　TBSブリタニカ）
『日米文化交渉史』全六巻（財団法人開国百年記念文化事業の会編　一九五八）
『ドキュメント昭和・世界への登場――オレンジ作戦』（NHK「ドキュメント昭和」取材
班編　一九八六　角川書店）
『ある日本男児とアメリカ』（鈴木明　一九八二　中央公論社）
『放送五十年史』（日本放送協会　一九七七）
『放送五十年史――資料編』（日本放送協会　一九七七）
『風船爆弾関係資料』（防衛庁戦史室編）
『写真記録・風船爆弾――乙女たちの青春』（林えいだい編著　一九八五　あらき書房）
『女たちの風船爆弾』（林えいだい編著　一九八五　亜紀書房）
『風船爆弾大作戦』（足達左京　一九七五　学藝書林）
『謀略戦――陸軍登戸研究所』（斎藤充功　一九八七　時事通信社）

『風船爆弾』（鈴木俊平　一九八〇　新潮社）
「米本土を震撼させた〝風船爆弾〟恐怖の真相」（ロバート・C・ミケシュ）
『東京大空襲・戦災誌』全五巻（東京大空襲戦災誌編集委員会編　一九七三　東京空襲を記録する会）
『東京を爆撃せよ――作戦任務報告書は語る』（奥住喜重・早乙女勝元共著　一九九〇　三省堂）
『日本の空襲2』（日本の空襲編集委員会編　一九八〇　三省堂）
『GMとともに』（A・P・スローンJr著　田中融二・狩野貞子・石川博友共訳　一九六七　ダイヤモンド社）
『ドキュメント・ボーイング』（鈴木五郎　一九八五　グラフ社）
『創造と挑戦――ボーイングスピリット』（ハロルド・マンスフィールド著　高橋達男訳　一九七〇）
『超空の要塞・B29』（益井康一　一九七一　毎日新聞社）
『B17空の要塞』（マーチン・ケイディン著　南郷洋一郎訳　一九七七　フジ出版）
『アメリカ航空機産業発展史』（G・R・シモンソン編　前谷清・振津純雄共著　一九七八　盛書房）

"Tactical Mission Report" Headquarters Twentieth Air Force, 1 Aug. 1945
"Japan's World War II Balloon Bomb Attacks on North America" Robert C. Mickesh, Smithonian Annals of Flight No.9, 1973
"Those Japanese Balloons" Readers Digest vol.57, No.8, H.W.Wilbur
"Pedigree of Champions-Boeing Since 1916" May 1977 The Boeing Company
"The Story of Boeing" Harold Mansfield, 1966 Meredith Press
"Weight-Strength Analysis of Aircraft Structures" F.H.Shanley, 1952, MacGraw-Hill Book Company Inc.
"Defense Economy of the United States" Industrial Capacity Foreign Policy Reports, J.C.de Wilde & George Monson, Feb.15 1941
"The Aircraft Year Book for 1940" The Aeronautical Chamber of Commerce of Amer-ica, 1940
"A National Policy for Defense" The New Republic, July 1 1940
"The Problem of Japanese Trade" Current History, Dec.1939, Clarence H.Matson
"Far Eastern Policies of the United States" The American Journal of International Law, Apr˙ 1940, W˙ W˙ Willoughby
"The Aviation Business" Elsbeth E.Freudenthal, The Vanguard Press, 1940

"Our Military Chaos; The Truth about Defense" Oswald Garrison Villard, 1939, Knopf.
"Mobilizing Civilian America" Harold J. Tobin & Percy W. Bidwell, 1940, Council on Foreign
"Our Pacific Frontier" Foreign Affairs, July 1940, John Gunther
"The Air Force We Need" Francis Vivian Drake, The Atlantic, Jan.1940
"United States Defences in the Pacific" The Bulletin of International News, Oct.1940
"Hitting Power, Does Our Air Force Lack It?" Francis Vivian Drake, The Atlantic, Oct.1940

資料提供＝株式会社ＳＵＢＡＲＵ
カバー絵＝小池繁夫

＊本書は一九九一年に講談社より刊行された『富嶽―米本土を爆撃せよ』
（一九九五年に講談社文庫）を文庫化したものです。

草思社文庫

富嶽 下巻
幻の超大型米本土爆撃機

2020年4月8日 第1刷発行

著 者 前間孝則
発行者 藤田 博
発行所 株式会社 草思社
〒160-0022 東京都新宿区新宿1-10-1
電話 03(4580)7680(編集)
03(4580)7676(営業)
http://www.soshisha.com/
本文組版 有限会社 一企画
本文印刷 株式会社 三陽社
付物印刷 株式会社 暁印刷
製本所 加藤製本 株式会社
本体表紙デザイン 間村俊一

ISBN978-4-7942-2449-1 Printed in Japan

草思社文庫既刊

技術者たちの敗戦

前間孝則

戦時中の技術開発を担っていた若き技術者たちは、敗戦から立ち上がり、日本を技術大国へと導いた。零戦設計の堀越二郎、新幹線の島秀雄など昭和を代表する技術者6人の不屈の物語を描く。

悲劇の発動機「誉」

前間孝則

日本が太平洋戦争中に創り出した世界最高峰のエンジン「誉」は、多くのトラブルに見舞われ、その真価を発揮することなく敗戦を迎えた。誉の悲劇を克明に追い、日本の大型技術開発の問題点を浮き彫りにする。

戦艦大和誕生（上・下）

前間孝則

世界最大の戦艦大和の建造に至るまでの全容を建造責任者であった造船技術士官の膨大な未公開手記から呼び起こす。終戦前に悲劇の最期を遂げた大和、しかし、その技術は戦後日本に継承され、開花する——。

草思社文庫既刊

ジョン・J・ゲヘーガン　秋山勝＝訳
伊四〇〇型潜水艦最後の航跡（上・下）

攻撃機三機搭載、無給油で地球一周半できる世界最大の潜水空母「伊四〇〇」。山本五十六発案の極秘兵器はいかに開発され、どのような悲劇を迎えたか。その全容を日米双方の資料・取材で緻密に描く。

前間孝則、岩野裕一
日本のピアノ100年
ピアノづくりに賭けた人々

リヒテルやグールドが愛用する名器はいかにして生まれたか。国産第一号から百年間のピアノづくりに情熱を傾けた人々の姿を通して、日本のものづくりの軌跡をたどる。ヨゼフ・ロゲンドルフ賞受賞。

カール・ベンツ　藤川芳朗＝訳
自動車と私
カール・ベンツ自伝

一八八六年、カール・ベンツは自動車の実用化に成功、特許を取得した。そこにはどのような困難があり、どのように克服したのか。ベンツ最晩年に、自らの発明と人生を情熱的に語った唯一の自伝。

草思社文庫既刊

デヴィッド・マカルー　秋山勝＝訳
ライト兄弟
イノベーション・マインドの力

「空を飛ぶ」という人類の長年の夢を実現させた、ウィルバーとオーヴィルのライト兄弟。その飽くなき探究の軌跡を日記や報道記事、家族との手紙など膨大な資料を駆使して描き切った本格評伝、決定版。

神尾健三
ビデオディスク開発秘話

「画の出るレコード」と呼ばれたビデオディスク——二十世紀最後の家電製品の開発競争に明け暮れたエンジニアの奮闘を描く。当時、松下幸之助の陣頭指揮の下で開発に従事した著者による回想録。

神尾健三
めざすはライカ！
ある技術者がたどる日本カメラの軌跡

戦後、いち早く日本のモノづくりの力を世界に示したのが「カメラ」だった。究極の目標であるライカをめざし、ミノルタ、ニコン、キヤノン等で奮闘した人々を描き、戦後日本カメラ発展の軌跡をたどる。

草思社文庫既刊

徳大寺有恒
ぼくの日本自動車史

戦後の国産車のすべてを「同時代」として乗りまくった著者の自伝的クルマ体験記。日本車発達史であると同時に、昭和の若々しい時代を描いた傑作青春記でもある。伝説の名車が続々登場！

徳大寺有恒
ダンディー・トーク

自動車評論家として名を馳せた著者を形づくったクルマ、レース、服装術、恋愛、放蕩のすべてを語り明かす。快楽主義にも見える生き方の裏にあるストイシズムと美学——人生のバイブルとなる極上の一冊。

徳大寺有恒
ダンディー・トークII

クルマにはその国で培われてきた美学がおのずと投影される。ジャグァー、アストン・マーティン、メルツェデス、フェラーリ、セルシオ等、世界の名車を乗り継いできた著者による自動車論とダンディズム。

草思社文庫既刊

昭和二十年　第1〜13巻
鳥居 民

太平洋戦争が終結する昭和二十年の一年間、何が起きていたのか。天皇、重臣から、兵士、市井の人の当時の有様を公文書から私家版の記録、個人の日記など膨大な資料を駆使して描く戦争史の傑作。

日米開戦の謎
鳥居 民

そこには政府組織内の対立がもたらした恐るべき錯誤が存在していた。膨大な資料検証をもとに「政治の失敗」という観点から開戦の真因を大胆に推理、指摘した歴史評論書。これまで語られなかった新説を提示。

鳥居民評論集　昭和史を読み解く
鳥居 民

太平洋戦争前夜から敗戦までの日本の歩みを膨大な資料を収集、読破したすえにたどり着いた独自の視点・史観から語る。歴史ノンフィクション大作『昭和二十年』未収録のエッセイ、対談を集めた評論集。